JN189120

最新 農業技術

土壌施肥

vol.10

農文協

本書の読みどころ——まえがきに代えて

今回の特集は作物・土壌を活性化する資材。アミノ酸・植物ホルモン・ミネラル類などの肥料・生理活性剤から，粘土鉱物・腐植物質・機能鉄などの土壌改良・活性材，枯草菌・酵母菌・放線菌・光合成細菌など単一～複合の微生物資材まで，計 40 製品を２つのコーナーに分けて紹介（それぞれアイウエオ順で掲載）。

●肥料・土壌改良材

甘彩六花シリーズ　林大吾（甘彩六花株式会社）

７種類の発酵液肥を使いこなす。甘彩六花で光合成促進，甘彩で余剰肥料吸収，六花で生殖生長促進，健花でカルシウム効果，活根彩果で新根生長促進，大地豊彩で養分転流促進，七彩で果実の色づき向上。

アラガーデン　岩井一弥・西川誠司（株式会社コスモトレードアンドサービス）

配合の 5- アミノレブリン酸（ALA）はクロロフィルなどになるアミノ酸で，気孔開度増大，窒素代謝促進，葉緑素含量の維持，新芽生長促進，光合成促進などの生理活性のほか，塩類・低温に対する耐性を高める作用がある。

アルギット　新鞍宏（神協産業株式会社）

北欧の海岸に自生する海藻の粉末資材で，アルギン酸，微量要素が豊富に，バランスよく含まれている。根圏微生物を豊かにし，根毛の発生や土壌の団粒化を助ける。作物の健全な生育に役立つ。

イタヤ・ゼオライト，有機ゼオライト培土　武山芳行（ジークライト株式会社）

山形県・板谷産のクリノプチロライトを主成分とする天然ゼオライト。そのＣＥＣが高く，均質で良質な特性を活かし，鹿沼土とともに主原料として，各種土壌改良資材，有機肥料成分を配合した培土を開発。

ＥＢ - ａ　池田秀敏・荒木進（林化学工業株式会社）

ポリエチレンイミン系の鎖状高分子化合物で土壌の団粒形成を促進。その団粒は降雨，灌水や乾燥では容易に壊れず，長期間にわたって安定した効果が持続する。有機質資材との併用でさらに効果がアップ。

息吹農法グレードＬＤ　井上錦一（汎陽科学株式会社）

生物の根源である呼吸作用から着想された酸素欠落型磁性触媒による機能性土壌処理剤。わずかな量を土壌表面に散布するだけで土壌の団粒化が促進され，土壌機能に変化を与え，植物の健全な育成を助ける。

ＭＲ - Ｘ　八木澤勝夫（株式会社フミン）

プランクトンや海草などの海洋性堆積物の抽出液で，各種微量ミネラルやフミン酸とフルボ酸を含有。リン酸の吸収が高まるとともに病気の発生も少なくなり，作物の活性も高まるので品質，収量とも向上する。

オルガミンシリーズ　井上倫平（株式会社パルサー・インターナショナル）

ブラジルで魚，糖蜜，大豆，麦芽などを発酵させ，その抽出液にマグネシウム，マンガン，ホウ素，亜鉛，モリブデンを添加。製品としてアミグロー，エネルジック，オルガミンDA，エネルジックDA，マイグローHiがある。

グリーンビズ・カリュー　山上大智（小松精練株式会社）

粘土などを約1000℃の高温で焼成・発泡して作られた，粒状の多孔質セラミックスの土壌改良材。保水・透水・通気性に優れ，土壌中の微生物も活性化し，無機100％の安全・安心な材料である。

ＧＥＦ（ジェフ）　江本隆一（株式会社沃豊総本社）

二価鉄と必須微量要素からなる鉱物質資材。酸化還元・イオン交換・ガス除去などの機能を有し，有機物の完熟化，発根促進，樹勢回復，土中の微生物の活動促進，連作障害改善，品質・収量の向上など。

正珪酸（せいけいさん）　馬渡ゆかり（有限会社グリーン化学）

作物に吸収されやすいオルトケイ酸が主成分の酸性水溶液。ケイ化細胞が増殖して光合成促進，根張り向上，耐病虫害性向上，組織強化による日持ち改善，葉が立つことによる受光性の向上が期待できる。

地力の素　穂満孝基（株式会社ピィアイシィ・バイオ）

腐植堆積物カナディアンフミンを採掘・製品化。腐植酸のはたらきで土が団粒化し，ＣＥＣが非常に高いので土壌の保肥力を上げる。フルボ酸などの可溶性成分が土壌の微生物や植物の根を活性化させる。

天酵源など（愛華農法）　川崎重治／加地良一（生態園芸研究所／株式会社愛華）

土壌や水質の浄化，大気汚染を軽減する資材として，天然資源物や微生物，酵母などを素材とした天酵源，エポック，エポック・ターボ8，地楽園，超人力を開発し，これらの資材を駆使する愛華農法を提唱。

麦飯石　石川勝美（高知大学）

麦飯石は土壌のイオン反応を活発にする石英斑岩の一種であるが，高価なため，麦飯石を含む石英斑岩と特定流紋岩を組合わせ，麦飯石に匹敵するイオン交換機能を発揮する，低価格な土壌活性剤を開発した。

ベントナイト　齊藤公雄（有限会社アグリクリエイト）

コロイド粒子の吸着能力と長い保持力で施肥の無駄がなくなる粘土鉱物。粒子の構造によってリン酸固定が進みにくく，ケイ酸分が75％以上あるので病気に強く，各種ミネラル成分で作物の品質も良くなる。

ミクロール　川田薫（株式会社川田研究所会長）

土壌の疲弊は，大地ができて以来絶えず雨によって養分が流出したり，連作のために同じ養分が土から作物へ移動することで生じる。そのようにして土から抜けたものを，岩石から抽出したミネラルで補う資材。

ミヨビゴールド　禿泰雄・禿英樹（有限会社バル企画）

アブシジン酸は生育抑制の植物ホルモンとされているが，天然型アブシジン酸は栄養生長も生殖生長も促進し，他の植物ホルモンとの相乗効果もあり，カリウムなどミネラル類の吸収・効果発現も促進する。

焼赤，焼黒　中村一女（有限会社ソルチ）

土の粒子構造を微細に均一化した機能性土で，交換性マグネシウム，可給態鉄などのミネラル分に富む。陽イオン交換容量が高くて保肥力に優れ，土中でカビなどの菌の繁殖を抑制し，水質浄化効果も高い。

リンマックス　小林孝志（エムシー・ファーティコム株式会社）

活性汚泥法で処理された汚泥を堆積・腐熟させ，窒素・リン酸・カリ肥料を加えて造粒。製造過程で高温にさらされていないので生きた微生物が内在。施肥と土作りが同時にでき，リン酸の利用効率が高い。

●微生物資材

アーゼロン・C　門馬義幸（日本ライフ株式会社）

細菌，放線菌，糸状菌，酵母菌など多種多様な有効清浄微生物群アーゼロンを，鶏糞，高炉スラグ，製糖副産石灰などに使用して熟成発酵。好気性・嫌気性菌が共存共栄し，増殖と代謝できる組成になっている。

ＥＭ　黒田達男（株式会社ＥＭ研究所）

働きの異なる数十種以上の有用微生物が土壌中で共存共栄し，連動し合い，相乗効果を発揮。各種の酵素＝生理活性物質・ビタミンなども含まれ，植物の生長に直接的あるいは間接的にプラスの影響を与える。

Ｍリンカリン（ＭリンＰＫ）　高田義彦（株式会社ミズホ）

リン酸化合物への作用の強い微生物群と酵素を選び出し，リン酸，カルシウム，硫黄，カリウム，塩素，有機栄養源（主に米ぬか）の存在下で，活発にリン酸に作用するように培養された微生物酵素資材である。

オーレスＰＳＢ，育苗用Ｇ２　猿田年保・山田直樹（松本微生物研究所）

オーレス PSB は光合成細菌が水稲で根腐れを引き起こす硫化水素や有機酸・アミン類を無害化。育苗用 G2 は VA 菌根菌がリン酸やミネラルの吸収促進を図り，根の内部と外部の両面から作物の生育を支える。

キレーゲン　山脇岳士（清和肥料工業株式会社）

有効菌群が植物根圏の土壌微生物活性を高め，細根の拡張を活発にし，根圏をガードしつつ，アミノ酸，核酸，ビタミン，ミネラル成分などの活性と肥効の促進をはかり，ホルモン物質の代謝を活性化する。

コフナ　　ニチモウ株式会社アグリビジネスチーム

酸素がない状態でも能力を発揮する嫌気性微生物が主体であるものの，セルロースの分解能力が高い微生物も含まれ，好気・嫌気両方の性質を兼ね備える資材。有機物を腐植に変え，土壌微生物層を多様化させる。

コロボクル　　木田幸男（東邦レオ株式会社）

鶏糞とバーク（木片）が主原料の堆肥。好気発酵で有害物質が分解され，寄生虫なども死滅し，嫌気発酵で肥料成分が蓄積されている。一般の堆肥よりもリン酸の量が多く，pHが強アルカリ性を示さない。

さんさくん　　江井兵庫・但野邦芳（株式会社北興物産）

農業で有効な好気性菌体群をカキ殻，放線菌のエサとなるカニ殻（キチン質），海藻繊維，米ぬか，ヤシ焼成灰，バーミキュライトなどに添加。土壌機能調整力が強化される有機肥料（複合肥料）である。

スーパーE・R　　曽根美奈子（株式会社サンルート）

自然由来の植物を原料に強力な活性を持つ酵素と微生物により培養。多様で活性のある微生物群が病害虫に強い土壌環境を作り出し，短期間での土壌改良を可能にする。土壌の団粒化や植物の健全な成育を促進。

すくすく丸　　三浦秀一（株式会社のうハウ）

光合成細菌の紅色硫黄細菌１種と紅色非硫黄細菌３種を混合培養。根傷みを起こす毒性物質を取り込んで作物の根を活性化し，クロロフィルの前駆物質であるδアミノレブリン酸を分泌して光合成を促す。

ソミックス・シバックス　　小林孝志（エムシー・ファーティコム株式会社）

硫黄酸化菌群を豊富に含み，その働きによって施用後も持続的に酸基を土壌中に放出し，作物の生育環境を酸性域に保つ，製品ｐＨが酸性の有機資材ソミックス，ゴルフ場用シバックスを開発した。

土ビタミン　　山口俊明（大道産業株式会社）

珪藻土の微細な孔に土壌菌を大量に吸着させた資材。主体であるバチルス・サブチルス（枯草菌）は有機物を分解しながら様々な酵素を生成して土の生態系を整え，団粒構造を形成し，有用微生物を増やす。

ＴＢ21　　井手浩智（株式会社井手商会）

単一の枯草菌資材。抗生物質イツリンＡと界面活性物質サーファクチンを分泌し，その相乗効果で真菌（カビ）を抑制。鉄輸送化合物シデロフォアの分泌で植物の成長を促進。リン酸溶解能，発酵促進能作用も。

納豆菌の力　　斎藤太一（株式会社エーピー・コーポレーション）

土壌の中で活性の高い複数種の枯草菌を選別ブレンド（発根促進物質を出す菌を配合）。土壌微生物のバランスを短期間で圧倒的に整え（病原菌の菌密度を低下させ），作物を育てやすい土へと改善する。

バイムフード，ソイルクリーン （株）酵素の世界社研究・技術部

強力な加水分解酵素を生産する発酵微生物群を共棲培養し，それらの酵素と有用な植物性酵素を総合培養した強力な発酵原菌である。太陽熱土壌消毒や土壌未熟有機物の分解促進にも大きな効果を発揮する。

バクタモン（ＢＭ） 岡部雅子（岡部産業株式会社）

糸状菌のアスペルギルス，ムコール，リゾープスに酵母菌のハンセヌラを組合わせた微生物資材。肥料を有機態に変えて高度な有効要素を作り，世代交代で徐々に自己分解して代謝産物を土壌に還元する。

ハルジン - Ｌ 久保田昭正（カワタ工業株式会社）

山林で分離したトリコデルマ菌（ハルジアナム）。病原性の糸状菌に寄生して死滅させる作用があり，作物の生育促進，収量向上の効果も期待できる。殺菌効果のある醸造酢などとの併用も効果的である。

ビオライザー（ワラ分解王） 増村弘明（片倉コープアグリ株式会社）

10 ～ 50℃程度の幅広い温度域で活性をもつ，セルロース分解菌，リグニン分解菌など８種類の微生物を純粋培養し，良質な有機物，バーミキュライト，木炭で増殖・定着させた有機物分解促進剤である。

ＶＳ菌 佐野教明（ブイエス科工株式会社）

林床で有機物を分解する放線菌・細菌・糸状菌と同様の微生物群である。その担体である国産バーミキュライトは土壌の透水性・通気性・保肥力に改良効果があり，難溶性なので半永久的に効果が持続する。

ライズ 佐藤一郎（有限会社花巻酵素）

酵母などの好気性菌と乳酸菌などの嫌気性菌を含む多種の有効微生物を新生代第三期の貝化石と有機質に発酵培養させたもの。ケイ酸に富み（26％），カルシウム，苦土，マンガンなど多くのミネラル類も含んでいる。

Ｌａｎｄ-Ｍａｘ（ランドマックス） 一百野昌世（オーガニック・ランド株式会社）

放線菌はキチナーゼを生成して病害虫の細胞壁や卵殻・外殻のキチン質を溶解しつつ，植物の根を刺激して抵抗力を強化する。トリコデルマ菌は抗生物質やセルラーゼを生成して病害菌の侵入を防止する。

最後に，本書への掲載を許諾いただいた『土壌施肥編』執筆者の皆さまに厚くお礼申し上げます。

2018 年２月　農文協編集局

最新農業技術　土壌施肥 Vol.10　目次

本書の読みどころ――まえがきに代えて ……………………………………………………… 1

特集　作物・土壌の活性化資材
―アミノ酸，植物ホルモン，粘土鉱物，腐植物質，枯草菌，光合成細菌ほか―

●肥料・土壌改良材

甘彩六花シリーズ――用途別に７種類の液肥を使いこなす
……………………………………………………………林大吾（甘彩六花株式会社）11
アラガーデン――5-アミノレブリン酸配合の肥料シリーズ
…………………岩井一弥・西川誠司（株式会社コスモトレードアンドサービス）17
アルギット――アルギン酸，微量要素が豊富な海藻粉末資材
……………………………………………………………新鞍宏（神協産業株式会社）25
イタヤ・ゼオライト，有機ゼオライト培土――ＣＥＣが高く，均質で良質な特性を活かす
…………………………………………………武山芳行（ジークライト株式会社）33
ＥＢ－ａ――ポリエチレンイミン系資材で土壌の団粒形成
……………………………………………池田秀敏・荒木進（林化学工業株式会社）37
息吹農法グレードＬＤ――磁性触媒による機能性土壌処理剤
………………………………………………………井上錦一（汎陽科学株式会社）43
ＭＲ－Ｘ――海洋性堆積物のミネラル類，フミン酸，フルボ酸
………………………………………………………八木澤勝夫（株式会社フミン）47
オルガミンシリーズ――発酵抽出液をベースに微量要素を添加
…………………………井上倫平（株式会社パルサー・インターナショナル）53
グリーンビズ・カリュー――粒状の多孔質セラミックス
………………………………………………………山上大智（小松精練株式会社）59
ＧＥＦ（ジェフ）――二価鉄と必須微量要素からなる鉱物質資材
…………………………………………………江本隆一（株式会社沃豊総本社）63
正珪酸（せいけいさん）――酸性水溶液のケイ酸資材
………………………………………………馬渡ゆかり（有限会社グリーン化学）67
地力の素――天然腐植物質カナディアンフミンを製品化
……………………………………穂満孝基（株式会社ピィアイシィ・バイオ）73
天酵源など（愛華農法）――天然資源物と微生物による各種資材
…………………………川崎重治／加地良一（生態園芸研究所／株式会社愛華）77

麦飯石——土壌のイオン反応を活発にする石英斑岩の一種
……………………………………………………………石川勝美（高知大学）87
ベントナイト——古代の堆積土（粘土鉱物ミネラル）
…………………………………齊藤公雄（有限会社アグリクリエイト）93
ミクロール——疲弊した土壌を蘇らせる岩石抽出ミネラル
………………………………………川田薫（株式会社川田研究所会長）97
ミヨビゴールド——天然型アブシジン酸を含有
………………………………… 禿泰雄・禿英樹（有限会社バル企画）103
焼赤，焼黒——土の粒子構造を微細に均一化した機能性土
…………………………………………… 中村一女（有限会社ソルチ）109
リンマックス——リン酸の利用効率が高い混合汚泥複合肥料
………………………… 小林孝志（エムシー・ファーティコム株式会社）113

微生物資材

アーゼロン・C——多種多様な有効清浄微生物群の特殊肥料
……………………………………… 門馬義幸（日本ライフ株式会社）121
ＥＭ——有用微生物群と各種酵素＝生理活性物質・ビタミン
……………………………………… 黒田達男（株式会社ＥＭ研究所）125
Ｍリンカリン（ＭリンＰＫ）——リン酸の吸収率を飛躍的に高める酵素微生物資材
…………………………………………… 高田義彦（株式会社ミズホ）139
オーレスＰＳＢ，育苗用Ｇ２——光合成細菌が有害物質を除去
……………………………… 猿田年保・山田直樹（松本微生物研究所）149
キレーゲン——有効菌群が植物根圏の土壌微生物活性を高める
………………………………… 山脇岳士（清和肥料工業株式会社）155
コフナ——複合微生物資材 ………………… ニチモウ株式会社アグリビジネスチーム 159
コロボクル——好気発酵と嫌気発酵を組合わせた鶏糞堆肥
…………………………………………… 木田幸男（東邦レオ株式会社）165
さんさくん——好気性菌体群を添加した有機肥料（複合肥料）
……………………………… 江井兵庫・但野邦芳（株式会社北興物産）169
スーパーＥ・Ｒ——多様で活性のある微生物群の土壌改良材
………………………………… 曽根美奈子（株式会社サンルート）175
すくすく丸——作物に有用な光合成細菌を選抜，液体培養
…………………………………………… 三浦秀一（株式会社のうハウ）183
ソミックス・シバックス——硫黄酸化菌群が豊富な酸性有機
………………………… 小林孝志（エムシー・ファーティコム株式会社）189

土ビタミン――珪藻土の微細な孔に土壌菌を大量に吸着
……山口俊明（大道産業株式会社）197
ＴＢ21――真菌抑制，成長促進，発酵促進に優れる枯草菌資材
……井手浩智（株式会社井手商会）201
納豆菌の力――活性の高い複数種の枯草菌を選別ブレンド
……斎藤太一（株式会社エーピー・コーポレーション）207
バイムフード，ソイルクリーン――微生物群と植物酵素を総合
……（株）酵素の世界社研究・技術部 213
バクタモン（ＢＭ）――糸状菌３種と酵母菌の組合わせ
……岡部雅子（岡部産業株式会社）221
ハルジン－Ｌ――病原性の糸状菌を死滅させるトリコデルマ菌
……久保田昭正（カワタ工業株式会社）229
ビオライザー（ワラ分解王）――８種類の菌で有機物分解促進
……増村弘明（片倉コープアグリ株式会社）233
ＶＳ菌――国産バーミキュライト担体の放線菌・細菌・糸状菌
……佐野教明（ブイエス科工株式会社）237
ライズ――好気性菌と嫌気性菌を貝化石と有機質に発酵培養
……佐藤一郎（有限会社花巻酵素）243
Ｌａｎｄ－Ｍａｘ（ランドマックス）――放線菌＋トリコデルマ菌
……一百野昌世（オーガニック・ランド株式会社）249

肥料・土壌改良材

甘彩六花シリーズ——用途別に7種類の液肥を使いこなす

(1) 開発の経緯とねらい

甘彩六花（あまいろりっか）シリーズは用途別の7種類の商品からなる液体肥料である（第1図）。

窒素，リン酸，カリウムは植物の栽培に必要不可欠な成分である。しかし，窒素は雨水や灌水により地下水へ流亡しやすく，また，リン酸は土壌に吸収固定されやすい。日本では肥料の施肥量を増加させることにより，農作物の収量を飛躍的に向上させてきたが，過剰な施肥は地下水の汚染や土壌メタボリックなどの環境問題に進展している。

このように，農作物が必要とする肥料成分は投入された全量が作物に使用されるわけでなく，土壌に残った余剰肥料は環境問題を引き起こしている。

そこで，リン酸をはじめとする有効成分を発酵工程に通すことで極小化し，酵素を付加することで吸収率を飛躍的に高めた甘彩六花シリーズの液体肥料を用途に応じて7種開発した。一般的に流通している肥料の平均値と比べると肥料濃度は10分の1以下ながら，逆に数倍の効果を得ることが可能となった。収量や秀品率の向上はもちろん，減肥が可能になるため，連作障害の軽減や過剰施肥による地下水の汚染などの環境問題の軽減にも役立てることができる。

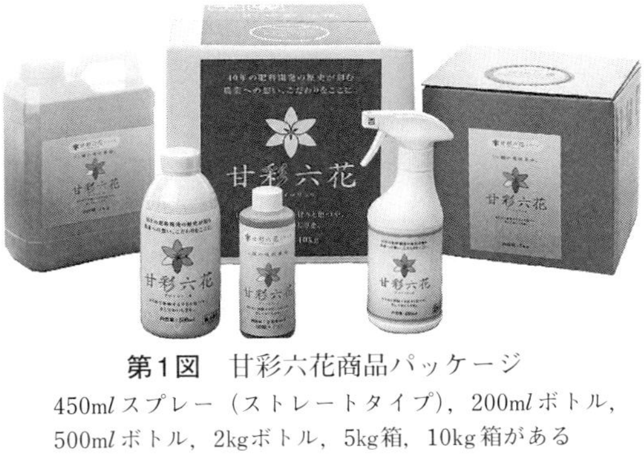

第1図　甘彩六花商品パッケージ
450m*l*スプレー（ストレートタイプ），200m*l*ボトル，500m*l*ボトル，2kgボトル，5kg箱，10kg箱がある

(2) 各商品の特徴と効果

①**甘彩六花**（あまいろりっか）

甘彩六花（生第100558号）は水溶性リン酸1.6％，水溶性カリウム0.3％を含む，生殖生長型の液体肥料である。主原料には過リン酸石灰などを使用している。

化学的な根拠を実証するまでには至っていないが，甘彩六花に含まれる酵素が光合成を促進するとしか考えられない試験データを多数取得しており，このことが作物内の糖を増加させると考えられる。増加した糖と作物内の硝酸態窒素が結合し，アミノ酸を生成するため，作物の生育が促進される。前述のとおり，甘彩六花を散布することで作物の糖度が上昇し，残留硝酸態窒素がアミノ酸合成に使用されるため減少する。

また，生殖生長型肥料でありながらも，アミノ酸合成が促進されるため，果実をたくさん成らせながらも葉や茎の展開を促進することが可能である。甘彩六花の生殖生長因子により細胞分裂を促進するため，細胞の一つひとつの体積を大きくするのではなく，細胞の数を増やして肥大をさせるため，作物色が濃くなり，品質が向上すると同時に食味が向上する。

使用方法は果樹や果菜類では花芽分化期，開花期，着果期，肥大期それぞれに7～10日おきに数回ずつ500倍希釈で葉面散布または灌水を行なう。灌水時に希釈倍率を勘案しない場合の目安は1～2kg/10aである。また，散布頻度を減らす場合では500倍以下の倍率での散布も可能である。葉物や根菜には萌芽後から収穫1週間までに3～4回，500倍希釈で葉面散布を行なう。

甘彩六花原液のpHは3である。農薬との混用は石灰硫黄合剤や機械油乳剤，銅剤など強アルカリ性の農薬以外であれば基本的に混用可能である。

②**甘彩**（あまいろ）

甘彩（生第100133号）は窒素1.0％，水溶性リン酸0.5％，水溶性カリウム0.3％を含む栄養生長型の液体肥料である。主原料はアミノ酸副産液である。

過剰に肥料を与えた土壌には硝酸態窒素をはじめとする多くの余剰成分が含まれる。甘彩を数回施肥すると，おもに硝酸態窒素の目安となるEC値の値が減少すると同時に作物の生育が促進されることが確認されている。

科学的に実証はできていないが，甘彩に含まれる酵素はイオン化し土壌に吸着している余剰肥料を電離し作物へ吸収されやすくしていると考えられる試験結果を多数取得している。作物の養分吸収量が増加することで，作物の肥大を促進することができる。さらに，余剰肥料が土壌から解離し，一部を作物が吸収することで土壌EC値が減少し，pHのバランスが整うことで，連作障害の軽減も期待できる。加えて，甘彩は栄養生長型の肥料であるため，生殖生長に偏りすぎた作物の葉や茎の展開を促し，樹勢の回復や成り疲れを軽減させる。

使用方法は，作物の栄養生長期に1週間以上間隔をあけて500倍希釈液を数回散布または灌水を行なう。灌水時に希釈倍率を勘案しない場合の目安は1 ～ 2kg/10aである。

甘彩原液のpHは9である。石灰硫黄合剤や機械油乳剤，銅剤など強アルカリ性の農薬は，pHの違いによる反応は見られないものの，一般的に作物への薬害が発生しやすいため，基本的に混用は推奨しない。

③六花（りっか）

六花（生第100134号）は水溶性リン酸3.2％，水溶性カリウム0.6％を含む生殖生長型の液体肥料である。主原料には過リン酸石灰などを使用している。

六花は，主成分であるリン酸をはじめとする，生殖生長因子のみを配合している。また，前述のとおり発酵工程を通しているため，少量の施肥でも確実に花芽分化を促進し花数を増加させることができる。そして，六花の強い生殖生長作用により結実率が向上する。さらに，細胞分裂を促進し，花弁や果皮の細胞が増加することで色を濃く，鮮やかに発色させることができ，果実の細胞数が増加することで味が濃くなり，食味が向上する。

使用方法は，花芽分化期，開花期，作物肥大期それぞれに1週間以上間隔をあけて500倍希釈液を数回葉面散布する。

六花原液のpHは2である。農薬との混用は石灰硫黄合剤や機械油乳剤，銅剤など強アルカリ性の農薬以外であれば基本的に混用可能である。

④健花（すこやか）

健花（生第100732号）は水溶性リン酸2.5％，水溶性カリウム0.2％，カルシウム3.5％を含む，生殖生長型の液体肥料である。主原料には動物性骨粉，塩化カリウムなどを使用している。

カルシウムは作物の生育に欠かせない養分であるが，分子量が大きく，根から吸収しづらいうえ，作物体内での移行性も低い。ほかのシリーズと同様に健花はカルシウムをはじめとする肥料成分を発酵工程に通すことで分子量を小さくし，また，酵素を付加することで吸収率を高めているため，よりカルシウムの効果を発揮することができる。

前述したカルシウムの効果を発揮することで，カルシウムが細胞壁を強化し，菌類の侵入を防ぐため，うどん粉病やべと病などの病気を予防する。また，あらゆるカルシウム欠乏症を防止・改善する。カンキツ類では果皮の細胞壁を強化することで浮皮を軽減するほか，オウトウのうるみ果やイチゴの軟果予防にも効果がある。さらに，葉物やその他の作物の棚持ちを向上させる。

健花は六花と同様に生殖生長因子を多く含むため，花芽分化の促進や花数増加の効果があるが，とくにカルシウム含有量の少ない土壌でより効果を発現する。北海道においてはダイズやアズキなどのマメ類で莢数や粒数大幅増加の多数の実績がある。また，ジャガイモでは強い生殖生長作用によりストロンの本数が増え，いも数を増やし収量が増加するという実績が，北海道の各農協をはじめ，全国で多数確認されている。

使用方法は，果菜類では育苗期，生育期，収穫前などそれぞれに1週間以上間隔をあけて500 ～ 1,000倍希釈液を数回葉面散布する。カンキツ類の浮皮予防では，梅雨明けから着色期までに3～4回500倍希釈で葉面散布する。ジャガイモでは萌芽期から落弁期までに3～4回500倍希釈で葉面散布する。マメ類では花芽分化期ならびに開花期それぞれに500倍希釈で1～2回葉面散布する。

健花原液のpHは9である。石灰硫黄合剤や機械油剤，銅剤など強アルカリ性の農薬は，pHの違いによる反応は見られないものの，一般的に作物への薬害が発生しやすいため，基本的に混用は推奨しない。

⑤活根彩果（かっこんさいか）

活根彩果（生第100048号）は，窒素3.5％，水溶性リン酸0.4％，水溶性カリウム0.5％，水溶性マンガン0.08％，水溶性ホウ素0.18％を含む，栄養生長型の液体肥料である。主原料には動物性脂肪を使用している。また，三大栄養素である，窒素，リン酸，カリウムに加え，微量要素のホウ素，マンガンを配合した。栄養生長のなかでも新根生長促進に特化した資材である。

育苗時に灌水することで，新根を充実させ，強い苗を育てる。また定植直前に灌水またはどぶ漬けを行なうことで活着力が高まり，初期生育を確実に早める。さらに，定植後1か月に1度灌水することで，一般的に抗酸化力が強いといわれる新根が継続的に発生し，センチュウや病気に強くなる。

使用方法は，花卉，果菜，水稲などあらゆる作物の育苗では1週間に1度，500～1,000倍希釈液を灌水する。定植直前には弁当肥料として500～1,000倍希釈液を灌水またはどぶ漬けを行なう。定植直後は活着促進のため，500～1,000倍希釈液を7日おきに3度灌水する。果樹や栽培期間中は月に1度，500～1,000倍希釈液を灌水する。希釈倍率を勘案された場合の目安となる量は1～2kg/10aである。

活根彩果原液のpHは5である。農薬との混用は石灰硫黄合剤や機械油乳剤，銅剤など強アルカリ性の農薬以外であれば基本的に混用可能である。

⑥大地豊彩（だいちほうさい）

大地豊彩（生第102743号）は，窒素0.2％，水溶性カリウム3.0％を含む液体肥料である。主原料は草木灰を使用している。カリウムは生育初期から生育後期まで必須の養分であるが，その最大の役割は，水分や養分を植物体のすみずみまでいき渡らせる，「養分転流力」である。

大地豊彩を作物へ葉面散布することで，葉で光合成により生成された糖を収穫物となる果実や根部へ滞りなく供給し続けさせることとで，肥大を促進する。また，このように安定して養分を供給することは，肥大を促進するだけでなく，キュウリの曲がり果やひょうたん果などの予防にも効果的である。

使用方法は，根菜類では肥大期に2～3回，500倍希釈液を葉面散布する。果菜類や果樹では結実から収穫までの期間に1～2週間に1度500倍希釈液を葉面散布する。

大地豊彩原液のpHは10である。石灰硫黄合剤や機械油剤，銅剤など強アルカリ性の農薬は，pHの違いによる反応は見られないものの，一般的に作物への薬害が発生しやすいため，基本的に混用は推奨しない。

⑦七彩（なないろ）

七彩（生第90146号）は，窒素0.1％，水溶性リン酸1.0％，水溶性カリウム0.1％，カルシウム2.5％を含む液体肥料である。主原料は過リン酸石灰や乳酸カルシウムである。

七彩は赤色発色に効果の高い，カルシウムとリン酸を他グレードと同様に発酵工程に通すことで分子量を小さくし，吸収率を向上させることでより早く，確実に果実の色づきを向上させる。とくに赤色発色を必要とする，カンキツ類やリンゴ，カキ，ブドウなどで多数の実績がある。また，甘彩六花と同様の作用により，光合成力を高めることで糖の生成が促進され，果実の糖度が上昇する。

使用方法は，果実肥大期後半から収穫5日前までに2～5回，500倍希釈液を果実や葉面散布する。

七彩原液のpHは5である。農薬との混用は石灰硫黄合剤や機械油乳剤，銅剤など強アルカリ性の農薬以外であれば基本的に混用可能である。

(3) 施用の実例

①カンキツ類

施用時期と施用方法は次のとおりである。

花芽分化期　12月・1月に1回ずつ，六花500倍希釈を葉面散布。

開花期　六花500倍希釈を2回葉面散布。

梅雨明け　健花500倍希釈を2回葉面散布。

肥大期　甘彩六花500倍希釈を4回葉面散布。

着色期　甘彩六花・七彩混用500倍希釈を2回葉面散布。

六花と甘彩六花を散布することで，花芽分化を促進されるため，裏年をなくし収穫量を増やすことができる。また，カルシウム剤である健花の効果で浮皮や裂果を軽減，果皮品質や棚持ちが向上する。さらに，七彩を散布することで着色が早まるため，早出しも可能となる（第2図）。

②イチゴ

施用時期と施用方法は次のとおりである。

育苗期　2週間に1回，500倍希釈の活根彩果と健花を灌水または葉面散布。

花芽分化期　2～3回，甘彩六花500倍希釈を葉面散布。

定植時　活根彩果500倍希釈液にどぶ漬けまたは定植後7日おきに3回灌水。

収穫期　1～2週間に1回，甘彩六花500倍希釈を葉面散布または灌水。2週間に1回，健花500倍～1000倍希釈を葉面散布または灌水。2月以降に甘彩500倍希釈を灌水。希釈倍率を勘案しない場合の目安は1～2kg/10aである。

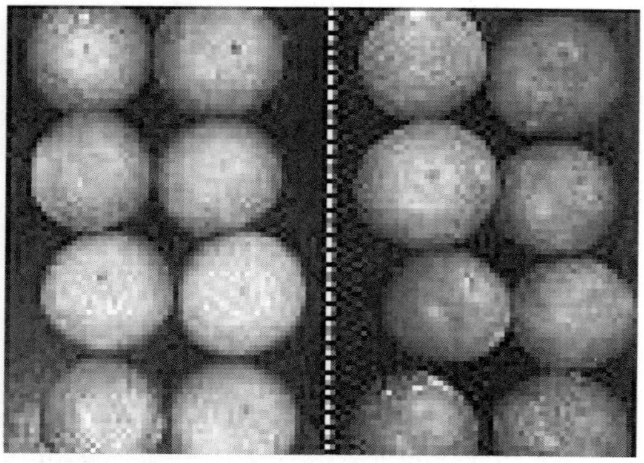

第2図　極早生（日南1号）による着色初期試験
左：七彩散布区，右：対照区
七彩500倍希釈液2回葉面散布後

イチゴへの施肥において，12月までに一番果を収穫し，値段の高い時期に出荷するためには，1番花の花芽分化期に甘彩六花を散布することが重要である。甘彩六花を散布することで，花芽分化を促進するとともに，花の質を向上させる。また，生殖生長型の甘彩六花と栄養生長型の甘彩を併用することで，たくさん実を成らせながらも樹勢を保ち，休みなく収穫し続けることが可能となるため，収穫量が増加する。

2016年8月から2017年4月まで栃木県で行なったイチゴへの施肥試験では，8月下旬から4月末まで甘彩六花500倍希釈液を10日間隔で葉面散布し続けた結果，厳寒期の収量が重量ベースで19.4％増加した。また，糖度上昇や花数の増加が確認された。

健花は，細胞壁を強化し，うどん粉病やべと病，チップバーンなどを予防する。また，果実を引き締め，軟果を予防し，棚持ちを向上させるため，廃棄量を削減し，トータル出荷量の増加が期待できる。

③ジャガイモ

施用時期と施用方法は次のとおりである。

萌芽期～落弁期　健花500倍希釈を3～4回，葉面散布する。

肥大期　健花500倍希釈を数回，葉面散布する。

健花の生殖生長因子により，ストロンの発生を促し，本数を増やすことで，いも数が増加する。また，肥大期にも数回散布することで，細胞分裂を促進し，肥大や比重増加に効果的である。また，収量増加以外にも，カルシウムで細胞壁を強化することで，軟腐病を予防するほか，棚持ち向上に効果を発揮する。

2017年に「JA道北なよろ」にご協力いただき，収量調査を行なった。品種は‘トヨシロ’である。500倍希釈液を3回葉面散布した試験区では，10株の合計収穫量は1.39倍に増加した。さらに，90～190g（特M，L）のチップ

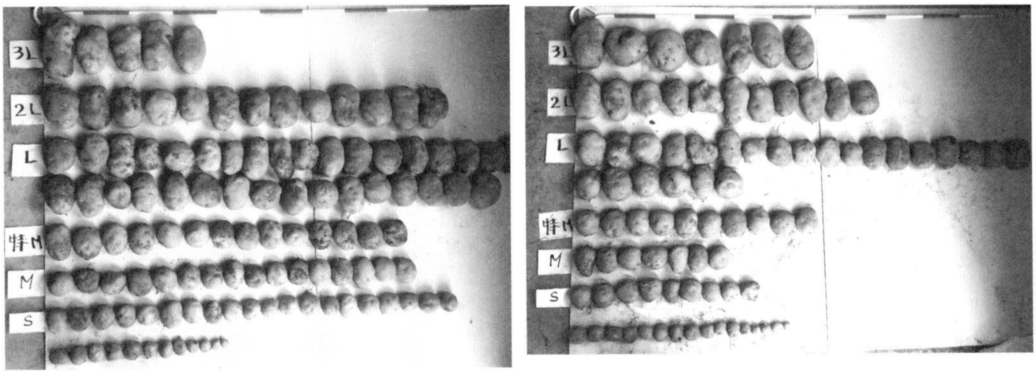

第3図　JA道北なよろでのジャガイモ収量調査

左：試験区，右：対照区
上から，3L（260g以上），2L（190～259g），L（120～189g），特M（90～119g），M（70～89g），S（40～69g），2S（39g以下）

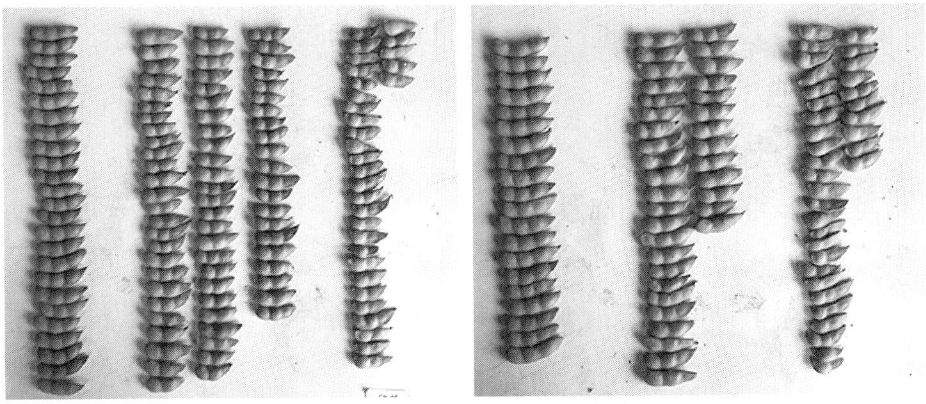

第4図　千葉県でのエダマメ収量調査

左：試験区，右：対照区
左から，3粒莢，2粒莢，1粒莢

サイズの数量は1.4倍，重量は1.47倍に増加した（第3図）。

④ダイズ

施用時期と施用方法は次のとおりである。

花芽分化～開花期　健花500倍希釈液を1～2回，葉面散布する。

肥大期　健花500倍希釈を数回，葉面散布する。

健花の生殖生長因子により，花芽分化を促進し，花数が増加する結果，莢数を増加させることができる。また，結実率が向上するため，粒数が増加する。さらに，収量増加以外にも，カルシウムで細胞壁を強化することで，うどん粉病やべと病などの病気を予防するほか，棚持ち向上に効果を発揮する。

2016年に千葉県松戸市で行なったエダマメ‘湯上り娘’の収量調査では，莢数が35.8％増加した（第4図）。

《問合わせ先》東京都千代田区平河町1―6―15
USビル6F
甘彩六花株式会社
TEL. 03-5213-4658
執筆　林　大吾（甘彩六花株式会社）

アラガーデン——5-アミノレブリン酸配合の肥料シリーズ

(1) 開発の目的と経緯

アラガーデン（ALA GARDEN®）は，5-アミノレブリン酸（以下ALAと略称する）を配合した液状複合肥料とタブレット型化成肥料あるいはタブレット型化成肥料を配合した指定配合肥料を含む肥料製品シリーズである（第1図）。

ALAは，あらゆる生命体内で生合成されるアミノ酸の一種ではあるが，タンパク質の構成成分ではない。この物質は，緑色植物でさまざまな機能を果たすクロロフィルやヘム，シロヘムなど，ポルフィリン化合物の前駆体である（第2図）。

ALAの緑色植物に対する働きとしては，気孔開度増大，窒素代謝促進，葉緑素含量の維持，新芽生長促進，光合成促進などの生理活性，また塩類および低温ストレス耐性向上作用がこれまでに知られており，これらの生理作用により作物では主として生育促進，収穫部位の増収や品質向上につながることが期待されている。

コスモエネルギーホールディングス株式会社（研究開始当時はコスモ石油株式会社）はALAの植物生理作用に着目し，農業利用上の有益性を活かすため，ALAの肥料への応用を20年以上前から検討してきた。ALAは，単独で農業に利用されることはなく，肥料などに配合されて利用される場合が多い一方，きわめて多量のALAを一度に植物体に与えることで蓄積する光増感性の代謝中間体（PPIX，第2図参照）による光障害が除草剤として応用できないかと研究されていた時期があった。しかしながら，高濃度域では除草活性がみられる場合があるものの，その半面実用的な低濃度域ではむしろ植物の生長を促進することが発見され，現在ではALAの除草剤用途開発はまったく省みられていない。ALAは，一般的には低毒性の物質といえ，「化学物質の審査および製造等の規制に関する法律」（化審法）においてはALA塩酸塩およびリン酸塩が白物質として公示されている。

アラガーデンに配合されて植物に与えられる濃度のALAは除草活性を示すことはなく，植害試験や効果試験などを必要に応じて実施したうえでALAの肥料への配合が認められている。これまでに，液状窒素肥料と家庭園芸用複合肥料では効果発現促進材として，また液状複合肥料と化成肥料では窒素全量を保証する原料としてALAの肥料での使用が認められている。

(2) アラガーデンの特徴

第1図　アラガーデン（ALA GARDEN®）

VFF（左）とファーム（右）

①シリーズの特徴

アラガーデンは，肥料成分の供給に合わせてALAを与えることで，肥料有効成分の吸収効果を向上させ，植物の健全生育に寄与する新しいタイプの肥料である。以下に紹介するアラガーデンの各製品の包装には，ALAが配合されていることを示す認証マーク（第3図）が表示されているのでご確認いただきたい。

②液状複合肥料

アラガーデンの液状複合肥料

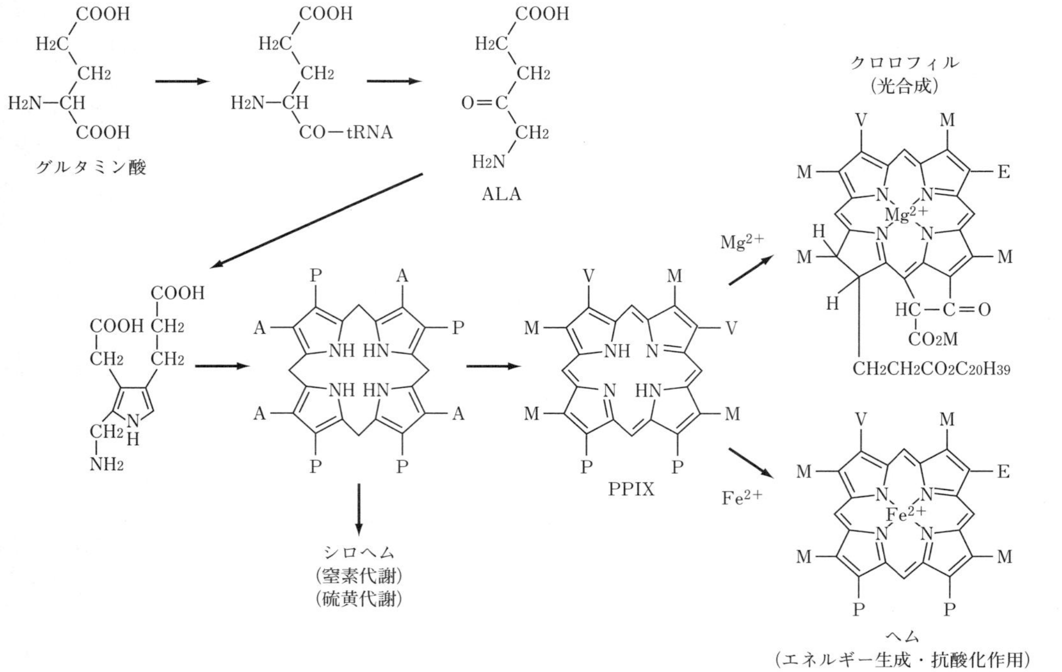

第2図　ポルフィリン化合物の生合成経路模式図
ALAは緑色植物では葉緑体の中でグルタミン酸からつくられる

5-Amino Levulinic acid

第3図　ALA認証マーク

は，ALAを適切な濃度で配合しているだけでなく，ALAのクロロフィル合成系への代謝促進の目的でマグネシウムが，またALAのヘムやヘム酵素への代謝を促進させる目的で鉄などが配合されている。鉄の配合については土壌条件や植物栄養条件に影響されにくい，3価の鉄（Fe^{3+}）のキレーターであるDTPA（Diethylene Triamine Pentaacetic Acid）が用いられている。鉄のほかにも植物に必須の各種微量要素が適切な割合で配合されており，それらがALAと協働して健全な作物の生長に寄与している。

2017年現在，アラガーデンには，アラガーデン・VFF（N—P—K—Mg＝8—5—3—3，生第87440号）とアラガーデン・ターフ（N—P—K—Mg＝9.5—0—1.2—5.4，生第86058号）の，2種類の液状複合肥料がある（第4図）。

アラガーデン・VFFは茎葉処理や根圏処理により作物に与えると，配合されているALAの働きで低日照，低温や塩類土壌集積などの不良環境にも作物が耐え，さらに作物の水や肥料の吸収が円滑化し光合成が活発になる。これらの結果として，以下に示す実用上の効果が期待されている。

・健苗育成（水稲，野菜全般，花卉）
・定植後の活着促進（水稲，野菜全般，花卉）
・生育向上および生育揃い（野菜全般）
・生育不良回避（作物全般）
・成り疲れ防止（果菜類）
・収量向上（作物全般）

	VFF	ターフ
登録番号	生第87440号	生第86058号
肥料の種類	液状複合肥料	液状複合肥料
保証成分量(%)		
窒素全量	8.0	9.5
内硝酸性窒素	2.4	4.0
水溶性りん酸	5.0	-
水溶性加里	3.0	1.2
水溶性苦土	3.0	5.4
水溶性マンガン	0.15	0.3
水溶性ほう素	0.22	0.45
原料の種類（窒素全量を保証又は含有する原料） 尿素、5-アミノレブリン酸塩酸塩 備考：窒素全量の量の大きい順である		
材料の種類、名称及び使用量(%)（使用されている効果発現促進材）		
DTPA-鉄(鉄として)	0.29	0.58
硫酸亜鉛(亜鉛として)	0.07	0.15
硫酸銅(銅として)	0.01	0.02
モリブデン酸ナトリウム(モリブデンとして)	0.01	0.02
正味重量	1キログラム(787ml)	300グラム(240ml)

第4図　アラガーデン・VFF/ターフ生産業者保証票からの抜粋

・品質向上（果樹類，果菜類，花卉）

使用にあたっては，植物の活性が高い午前中に施用し，茎葉処理では葉の表裏にむらなく散布し，根圏処理では吸肥力のある根の部位に集中して灌注することが推奨される。また一回の施用で効果がみられた場合でも継続して使用する（1～2週間おきに施用し続ける）ことで，より大きな効果が得られる。この場合は，1回当たりの施用量を標準量より減じても良い（アラガーデン・VFFの利用事例⑤を参照）。一方，花芽分化直後や開花期前後，果実肥大期などをねらって与える方法も有効である。

他方，アラガーデン・ターフは，公園緑化やスポーツターフに向けて芝用に開発された液状複合肥料であり，ゴルフ場のティーグラウンドやパッティンググリーンでの使用はもとより，建造物による日影や風通し悪化に対処するためにドーム球場やサッカースタジアムの芝，さらには住宅や公共施設の緑地管理にも活用されている。アラガーデン・VFFに比較してマグネシウムと鉄をはじめとする各種微量要素成分がさらに強化されているため，微量要素などの不足解消や他の資材との混用など，利用目的によっては農業場面においてもアラガーデン・ターフを選択することもできる。

③化成肥料および指定配合肥料

アラガーデンのタブレット型化成肥料には，アラガーデン・ファーム（N—P—K＝10—10—10，生第101227号）とアラガーデン・ファーム・【即溶®】（N—P—K＝14—6—10，生第103411号）およびこれらを原料とした指定配合肥料（以下アラガーデン肥料と総称する）がある。

アラガーデン・ファーム（10—10—10）は，他の肥料に混合して使用（指定配合肥料の原料として使用）するバルクブレンド（BB）肥料向けに設計された化成肥料である。配合肥料にアラガーデン・ファームを3％から20％程度の割合で配合した場合に，適切なALAの圃場施用量となるようALA濃度が設計されている。また，タブレット成型法で造粒されているため粒径の揃いが良く，粒が硬いためにブレンド作業や施用のさいに粉塵が出にくい特徴がある。

アラガーデン・ファームを原料にした指定配合肥料として，汎用のN—P—K＝14—10—13型（アラガーデン・ファーム・BB403）や水稲追肥用（いわゆる穂肥）のN—P—K＝15—1—15型（アラガーデン・ファーム・BB515）の2銘柄を発売している。地域や作目ごとの要望に応じる指定配合肥料の展開を目途として開発されたものであり，汎用性のある配合原料としてアラガーデン・ファームの供給体制を整えている。

アラガーデン・ファーム・【即溶】は，タブレット型化成肥料であることから粒状肥料として，そのまま土壌施用をすれば即効性肥料として利用できる。原料の溶解度が高く未溶解残渣がきわめて少ない高純度肥料であることから，養液土耕やドリップ式肥料溶液灌漑の基本肥料としても利用可能性が大きい。

これらアラガーデン肥料を作物に与えると，

配合されているALAの働きにより，低日照，低温や塩類土壌集積などの不良環境に作物が耐えること，また作物による水や肥料の吸収が円滑化し光合成が活発になることなどの結果として，液状肥料と同様の実用上の効果が発揮される。

アラガーデン肥料を基肥で使用する場合は側条施肥や植え穴施肥などの局所施肥が望ましく，また播種や定植直前の施用が望ましい。作業や天候による遅れにも配慮し，施用後1～2週間以内の播種や定植を推奨している。追肥で使用する場合は，うね間部分施肥やうね内施肥などの局所施肥が望ましく，追肥の時期は効果の発現時期に配慮して多少前倒しで行なう。

アラガーデン・ファームおよび同【即溶】は，液状複合肥料のように微量要素の強化配合はなされていないが，特筆すべきは代わりにクエン酸が配合されており，土壌中の微量要素などを作物が吸収しやすくなるよう配慮がなされている。

アラガーデン・ファームを原料とする指定配合肥料においては，さらにマグネシウムや微量要素を強化した肥料もある。たとえば「アラグルメ」（朝日化工株式会社）がすでに発売されている。

④各製品の施肥設計上の留意点

以上，紹介したアラガーデン肥料を作物に与えると，ALAに起因する増収が起こるため，増収目標に見合った積極的な施肥設計が推奨される。またALAの作用により気孔開度が増大し作物の水分生理活性が上昇するので，養液栽培や養液土耕などで利用する場合には灌水量への配慮が必要である。

他方，ALAが土壌に施用されると窒素循環に資する土壌微生物が増加することが報告されており，地力窒素の有効化が起こりやすくなるので，生育後期に肥効を切りたい場合などには窒素質を減肥することに配慮する必要がある。またALAの窒素代謝促進作用により，収穫物の硝酸態窒素（NO_3^-）が低減する傾向があるので，野菜の品質向上には有利となる。

(3) アラガーデンの利用事例

①水稲（2016年，2017年，富山県）

2016年，富山県のコシヒカリ生産圃場（一筆約40a）を用い，前年の10月にケイ酸肥料と乾燥鶏糞を施用し，5月上旬に稚苗を3.3m^{2}に60株になるよう機械移植した。田植えと同時に基肥として肥効調節型肥料（20―11―12）35kg/10aを側条施肥した。

穂肥は，7月中旬に対照区では慣行穂肥（14―3―13）を15kg/10a，試験区では「アラガーデン・ファーム・BB515」を10kg/10a，それぞれ施肥した。また，初期と中期除草剤は1kg剤を各1回散布した。基本病害虫防除2回と水管理は慣行に従った。

刈取り調査は，9月上旬に6条コンバインで刈り取り後，生籾（水分21％）を1筆ごとに含水率14.8％になるまで乾燥調整した。玄米収量は，網目1.9mmのふるいで選別し測定した。また，玄米の食味評価をあわせて行なった。

その結果，10a当たり玄米収量（出荷数量）は，試験区では平均701kgであり対照区の平均610kgをあきらかに上回った。増収は弱勢穎果（とくに二次枝梗）の粒張りが良く，登熟歩合や千粒重をアップさせたためと考えられる。出荷された玄米は，JAの出荷検査ですべて1等の規格米となった。食味試験でも試験区では対照区に比較して食味値で2ポイント上回った。増収にもかかわらず食味値が同等以上であることから，ALAを配合した肥料の穂肥効果としては窒素吸収が単に向上するだけではなく，窒素代謝とのバランスがとれた光合成能向上が発揮されたと考えられる。

2017年も同様な比較試験を実施し，増収効果を確認することができた（第5図）。2017年は前年に比べて日照不足の年であり，全般に収穫量の低下があったが試験区は対照区を11％上回った。2017年も弱勢穎果の粒張りの良さが観察された。

②ムギ類（2017年，富山県，福岡県，佐賀県）

コムギおよびオオムギの2～3月に実施する追肥効果では，慣行肥料の窒素成分の約10％

第5図　イネにおけるアラガーデン・ファームの穂肥試験

2017年も2016年と同様の比較試験を実施した。対照区（右）と比べて試験区（左）の穂垂れが大きいことが増収を表わしている

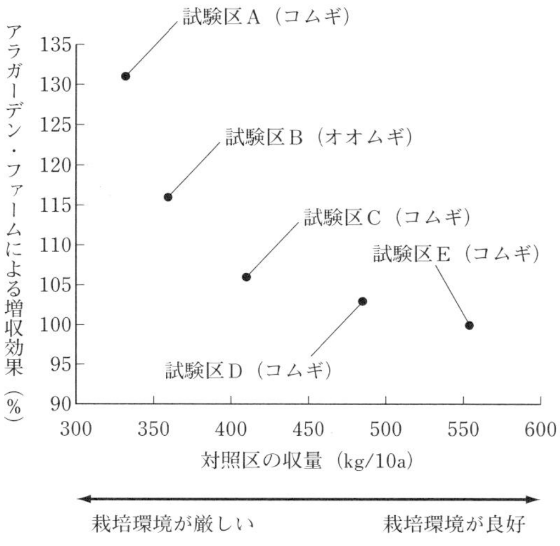

第6図　栽培環境が異なる圃場でのアラガーデン・ファームの増収効果

アラガーデン・ファームは不良栽培環境下であるほど増収効果が表われやすい。D，Eの試験区においては「アラガーデン・ターフ」を4～5月に50g/10aで茎葉散布した

を「アラガーデン・ファーム10—10—10」に置き換えて施肥効果を調べた。試験はコムギ4圃場（福岡県，佐賀県），オオムギ1圃場（富山県）の水田転作田で実施した。その結果，5圃場中4圃場であきらかな増収効果が認められた。

対照区の収穫量に対する試験区の増収割合を示した第6図からもあきらかなように，対照区の収穫量が低い圃場ほどアラガーデン・ファームよる増収割合が高くなる傾向が認められた。一般に，日本のムギ類は水田転作田で栽培されるため，湿害による低収が課題であるが，ALAによるムギ類の増収効果は蒸散などの水分生理が良好となり湿害が緩和されたと理解している。

③**白ネギ**（2017年，富山県）

4月に定植した白ネギ栽培では，6月初旬に「アラガーデン・ファーム10—10—10」を株元に施肥（3kg/10a，試験区）し，生育への影響を調べたところ，定植4か月後の新鮮重は対照区平均104.3g/本に対して，試験区は平均228.7g/本であった。施肥2か月後では，草丈，葉鞘径，新鮮重いずれもアラガーデン・ファーム区であきらかな生育促進が観察された（第7図）。

白ネギでは，定植時もしくは6月ころの追肥においてアラガーデン・ファーム1.5～3.0kg/10aを株元に施肥することで，非常に高い生育促進効果が期待できる。また，ファームをバルクブレンドした追肥用肥料「アラガーデン・ファーム・BB403」などの施用も同等の増収効果が得られた。

第7図　白ネギへのアラガーデン・ファーム（10—10—10）の適用試験

対照区（左）に比べて試験区（右）はよく揃った生育であった

第8図　アラガーデン・ファーム・【即溶】の置き肥の効果試験
試験区（左）のポットの苗はあきらかに生育旺盛となった

第1表　ALA配合液状複合肥料の土壌灌注効果の例

果菜の種類	処理区	果実収量	果実品質	
		kg/10a（相対値%）	硝酸態N含量（ビタミンC含量）(mg/kg FW)	総N対硝酸態N割合（%）
ピーマン	対照	2,805 (100.0)	135.0 (212.5)	10.04
	試験	4,390 (156.5)	130.0 (225.0)	8.76
トマト	対照	8,430 (100.0)	126.5 (40.0)	未測定
	試験	11,350 (134.6)	122.5 (55.0)	未測定
スイカ	対照	3,440 (100.0)	150.0 (15.5)	9.10
	試験	3,870 (112.0)	100.0 (17.5)	5.50

注　1）試験区には慣行肥料に加えてALA配合液状複合肥料（アラガーデン・VFF相当品）の全量100g/10aを栽培期間中に7回に分けて土壌灌注した
2）本試験はスロバキア農業大学Otto Ložek教授らによる試験である

④花卉苗（2017年，山梨県）

リモニウムシニュアタ苗を7.5cmポット（窒素として200mgの基肥を含む用土200ml）に植え付けし，活着確認後に「アラガーデン・ファーム・【即溶】」（以下，【即溶】）約0.1g（窒素として14mg）を置き肥で施肥し，肥効期間の長さを葉色の変化で観察した（第8図）。

施肥後，3週間で葉色が薄くなったことから，ポットでは約3週間の肥効持続があると考えられた。

⑤ピーマン，トマト，スイカ（2008年，欧州）

ピーマン（普通種），トマト（中玉），スイカ（ラグビーボール型）栽培に対するALA配合液状複合肥料（アラガーデン・VFF相当品）の土壌灌注効果を第1表に示す。増収効果は花芽数の確保ならびに成り疲れの軽減により達成されていると考えられた。また果実品質の向上が観察され，とくに硝酸態窒素が減少しビタミンCが増加した。

「アラガーデン・VFF」の施用法は，3,000〜4,000倍に希釈して茎葉散布にて施肥する

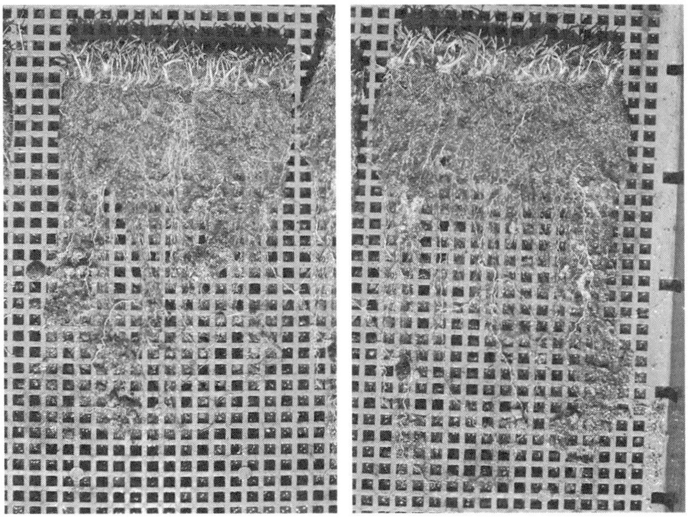

第9図　ベントグリーンへのアラガーデン・ターフ散布効果
左：対照区，右：試験区
慣行施肥に加え試験区（右）ではアラガーデン・ターフを散布した。試験区（右）ではコアリング箇所以外（中央部）にも新根が確認できる

か，あるいは100～150g/10aで土壌灌注により根圏施肥を行なうことで，生育促進や硝酸態窒素の低減などの品質向上が期待できる。

⑥**ゴルフ場**（2015年，茨城県）

クリーピングベントグラスのパッティンググリーンにアラガーデン・ターフを1,500倍に希釈して2週間おきに2回散布し，根の生育量を検討した（第9図）。

その結果，対照区に比べ試験区では根張りが良く，芽数が増加，エアレーション後の生育の早期回復が認められた。

一般にALAを芝に与えると，まずは新根の発生など地下部に良い影響が現われ，次いで地上部の葉色や生長量に好影響が表われ，芝生の密度が上がり，低刈りしやすくなる。2～4週間程度の間隔で継続的に施用すると効果が持続される。

なお，農業分野における「アラガーデン・ターフ」と「アラガーデン・VFF」の施用方法は共通しており，施用方法は，3,000～4,000倍に希釈して茎葉散布するか，あるいは適宜希釈した水溶液（原液で100～150g/10a）を土壌灌注しても良い結果が得られることを強調したい。

《問合わせ先》東京都港区芝浦1—1—1浜松町ビル
株式会社コスモトレードアンドサービス
TEL. 03-3798-1225
FAX. 03-3798-3216

執筆　岩井一弥・西川誠司（株式会社コスモトレードアンドサービス）

アルギット──アルギン酸，微量要素が豊富な海藻粉末資材

(1) 本資材の特徴と効果

①アルギット利用のねらい

激増する土壌病害に加えて，作物の連作障害，品質や食味の劣化，そして収量の低下など，諸種の不良事態が各地に続発し，これにどう対処すればよいかの研究を始めた。このとき，西欧先進地で好結果をあげている資材である海藻「アルギット」に注目し，これがわが国農業の今後に大きな効果を及ぼすことを期待して，研究に取り組んだ（第1図）。昭和30年代中葉のことである。

海藻「アルギット」を農業部門に導入しようとした直接のねらいは，土壌微生物群の発生資材として利用することであった。

アルギットは根圏微生物を豊かにする効果が大きい。第1表は，水耕栽培で有機物を添加してトマトを栽培し，その根面の微生物相をみたものだが，アルギット区はのこくず堆肥区に比べ細菌があきらかに多く，B/F値も高くなっている。微生物相には第2図のようなちがいがあり，根毛の状態も第3図のようなちがいがみられた。

アルギットは根圏微生物（とくに細菌）を豊かにし，さらに根毛の発生を促す効果が期待できるのである。

②アルギットの特徴，成分

アルギットとは，北欧スカンジナビア半島のノルウェー海岸の岩礁に自生するアスコフィラム・ノドサムの粉末製品である（第4図）。極北の海に生えている海藻なので，生命力はすこぶる逞しい。地上生命の根源は海洋といわれているが，陸上の成分が流れ込む海は，栄養の宝庫といえる。海藻はその成分を吸収して地上に還元する大切な働きをしている。

アルギットの特性をあげれば次のとおりである。

アルギン酸を豊富に含んでいる　アルギットの成分の60％は炭水化物で，その約半量をアルギン酸が占めている（第2表）。アルギン酸は土壌への物理的，化学的作用と土壌微生物に影響を及ぼす物質で，それはこれまでの肥料に

第1表　根面における微生物数（トマト乾燥根1g当たり）　（鈴木達彦ら，1978）

	糸状菌（F）	細菌（B）	B/F値
無機区	3,000	1.4×10^8	4.7×10^4
海藻粉末区（アルギット）	15,000	7.6×10^9	5.1×10^6
のこくず堆肥区	9,200,000	7.2×10^8	78

第1図　アルギット

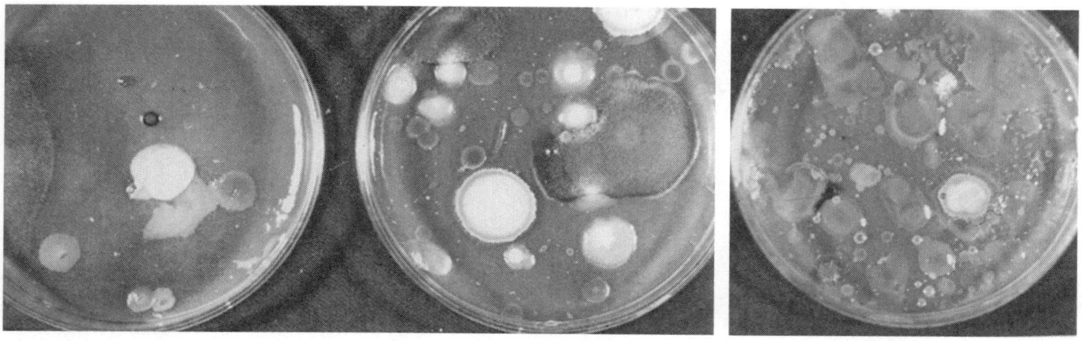

第2図　根面の微生物相のちがい
左：無機肥料区（微生物が少ない），中：のこくず堆肥区（糸状菌が多い），右：アルギット区（細菌の集落が多数みられる）

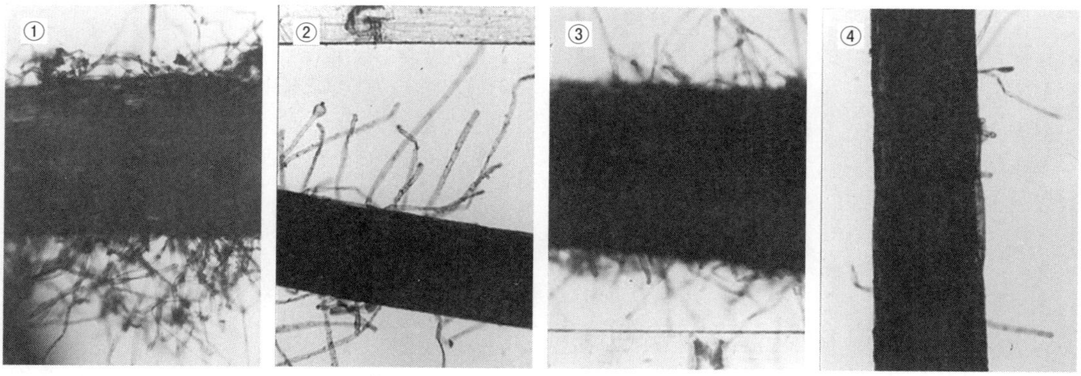

第3図　根毛の比較（水耕栽培トマト）
水耕栽培トマトの根をアクリジンオレンジ溶液に浸して観察
①海藻粉末アルギット区，②海藻エキスアルギフェート区，③のこくず区，④無機区

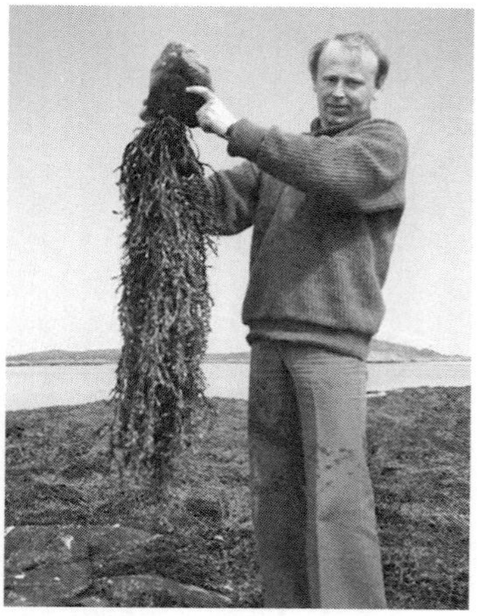

第4図　アルギットの原藻（アスコフィラム・ノドサム）

も土壌改良材にも含まれなかったものである。

微量要素が豊富である　アルギットは60種以上の微量元素を含んでいる。有機化されたこれら成分は土壌によく保持され，作物に対して即効的で，かつ過剰障害が少なく，毎年続けて施用することによって増収が得られ，品質・食味が良くなる。

ビタミンやホルモンの働きが強い　オーキシン，ジベレリン，サイトカイニン，アブサイシンなどの植物ホルモンを天然に含み，種々の耐病虫性を発揮し，抵抗力を高める。このため減農薬栽培が可能になり，農産物の市場性と商品性が高められる。

触媒効果が大きい　土壌の性質を改良し，活

第2表　アルギットの主要成分（ノルウェー産業研究所の分析による）

構成成分（%）					
タンパク質	5～8	炭水化物	55～61	脂肪質	2～5
繊維質	4～5	水　分	8～16	灰　分	18～30
炭水化物（%）					
マンニット	7～9	アルギン酸	24～29	ラミナリン	3～6
フコイダン	7	不確定糖分	14.4		
ミネラル・元素（mg/kg）					
ヨード	520～580	モリブデン	0.09～0.12	バナジウム	0.9～1.2
マンガン	35～40	コバルト	3.0～3.5	窒　素	11,000～13,500
ナトリウム	15,000～18,000	ブローム	0.8～1.1	ゲルマニウム	0.4～0.5
マグネシウム	2,300～2,700	銀	0.4～0.6	亜　鉛	40～45
硫　黄	4,500～5,000	銅	3.5～4.0	ホウ素	60～75
カルシウム	12,000～16,000	アルミニウム	350～450	クローム	0.9～1.2
カ　リ	17,000～22,000	リ　ン	990～1,015	シリコン	1,642
鉄　分	200～220	ニッケル	8～11	塩　素	14,760
ビタミン（mg/kg）					
プロビタミン	40～65	ビタミンC	200～400	パントテン酸	2～4
ビタミンB1	6～8	ビタミンD	3～5	ナイアシン	60～80
ビタミンB2	5～6	ビタミンE	150～300	葉　酸	0.2～0.3
ビタミンB12	0.003～0.004	ビタミンK	10	コリン	275
確認されているアミノ酸（mg/kg粉末）					
アルギニン	4.8	フロリン	1.6	アスパラギン酸	5.6
メチオニン	0.04	スレオニン	1.2	バリン	2.2
シスチン	確認	トリプトファン	確認	グリシン	3.0
シトルリン	確認	グルタミン酸ソーダ	6.0	チロシン	0.5
ヒスチジン	0.8	イソロイシン	1.2	ロイシン	2.7
リジン	2.9	オルニジン	確認	セリン	1.8
アルガナイン	3.2	フェニルアラニン	1.4		

性化する。作物の生体内の物質代謝，生化学反応を円滑にするので，健全な生育を促し，収量を高め，旨味を増す。

このようにアルギットには，海藻植物特有のアルギン酸，マンニットなどのほかに，ミネラル，ビタミン，アミノ酸，未知の生長因子などがバランスよく含まれている。

アルギット利用の圃場では，土壌構造も変化して団粒化してくる。また，すべての種子の催芽，発芽の能率が非常に良くなる。これは含有するホルモンないしは，その類縁物質のゆえだろうと考えられる。

(2) アルギットの利用法

①利用の基本

アルギットはそれのみの施用だけでも効果はあるが，アルギット農業では，これにRB処理を組み合わせることを基本技術として不可欠なものとしている。

RB処理とは，RBパワー（窒素3%，リン酸13%の液状複合肥料）の1,000倍液に，アルギフェートまたはシーマジック（アルギットのエキス）を1万倍になるよう混合した液を，発芽期，育苗期，定植の前後，着果期，肥大期など，生育のポイントとなる時期に土壌灌注することである。ビタミンやホルモン類を含み触媒効果が大きいアルギットのエキスを加えることで，リン酸の肥効向上や，作物の生理活性の強化をねらいとしたものである。

さらに，ケイ酸の供給と土壌改良にむけてゼオライト（シンキョーライト）の施用もすすめており，とくに石灰やカリ分が蓄積している土壌では重要である。

一方，窒素については増肥が必要となる。施用窒素が少なかったり，地力窒素が足りない場合は生育不良になる可能性があり，基肥の窒素はRB処理を前提にいくらか多めにし，生育をみながらの追肥も大切である。こうして，作物の生理活性を高めつつ高タンパク栄養で育て，多収と良質，良食味を実現するのが，アルギット農業の目標である。生育状態でいうと，葉が厚くて大型のものが揃い，節間は短いという姿である。

②利用の実際

アルギットは原則的には土壌に混合できればそれがいちばんよい。作物の種類や栽培方法にもよるが，基肥施用のときに，他の肥料類とともに全面散布して耕起するのがよい。また果樹園の場合は，年末か年始めの基肥施用のおり，耕起して土に混入する。不耕起園では全面散布か，部分的に穴肥形式に埋め込む方法もある。

施肥量は経済効果から割り出す人もいるが，10a当たり，アルギット50～75kg見当が一般的である。この量を年間量として，1回かあるいは2回に分施する。

作物の種類，土壌条件との関係では，一般的にみて，果樹類（ミカン類，リンゴ，ナシ，モモ，ブドウ，カキ，オウトウなど）では風味，熟色，糖度，フレーバーが商品性と密接に関係するので，アルギットの1回の施用量は少量とし，何回も施用するほうが効果があがる。また砂質土壌や重粘地ではともに土壌微生物が偏りすぎるので，ゼオライト（ケイ酸質資材）を併用する。

一般野菜類，スイカやメロン，トマト類でも，味とフレーバーをつくり出すためにアルギットは多用したほうがよいと思う。

③利用上の注意点

土壌微生物活動を積極的に作用させたいので，土壌の水分は，当初はやや多めに管理する。アルギット農業では，水と窒素は常に多めの管理を目標とする。窒素は収量の増加と，それに見合う土壌微生物群の地力的増加，維持に消費され，初年度は10～20％程度ふやし，以後の年度も恒常的に漸増する。水についても土壌のEh（酸化還元電位）の安定化，および根の吸収能率の安定向上にむけて，安定的に供給する。ただし停滞水は作物によくないので，停滞水の不安のあるところではあらかじめ排水の工夫が必要である。

さらに大切な注意点として，本圃の土壌に石灰資材（生石灰，消石灰，苦土石灰など）は量の多少を問わず，使用してはならないことである。ただし開墾地，開拓地は別である。石灰資材の使用を見合わせるのは，土壌のpHが高くなって土壌微生物がある種類に偏り，微生物活動が変則化することを防ぐためと，土壌の微量成分（ミネラル）の不溶化を防止するためである。アルギット農業ではアルギットに由来する土壌微生物の活性化から菌体経由で必要かつ十分なCa量が補給されるし，実際土壌のpHも中性になってくる。

*

以下，アルギット農業に取り組んでいる4農家の声を掲載することで，利用事例の紹介としたい。

（3）ジャガイモ，ダイコンなどでの利用事例――静岡県・金子さん

経営内容は労働力3名，露地畑50a，ハウス10aです。

①アルギット農業との出合い

アルギット農業との出合いは30年前です。転機は全国アルギット農業実績発表大会に案内され参加してからです。全国から多くの生産者が集い，終日熱心に研修するようすに感激し「本気でやってみよう」と意識が変わりました。

アルギットやシンキョーライトを本格的に使い始めましたが，当初はなかなか効果が実感で

第3表　金子さんの基肥設計（10a当たり）

肥料名	施用量（kg）
アルギット	20
シンキョーライト	400
アルギットぼかし	200
ねぎペレット	160～200
IB化成	40
苦土ミネラル	60

第4表 金子さんの栽培体系

No	作物名	播種，種いも植付け	収穫予定	品種，備考
①	ジャガイモ（春）	1月中旬～随時	5月15～20日から	男爵・メークイン主体に，アンデス（赤）・インカの目覚め・ノーサンルビーなど多数
②	ソルゴー	6月	8月中旬	緑肥として打ち込む。連作障害対策
③	ダイコン	9月上旬～10月中旬	11月上旬～2月下旬	せんと・健志など。播種時期をずらし作型分散。おそい作型は総太り
④	トウモロコシ	3月下旬	8月中旬	ゴールデンラッシュなど
⑤	ジャガイモ（秋）	9月中旬	12月下旬	にしゆたか主体

注 ①→②→③→④→⑤で輪作

きませんでした。5年が経過したころからジャガイモやダイコンの食味が驚くほど良くなり，何より「日持ち」が抜群に良くなったことが実感できました。

②肥培管理（ジャガイモ，ダイコン）

基肥設計は第3表のとおり，管理のポイントは次のとおりです。

・肥料は基肥施用のみ。追肥は別にシンキョーライトを施用。

・土壌消毒剤は20年間やっていない。

・生育途中の農薬散布はしない。ただし天敵資材などは使用。

・葉面散布はアルギフェート2,500倍で実施。本圃で4～5回葉面散布。

・収穫1か月前には，カルシウム剤1,000倍と混合。

※収穫時に硬くしまって日持ちが良くなる。

③アルギット農業を実践して

アルギット，シンキョーライト，アルギットぼかしを30年使い続け，輪作体系と併せて，現在では土壌消毒剤を使わない生産体系を確立できました（第4表）。何より土質が変わりました。降雨後ベチョベチョになる赤土の粘土がサラサラして長靴に泥が付きにくくなりました。

2012年9月に台風が来襲し，周辺ではハウス倒壊など大きな被害を受けましたが，すぐにアルギフェート2,500倍を葉面散布しました。収穫まで3回散布し出荷時には影響ないくらいに回復。アルギット農業の土つくりで根と地上部がしっかりしていればこそと実感しました。

販売については農協やバイヤーを通じて，生協や高級スーパーなどに出荷しています。またフレンチや日本料理の名店などにも出荷しています。フレンチレストランのシェフは直接来てジャガイモなどを試食し，食味の良さ（皮がうすくておいしい）と日持ちの良さを絶賛されます。バイヤーの取引先から新しい品種などを紹介されるため，年間通じて多くの野菜類をつくっています。

静岡県エコファーマーと浜松農産物シンボルマークを取得・表示していますが，何より「アルギット農業のシール＆チラシ」が品質の証になっています。

(4) 露地ミカンでの利用事例——和歌山県・上野山さん

経営内容は労働力9名，栽培面積は6haで，品種構成別の出荷時期と出荷数量は第5表のとおりです。

第5表 上野山さんの品種構成別の出荷時期と出荷数量

	極早生	早　生	晩　生	中晩柑（清見・不知火・春峰）
栽培面積	40a	400a	100a	60a
出荷時期	11月上旬	12月上旬	1月上旬	3月下旬
出荷数量	12,000kg	110,000kg	30,000kg	15,000kg

注 うち早生ミカンで40a未収穫園（養成中の若木園）

①アルギット農業を始めた経緯

1983年ころミカンの単価が安く経営に不安を抱えていたときに，家内の実家で取り組まれ

第6表　上野山さんの肥培管理施肥（10a当たり）

月	目　的	資　材	施用量
2月	カルシウム補給	有機カルシウム資材	
4月	春肥	魚粉主体の自家配合肥料	240kg
5～6月	根づくり資材	アルギット 苦土資材 過リン酸石灰 エッグミール	20kg 30kg 30kg 20kg
6月	夏肥（玉肥）	魚粉主体の自家配合肥料	40kg
8～9月中旬	アルカリ処理	アルギット シンキョーライト 苦土資材 硫酸カリ エッグミール	20kg 30kg 20kg 10kg 20kg
11月	秋肥（お礼肥）	魚粉主体の自家配合肥料	200kg

第7表　上野山さんの葉面散布（10a当たり）

時　期	作業内容
5～8月 （発芽初期～果実肥大期）	ベストII500倍＋有機液肥500倍 月1回および2回散布
9～12月 （仕上げ期～収穫直前）	081号500倍＋有機液肥500倍 仕上げに向けて内容と照らし合わせて散布を行なう
5～9月	カルシウム葉面散布剤1,000倍の散布 月1回散布

ていたアルギット農業のことを聞き，その年神協液肥1号の散布をすすめられ実施したところ，今までにない高品質ミカンができたのがきっかけでした。

それからアルギット農業を一部実践し，初年度はとても良い結果が出たのですが，その後は悪くなったり良くなったりの繰り返しが続き，アルギット農業から離れ他の栽培を取り入れた時期もありましたが，これといった結果が出ませんでした。そこでどんな良い資材でもただ使っているだけでは結果に結びつかないと思い，もっと掘り下げて栽培全般に目を向けて考えていくことが大事だと思いました。

それは，おいしいミカンをつくるために神協産業・販売店・農家とで生産組織をつくり，三者の立場を踏まえ意見をぶつけて栽培全般の改善をはかっていくことが大事でした。そして再度アルギット農業に取り組みだしました。神協産業・販売店・農家（7～8名）とで問題点をあげ，月に1回の園地回りと勉強会を重ね，私は水田転換の極早生ミカンの品質向上を目的に実施してまいりました。その結果，最近は仕上がりに向け求めていた，食味（旨味）の濃いミカンができるようになりました。

肥培管理施肥は第6表，葉面散布は第7表のとおりです。

②アルギット農業を実践して

以前アルギット農業の，窒素を多く施用して品質向上や増収につながる仕組みが理解できませんでしたが，月1回の園地回りと勉強会を重ね，その仕組みを理解して結果につながってきている状況です。また，近年仕上げ期のアルカリ処理の必要性を感じます。異常気象が続く近年，アルカリ処理を施すと確実に食味が増します。しかし2016年の気象状況を考慮すれば，施用する時期と収穫する時期を間違わないことが大事だと思いました。アルギット農業は，施肥量を多くして樹の吸収力を高めるため，蛍尻期の紅の濃さや，とくに完熟するまで樹に成らしておけば，食味は抜群に良くなります。しかし樹や土壌の養分を吸収利用するため，土壌の腐食や微量要素などの施用が肝心だと感じています。

（5）二十世紀ナシでの利用事例——鳥取県・宮脇さん

経営内容はナシ60a，水稲20a，ビニールハウス0.3aです。

①アルギット農業の取組みの経緯

40年前に鳥取市の農家から紹介されアルギット農業を始めました。従来より赤みのある力強い新芽の展開，果実の肥大と食味が非常によく，1年目からアルギット農業のファンになりました。アルギットぼかしを毎年4tつくります。切り返しは非常に厳しい面もありますが，おいしいナシを届けたい一心で40年間つくり続けています。アルギットぼかしを入れ続けることにより土がふかふかになり，水捌けも大変良くなりました。またアルギットぼかしを多く施用した場所はそこだけ雪解けが早く，微生物の力を感じます。

②アルギットナシ栽培のこだわり

現在の施肥設計は第8表のとおりです。

アルギット農業の管理とともに，摘蕾・交配・摘果・袋かけなど適期を逃さないよう心がけています。むだな貯蔵養分の消耗を減らすため，とくに摘蕾・摘果は早めにすませます。

近年異常気象・温暖化の影響で夏場の高温や干ばつの年が多く，アルギット農業の基本を踏まえて水と肥料を切らさないように気を配っています。その年の天候に合わせて土壌が乾かないようにしています。わが家のナシの樹は75年生の老木でありますが，アルギット農業の土つくり・RB処理を実施してきているので樹勢があり，食味・日持ちの点で効果が出ております。販売面では二十世紀ナシらしい特有の食感と肉質にお礼の言葉をいただくこともたびたび

第8表　宮脇さんの施肥設計（10a当たり）

①土壌施用

時　期	目　的	肥　料	施用量
2月上旬	芽出し肥	有機化成	20kg
6月上旬	追肥	パワー有機5号 アルギットぼかし シンキョーライト	40kg 200kg 40kg
9月上旬	礼肥	パワー有機5号	60kg
10月上旬	基肥	パワー有機5号 シンキョーライト	80kg 100kg
11月上旬	基肥	パワー有機5号 アルギットぼかし	100kg 400kg

②RB処理（3月下旬に2回灌注/1,000l）

資　材	倍　率
新RBパワー	1,000倍
シーマジック	5,000倍
ぼかしエキス	300倍
硫　安	300倍

③葉面散布

時　期	資材と倍率
農薬散布時	シーマジック5,000倍混用
7月～	K5号1,000倍＋シーマジック5,000倍2回散布

第9表　田中さんの肥料設計（2013年，単位：kg/10a）

	肥料名	基　肥	追　肥	施用成分		
				N	P	K
土つくり資材	シンキョーライト	400		0.0	0.0	0.0
	神協グリーンウェイブ	600		9.6	28.8	23.4
	米ぬか	400		8.4	14.8	5.6
基　肥	完全有機肥料	600		36.0	48.0	18.0
	アルギット入肥料	200		5.0	7.0	0.0
	アルギットぼかし	300		6.0	18.0	6.0
	小　計			65.0	116.6	53.0
追肥　12～3月分	肉骨粉		400	24.0	40.0	0.0
	シンキョーライト		400	0.0	0.0	0.0
	神協グリーンウェイブ		150	2.4	7.2	5.9
	アルギットぼかし		200	4.0	12.0	4.0
	アルギットぼかし（エキス用）		20	0.4	1.2	0.4
	完全有機液肥		120	7.2	0.0	0.0
	RBチャージ		80	0.0	0.0	0.0
	合　計			103.0	177.0	63.3

あり，進物贈答用のお客様が増えています。

(6) ピーマン（JAS認証栽培）での利用事例――宮崎県・田中さん

経営内容は労働力3名，栽培面積13a，作型は促成で定植10月1日，収穫11月下旬～7月です。

①アルギット農業との出合い

2010年JAS認証栽培（完全有機無農薬）でのピーマン栽培に取り組み始めました。病害虫防除については，宮崎県営農支援課病害虫広域担当専技に師事を仰ぎ，微生物農薬や天敵の活用方法を指導していただきましたが，どうしても病害虫の巣になってしまい収穫量は皆無の状態でした。県専技から神協産業の担当を紹介いただき，アルギット農業による肥料の使い方を教えていただきました。

現在の施肥設計は第9表のとおりです。

②栽培のポイント

・これまで一般的とされる施肥量では，あまりにも少ない。当時窒素12kg程度で，現在は基肥・追肥合計で窒素103kgとなっています。

・完全有機栽培のため化成肥料や通常の液肥が使えないため，有機100％肥料での追肥が中心です。

・根の動きを常に活発にするため，RBチャージの灌注を毎週のように行なう時期もあります。

・灌水量も従来では考えられないほど多くなっており，常にうね間が湿っている状態を保っています。

・冬の開花を安定させるために，RBチャージの葉面散布を徹底しており，毎日か1日おきに実施しています。

・着花量と開花数のバランスをとることがむずかしくどうしても偏りがちになりますが，葉面散布や灌注，追肥のタイミングを調整しながら安定した開花・着花を目指しています。

・一般的にも宮崎県のピーマン栽培は，年内に一度収穫の山があり，しばらく休んでから再び収穫できるのがふつうですが，アルギット農業を実践し始めて収穫の山が減り，作期を通じての収穫が可能になりました。

《問合わせ先》山口県熊毛郡田布施町波野962―1
神協産業株式会社
TEL. 0820-52-1011

執筆　新鞍　宏（神協産業株式会社）

イタヤ・ゼオライト，有機ゼオライト培土――CECが高く，均質で良質な特性を活かす

(1) イタヤ・ゼオライト

①天然ゼオライトとは？

ひと言で表現すると「天然のイオン交換体」である。

天然ゼオライトは，非金属資源の一種で，海底に堆積した火山灰が続成作用により変質した鉱物で，結晶中に微細孔を持つアルミノケイ酸塩の総称である。火山国である日本には良質なゼオライトの産地が多く存在する。主成分は，ケイ酸とアルミナで，石英と同じような三次元網目状構造をもつ鉱物である。ゼオライトとは，ギリシャ語の「沸騰する石」に由来する名称で，日本では「沸石」とも呼ばれている。

ゼオライトは，地力増進法に基づく土壌改良資材に政令指定されており，古くから保肥力を高める天然の土壌改良資材として利用されている。

②イタヤ・ゼオライトの特徴

山形県米沢市板谷（イタヤ）地区で採掘される，イタヤ・ゼオライトは，クリノプチロライト（板状結晶）を主とし少量のモルデナイト（繊維状結晶）を伴った不純物の少ない白色の美しいゼオライトである（第1図）。

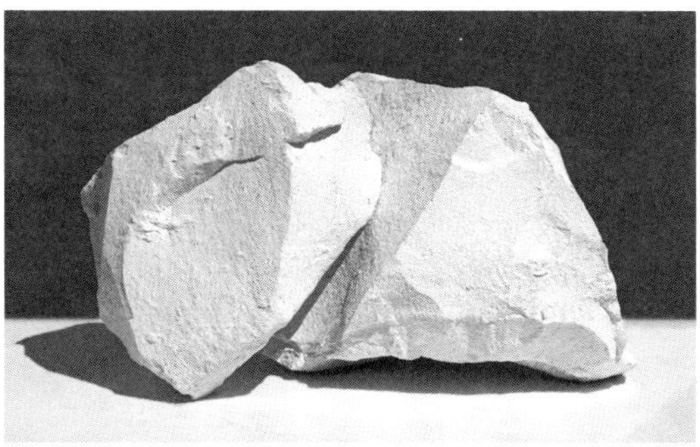

第1図 不純物の少ないイタヤ・ゼオライト

地力増進法では，ゼオライトの陽イオン交換容量（CEC）を50cmolc/kgと定めている。一方，イタヤ・ゼオライトの陽イオン交換容量は，170cmolc/kgと世界的にみても優れており，均質で良質なゼオライトとして高い評価を得ている。

ジークライト（株）では，この良質なイタヤ・ゼオライトを推定埋蔵量約7,000万t（東西1,000×南北2,000×厚さ200m）と豊富に保有しており，数千年の採掘が可能な規模を誇っている。

③ゼオライトの特性と効果

ゼオライトのCECは大きいだけでなく，アンモニウムイオンとカリウムイオンを選択的に吸着する。その理由は，ゼオライトの多孔質構造と，両イオンの大きさが等しく，すき間の中にすっぽりとはまり込むためである。これらのイオンは少しずつ溶出し植物の根に効率良く吸収されるので，肥効率が高まる。

ゼオライト自体は，陰イオンであるリン酸イオンや硝酸イオンを吸着する能力（陰イオン交換容量：AEC）はまったくない。ただし，ゼオライト中にはカルシウムイオンが存在するため，これにリン酸が吸着される。その結果リン酸の肥効率も向上するのである。

④ゼオライトの具体的な施用効果

ゼオライトの土壌改良材としての効能は保肥力の改善，すなわち土壌の胃袋を大きくすることである。したがって，ゼオライトは砂地のような保肥力の低いところで力を発揮する。ここで，新潟県内の砂地でのゼオライト施用効果を紹介する。

施用試験の結果，果実の調査では，ゼオライト施用区は果重が1.8kg，糖度15.5度であり，未施用区の果重1.6kg，糖度14.5度に比べやや大きく糖度も高めであった（第2図，第1表）。

以上のことから，ゼオライト施用によって，このように保肥力の低い土壌ではゼオライトの高い施用効果がみられた。

⑤ゼオライトの土壌での吸着メカニズム

ゼオライトを施用した土壌では，有機物分解により放出されるアンモニア態窒素がアンモニウムイオンとしてゼオライトに吸着される。い

第2図　ゼオライト未施用（左）とゼオライト施用（右）のメロン果実

実証場所：新潟県越前浜，土質：砂地，規模：1a
施用区：ゼオライト500kg/10a＋慣行量の肥料
未施用区：慣行量の肥料のみ

第1表　メロンでのゼオライト施用試験

区　別	重量（kg）	糖度（度）
ゼオライト使用区	1,823	15.5
未使用区	1,647	14.5

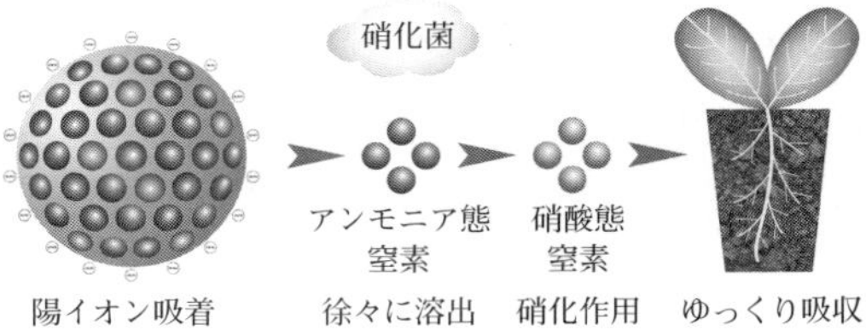

第3図　ゼオライトの土壌中でのアンモニア態窒素の吸収メカニズム

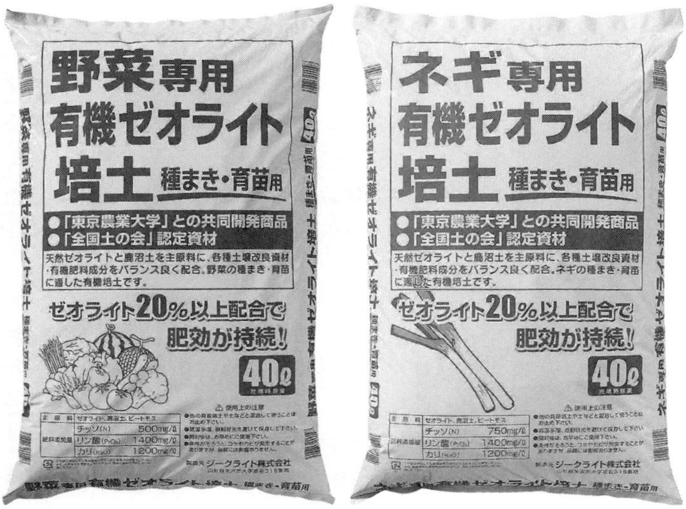

第4図　有機ゼオライト培土

ったんゼオライトに吸着されたアンモニウムイオンは，土壌の硝酸化成細菌（硝化菌）により分解され，硝酸イオンに変化したのち，ゆっくりと植物に吸収されるというメカニズムである（第3図）。

このように，ゼオライトを施用した土壌では，硝酸化成細菌による硝酸化成作用が化学肥料に比べて抑制されるため，窒素肥料の肥効が高くなる。

(2) 有機ゼオライト培土

①ゼオライトの多元的利用

ゼオライトを主原料にして育苗培土をつくると，ゼオライトのアンモニウムイオン吸着により窒素の肥効が持続する。そのため，育苗期間の長い作物には有効的である。ネギなどの育苗期間の長い作物でも追肥がいらない。また，ゼオライト培土は硝化スピードがコントロールされるため，高窒素条件下でも窒素の効きは穏やかになる。このために通常よりも多量の窒素をあらかじめ添加することができる。

昨今，上記のようなゼオライト培土の市販は，一般的になった。そこで当社は東京農業大学土壌学研究室の後藤逸男教授（現：東京農業大学名誉教授）と新ゼオライト培土の共同開発に着手した。

新ゼオライト培土とは，天然ゼオライト・鹿沼土・ピートモスなどの各種土壌改良材を主原料とするもので，肥料原料に化学肥料を一切使用しない培土である。化学肥料を使用しない理

第5図　静岡県磐田市でのチンゲンサイの比較試験

慣行培土（左）と比較して有機ゼオライト培土（右）は生育が良く，根鉢形成も良い

由は，天然資源の保護節約のためである。

この開発コンセプトの元に「有機ゼオライト培土」が誕生した（第4図）。

②有機ゼオライト培土の特徴

山形県米沢市板谷産のクリノプチロライトを主成分とする天然ゼオライトと鹿沼土を主原料とし，これに各種土壌改良資材，有機肥料成分をバランス良く配合することで，野菜の種まき育苗に適した培土となっている。

肥料原料に化学肥料を一切用いず，リサイクル有機質資源を利用しているため，培土の電気伝導率（EC）が低く抑えられている。種まきや育苗（鉢上げ）にも施用できるオールマイティな培土である。

窒素肥料源として添加されているボカシ肥（ゼオライトボカシ）による緩効的な窒素の肥

第6図　山梨県北杜市でのレタスの育苗

有機ゼオライト培土は，肥料切れも不揃いもなく生育良好

第7図　茨城県筑西市でのナス育苗試験

有機ゼオライト培土は肥料切れがなく，根鉢形成も良好

効と天然ゼオライトのもつアンモニウムイオンの選択的捕捉性の相互作用により，窒素の肥効期間が長期間持続する。

③有機ゼオライト培土の効果

保肥力増強　天然ゼオライトを20％以上添加し，保肥力を高めた。長期の無追肥育苗が可能である。また，定植後本圃での土壌改良効果も期待できる。

緩効性有機肥料　肥効が持続するボカシ肥（ゼオライトボカシ）を配合しており，培土に残った養分が定植後も供給されるため，活着スピードが速く定植初期の生育が抜群である。

陰イオン吸着　窒素肥料源であるボカシ肥（ゼオライトボカシ）から生成した硝酸態窒素を鹿沼土が吸着して，窒素の流亡を抑制する。これは，従来のゼオライト培土には備わっていない性質である。

保水・透水性　天然ゼオライトのほかに，保水・透水性に優れたパーライト・ピートモスを配合し，土壌に近い環境をつくり上げている。

④有機ゼオライト培土の利用実例

有機ゼオライト培土の利用実例として，静岡県磐田市のチンゲンサイ（第5図），山梨県北杜市のレタス（第6図），茨城県筑西市のナス（第7図）を示す。

《問合わせ先》山形県米沢市大字板谷315番地
ジークライト株式会社
TEL. 0238-34-2101
FAX. 0238-34-2117
URL. http://www.zeeklite.co.jp

執筆　武山芳行（ジークライト株式会社鉱山事業部）

EB-a――ポリエチレンイミン系資材で土壌の団粒形成

(1) EB-aとは

EB-aは，地力増進法の政令指定を受けたポリエチレンイミン系の鎖状高分子化合物を主成分とする土壌改良資材で，ほぼ透明な無色のねばり気の強い液体である（第1図）。地力増進法では，ポリエチレンイミン系資材に分類されている。EB-aの主たる効果は「土壌の団粒形成促進」，すなわち，土壌の物理性を改善することにある。

通常，土壌中では，微生物の働きなどで自然に土壌の団粒が形成されている。また，堆肥や厩肥などの有機質資材の投入によっても，団粒の形成は促進されるが，短時間ではなかなか効果をあげることはできない。

こういった有機質資材は品質的にも，流通的にも安定して入手することはむずかしく，投入にもたいへんな労力を必要とし，実際には容易な作業ではない。

EB-aには，その主成分のもつプラス電荷と，土壌の粘土粒子が表面にもつマイナス電荷とを瞬間的にいくつかずつつなぎあわせて無数の孔隙をもつ団粒構造をつくる働きがある。

しかも，EB-aのつくる団粒は，耐水性や耐乾性に優れているので，土壌は膨軟になり，その団粒は降雨，灌水や乾燥では容易にこわれず，長期間にわたって安定した効果が持続する（第1表）。さらに，堆肥など有機質資材と併用すると，よりいっそうの効果が得られる。

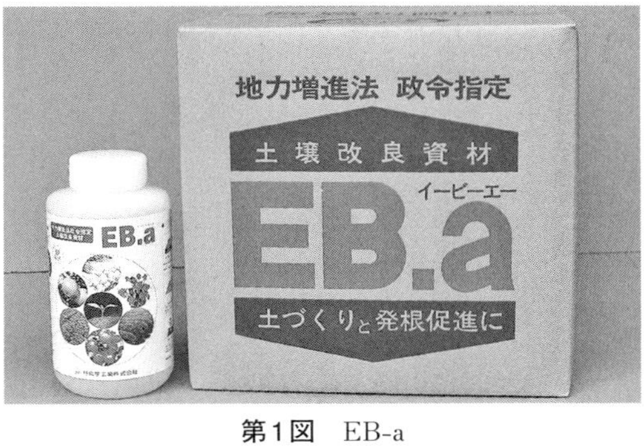

第1図 EB-a

もともとこの資材は「EB剤」という名で，道路工事のときに，道の法面の固定に抜群の力を発揮していた。これを水に溶かして法面に処理すると，300mmの豪雨でも土砂が崩れない。これを農業用に改良したのがEB-aである。

EB-aは土壌を選ばないので，実際には，砂質土壌から重粘な赤土，関東ローム，シラスなどの火山灰土壌や干拓地のヘドロ，南西諸島のコーラルリーフ性土壌まで，あらゆる土壌において団粒形成効果を発揮する。

また，EB-aは土壌のpHや塩類の存在にも影響されずに，その効果を発揮する。

(2) EB-aの施用効果

EB-aのキャッチフレーズは「水でうすめて灌水するだけで，あらゆる種類の土壌を瞬間的に多孔質の団粒にする」であるが，そのキャッチフレーズどおり，EB-aをうすめた液を灌水するだけで，土壌は瞬間的に無数の孔隙をもつ団粒構造に生まれ変わり，透水性，保水性，通気性，保肥性，膨軟性が著しく向上する。

すなわち，透水性，通気性の向上により，土壌は新鮮な空気や水が供給されるようになる。また，団粒内に水を保持するため，作物の生育に適切な水分を保つことができる。肥料成分も団粒の中に保持するので，流亡することなく，肥効も長期間保つことができる。団粒ができることにより，団粒と団粒の間にすき間ができるため，土壌そのものが膨軟な状態になる。その結果，作物の生育にきわめて理想的な土壌環境が形成される。

このように，EB-aの施用で根圏の土壌環境が良くなり，作物の発根性が高くなる。結果として，活着が早まり，根張りも促進され，健全に生育して，品質の高い収穫物の増収が期待できる（第2図）。

EB-aにより団粒化された土壌は，立体的網目構造となり，土壌の流亡が防止されるので，降雨や灌水によるうねの崩れを防いだり，肥沃

第1表　EB-aと団粒量の関係
（林化学工業久世研究所）

試験区	0.25mm以上の集合度改善率	耐水性団粒の量（%）			
		1mm以上	0.5mm以上	0.25mm以上	0.1mm以上
対照区	—	8.3	24.1	41.6	58.8
EB-a0.1g区	32.1	19.7	36.4	54.9	71.4
EB-a0.2g区	35.5	23.7	40.2	56.4	73.0
EB-a0.5g区	43.9	29.4	45.1	59.9	74.3

注　EB-a添加量は土壌100g当たりの量

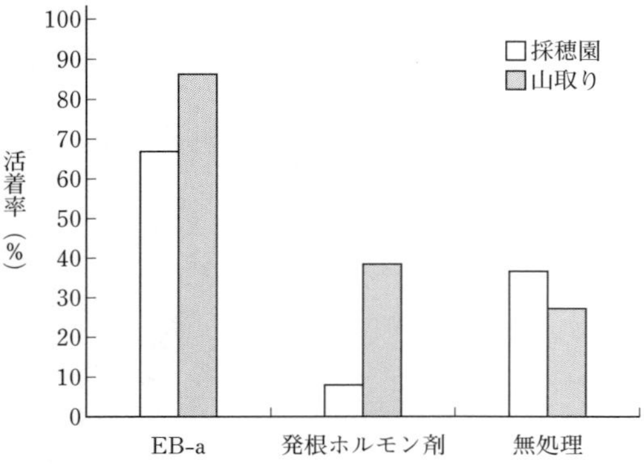

第2図　EB-aによるスギクローン挿し穂の発根試験　（青森営林局）

な耕土の流失を防いだりすることができる。

また，EB-aにより団粒化されると，土壌のべとつきを防げるため，農機具や靴などへの付着が軽減され，農作業の省力化，効率化にもつながる。

作物が健全に育つことで環境や病気に対する抵抗性も当然向上する。また，好気性の細菌や放線菌などの有用微生物が増加し，土壌微生物相が改善されるので，病原菌などの有害菌の繁殖も自然抑制される。

(3) EB-aの施用法

EB-aの添加量は，多いほど団粒形成効果が大きくなる。また，粘土含有量の多いほど添加量は多くなる。

一般的には，1作当たりEB-aの原液20l/10a程度の使用量で十分な効果が得られる。しかも，施用のしかたは，EB-aを200～500倍にうすめて土壌に施用するだけという，きわめて簡単な方法で，土壌は瞬間的に団粒構造に生まれ変わる。

標準的な施用方法はつぎのとおりである。

定植・播種時期　定植や播種の前に，うねや播種床にEB-aの200～500倍液を，じょろや灌水ホースなどでたっぷり施用する。

生育・収穫時期　生育期間を通じて，液肥を追肥するときや灌水時に随時EB-aの500～1,000倍液を施用すると，よりいっそうの効果が得られる。施用には灌水チューブなどを用いると便利である。

果樹や樹木などでは，樹勢が衰えたときの回復にEB-aを施用すると，根圏土壌の物理性改善により，根の生育が旺盛になり，衰えた樹勢を回復させ，もとの健康な状態に戻すことができる。

EB-aは，一般農業における土つくり，苗づくりだけでなく，植林・植栽・芝地などの緑化事業や，家庭園芸などにも幅広く使用されている。

(4) EB-aの利用例

①イチゴ

イチゴでは，本圃だけでなく，親床やポットについても，効果的に使用されている（第2表）。

親床処理　親床では，親株の活着促進，ランナーの定着および子苗の発根促進，細根の増大を目標に施用する。

親株の定植前にEB-aの200倍液を植え穴に施用する（植え穴に200ml程度）。親株の発根・生育を促進するので，活着が早まりランナーの発生を旺盛にする。

ランナーの発生前に，親床全面にEB-a200倍液をじょろや灌水ホースなどで施用する（EB-a10l/水2,000l/10a）。あらかじめ中耕したあとに施用すると，なおいっそう効果が得られる。

第2表　イチゴの利用例（1993年）

1. 経営状況
平木文次・福岡県三潴郡大木町
家族労力：4人
耕地面積：水田250a，ハウス28a
主品目：イネ200a，イチゴ28a
土壌条件：地形；平地，土性；粘質壌土，排水性；不良，保肥力；良，その他土壌の特徴；下層（地表から2.3～2.5mにカキがら層あり）

2. イチゴ（品種：とよのか）の栽培の概要
作期：定植9月1日，収穫11月上旬～5月上旬
収量：1989年ごろ5.5t，現在5.8t

3. 施肥・土つくりの方法（10a当たり）

	本方式をとりいれる前		現在の方法（EB-a使用）	
有機物施用	馬糞堆肥	8t	イネ生わら	3.8t
	菜種かす	0.2t	菜種かす	0.5t
基肥	有機配合	280kg	有機配合	280kg
追肥	有機配合	80kg	有機配合	80kg
	有機液肥（10―4―6）	100kg	有機液肥（6―4―4）	80kg
	有機液肥（6―6―2）	80kg	有機液肥（8.5―4―0）	100kg
	有機液肥（2―5―5）	80kg		

4. 生育の変化

	本方式をとりいれる前	現在の方法（EB-a使用）
苗の状態	・ポットの土壌表面がクラストしていた ・根はポットの周辺に多く，中心部に少なかった状態で，全体の根量は少なかった	・クラストしなくなり，根腐れの心配がなくなった ・根がポット内全体に発達しており根量が増えた。とくに，細根の増加が目立つ ・ポット下部での，根のギリギリ巻きの状態が少なくなった
初期の生育	〈ポット〉 ・根腐れの心配があり，思い切って灌水できず，水不足による活着不良を起こすことがあった 〈本圃〉 ・定植後，降雨により表面がクラストしていた	〈ポット〉 ・水管理がしやすくなり，活着が良くなった 〈本圃〉 ・多少の降雨ではクラストしなくなった ・活着が良くなったため，生育が早くなった
中期の生育	・小玉（S玉，M玉）の率が高かった ・成りづかれ現象が見られた	・根張りが良くなったことで，樹勢がつき，成りづかれが軽減され，大玉（L玉，LL玉）のできる率が高くなった
後期の生育	・果実が全体的に軟らかかった	・果実の締まりが良く，日持ちが良くなった ・三番果以降も大玉がつづけて収穫できた
品質の特徴	・時期により，果実表面がシワになる，シワ果が目立っていた	・糖，酸のバランスが良くなり，食味が向上した ・玉伸びが良くなり，品質が向上した ・玉の色，ツヤが良く，日持ちも良くなった

施用する時期はランナーが発生する前だが，早めに施用すると，親株の発根，生育にもさらに高い効果を示す。

また，灌水時や液肥の追肥時にもEB-aを施用するといっそう効果が高まる。

ポット処理　活着および発根促進を目的に施用する。

ポットの土壌に，子苗を移植前（または移植後）に，EB-aの200～500倍液をポットの底穴から流れ出るまで施用する。大きく，活力の

第3図　親株の根部の比較
左：慣行区苗，右：EB-a施用苗

第4図　EB-a処理のイチゴハウス
二番果収穫時，品種：とよのか

ある健苗が得られる（第3図）。

本圃処理　発根を促進し活着，根張りをよくして肥効の向上，成りづかれの軽減，品質の向上，鮮度保持を目的に施用する。

うね立てしたあと，定植前（または定植後）にEB-aの200倍液を施用する（EB-a10l/水2,000l/10a）。苗の発根促進だけでなく，うねの崩れも防止するので高うね栽培ではとくに効果的である。なお，定植の前にEB-a200倍液に苗の根部を浸漬してから植え付けると，いっそう発根が促進される。

生育期間中にも，生育状況を見ながら灌水時や液肥の追肥時に随時EB-aを施用する。液肥との混用は肥効を高める。EB-aは，10a当たり3l程度を液肥混入器を使って施用する。

本圃処理だけだと，10a当たり1作につきEB-aの使用量は20～30l程度になる。

定植したイチゴの株の生育が旺盛になることから，一，二番果の品質が向上し，増収となるが，三番果以降も成りづかれをみせず，大粒の良品がつづけて収穫できている（第4図）。

市場でも，食味はもちろん果実の色つやがよく鮮度も長く保てる，と高い評価が得られている。

イチゴ以外にも，ナス，トマト，キュウリ，メロンなどの果菜類や，その他苗もの野菜で，イチゴの場合と同様に，苗づくりから本圃まで施用することで成りづかれをみせずに良品の増収が実現する。

直播する葉菜・根菜類でも，本圃での播種前および生育期間中に随時施用すると，同様の効果が得られる。

いずれの場合でも，EB-aは10a当たり1作で原液20l程度が標準的な使用量になる。土壌条件や，栽培形態の違いで多く必要とする場合もある。

②カンキツ

温州ミカン（ハウスミカン，極早生，早生，普通，晩生）から中晩カン類まで種類は多いが，基本的な施用法には大差はないので，ここでは普通温州について紹介する。各品種については，それぞれの生理にあわせて施用することである（第3表）。

本圃処理　萌芽前の2～3月ごろには，発根促進と春芽促進，花芽の充実・開花促進を目的に，また梅雨前の5～6月には，発根促進と果実の肥大促進を目的に施用する。さらに収穫後には翌年のために樹勢の回復，秋肥の肥効促進，貯蔵養分の蓄積，花芽分化の促進などを目的に施用する。いずれの場合も，EB-a200倍液（10l/水2,000l/10a）を灌水ホースなどで施用する。

萌芽前の施用では，発根が活発になり，春芽が促進され，開花も早まり花の揃いも良好になる。

梅雨前の施用では，細根の著しい発達がみられ，結果として葉の緑化が促進され，果実の着色促進，肥大促進，浮皮の減少などの効果も認

第3表　温州ミカンの利用例（1993年）

1. 経営状況
迎田　中・熊本県山鹿市
家族労力：2人
耕地面積：水田120a，畑7a
主品目：温州ミカン140a，イネ17a
土壌条件：地形；傾斜地，土性；植壌土，排水性；普通，保肥力；普通，その他土壌の特徴；礫まじりの赤土

2. 普通温州ミカン（品種・青島温州）の栽培の概要
収穫：12月上旬～下旬
収量：1986年ごろ4t，現在6.5t

3. 施肥・土つくりの方法（10a当たり）

	本方式をとりいれる前	現在の方法（EB-a使用）
有機物施用	堆肥（牛糞）　2t	堆肥（牛糞）2年おき　2t
施　肥	（春）有機配合（9—7—6）　80kg （秋）有機配合（9—7—6）　80kg	（春）有機配合（8—6—2）　60kg 魚肥（N—4％）　80kg （秋）有機配合（8—6—2）　120kg

4. 生育の変化

	本方式をとりいれる前	現在の方法（EB-a使用）
初期の生育	〈発芽，開花〉 ・発芽：上部，下部などの位置によってバラツキがあった ・発育枝：節間が長く全体に徒長ぎみであった ・花：不揃いであった	〈発芽，開花〉 ・発芽：位置による発芽のバラツキが少なくなった ・発育枝：節間が詰まり充実してきた ・花：花が充実して，開花も揃いやすくなってきた
中期の生育	〈果実肥大〉 ・表年と裏年の差が大きかった ・とくに裏年は果皮が厚かった	〈果実肥大〉 ・着果が安定してきて，年による差が小さくなった
後期の生育	〈着色〉 ・裏年は着色が悪く，収穫時期に9分着色以下が2～3割もあった ・表，裏年に関係なく浮皮果が目立った 〈収穫〉 ・隔年結果がひどかった ・表年には，S玉が多くできて，収穫は3.5～4tであった ・裏年には，3L玉の割合が多くできる傾向であった	〈着色〉 ・着色の揃いが良くなり，収穫時期にはほとんどが9分以上の着色となった ・浮皮果の発生が少なくなり，ゼロに近くなった 〈収穫〉 ・隔年結果がなくなった ・L，M玉の割合が80％近くを占め，収穫が6tを超えた ・3L玉が，ほとんどできなくなった
品質の特徴	・糖度が12度になることは稀であった	・糖度が14～15度となり，酸とのバランスのとれた果実が毎年とれるようになった ・果皮が薄く，袋も軟らかくなった

められている。さらに品質的には糖度の上昇，酸度の減少が認められるなど，食味の向上効果も確認されている。

収穫後の施用では，根の活性が維持され養分吸収も旺盛に行なわれ，樹勢の回復が認められるため，十分な量の貯蔵養分が蓄積できる。その結果，成りづかれによる隔年結果が軽減され，表作，裏作の差が解消される。

中晩カン類では，9月ごろに施用すると果実の二次肥大が促進される。カンキツ類の施用では，EB-aの年間使用量は10a当たり20～40*l*が標準量になる。

本圃での通常の施用のほかに，高接ぎや苗木の移植・定植にも施用する。高接ぎ時では，高接ぎの前に施用すると新芽の発生が促進され，夏芽の発生も多くなる。

第5図　温州ミカンの根部の状況

2年生苗定植後1年経過後（EB-a200倍液を1樹当たり15l灌水）

左：根部を掘り出した状態，右：根部を掘り上げた状態（細根の発達が著しい）

苗木の移植・定植　植え穴にEB-aを施用してから植え付けると，植えいたみがなく発根が旺盛になり，活着・根張りが促進される（第5図）。大苗移植の場合では，剪定を行なわなくても確実に活着し，翌年には収穫できるまでに生育する。高接ぎ2年目の成木移植でも，断根や剪定の必要もなく，確実に活着し順調な生育を示す。いずれの場合も，EB-aの200倍液を植え穴にたっぷり施用することで，その効果が得られる。

移植・定植する場合，苗木の根部をEB-a200倍液に浸漬してから植え付けると発根促進作用が相乗的に働き，いっそうの効果が期待できる。

カンキツ類だけでなく，ナシ，ブドウ，リンゴ，キウイフルーツなどをはじめとする落葉果樹も同様で，苗木の移植から本圃まで幅広い施用で，樹の生育促進，良品の増収が期待できる。

《問合わせ先》京都市南区吉祥院石原堂の後西町
31番地
林化学工業株式会社
TEL. 075-661-3171

執筆　池田秀敏・荒木　進（林化学工業株式会社）

息吹農法グレードLD――磁性触媒による機能性土壌処理剤

(1) 本資材のねらいと特徴

①開発の経緯

息吹農法グレードLD（以下，息吹LD）は，わずかな量を土壌表面に散布するだけで土壌の団粒化が促進され，土壌機能に変化を与え，植物の健全な育成を助ける。その成分，内容を簡潔にいうと，酸素欠落型磁性触媒であり，ピートモスを成分とする粉末状の製品である（第1図）。

息吹農法資材の成分には，微量要素や栄養剤，微生物資材，酵素，pH調節剤，粘土鉱物，農薬などといった従来の農業資材は一切含まれていない。産業廃棄物などの利用ではなく，半導体や超電導物質製造技術からの応用による先端科学技術である。法律的には，一般土壌改良剤の部類に属すが，あえてこの資材を位置づけるとしたら活性触媒として，機能性土壌処理剤とよぶのが適切だと考える。

息吹LDが開発されたのは30年以上前であるが，この着想は動植物が行なう生命活動から得たものであり，いわば，バイオ技術分野での生体模倣技術である。それは，生物の根源であり，生きている証である呼吸作用から考察された。

②生体内磁石の応用

呼吸作用があってはじめて生物の栄養代謝作用が始まる。光生物学という学問分野では，植物の光合成作用の中心メカニズムに，太陽光エネルギーによる電子の授受を行なう機能の存在が解明されており，さらに深い研究も行なわれている。第2図に光合成のしくみを示したが，生体内で行なわれる光エネルギーの転換において，植物中では，葉緑素の中に存在するクロロフィル，チトクローム，ヒドロゲナーゼなどの活性物質が働いている。これらは微量な成分だが，酸，アルカリにも比較的安定で，耐熱性にも優れている。

第3図にクロロフィルの化学構造を示したが，これらの天然化合物は，動物の血液中にあるヘムとも非常によく似た構造をもっている。植物のクロロフィルも動物のヘムも，その中心にポリフィンという環状キレート化合物の構造をもっており，これが光合成，呼吸作用をつかさどる活性物質としての働きをしているのである。

この環状キレート化合物の中心にはクロロフィルではマグネシウムが，ヘムでは鉄が存在し，特殊な磁性体（磁気を帯びた物質）となっており，そこで電子（e^-）の供与，授受が行なわれる。なお，クロロフィル自体には鉄分はないが，クロロフィルの形成に必要な成分であり，また植物体内の鉄分も電子の伝達など多様

第1図 息吹農法グレードLD

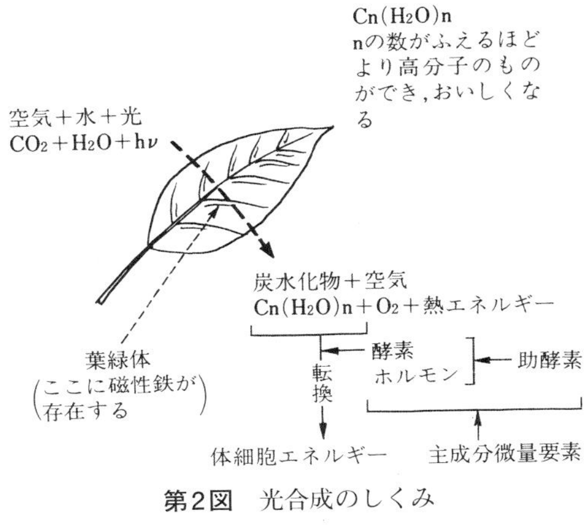

第2図 光合成のしくみ

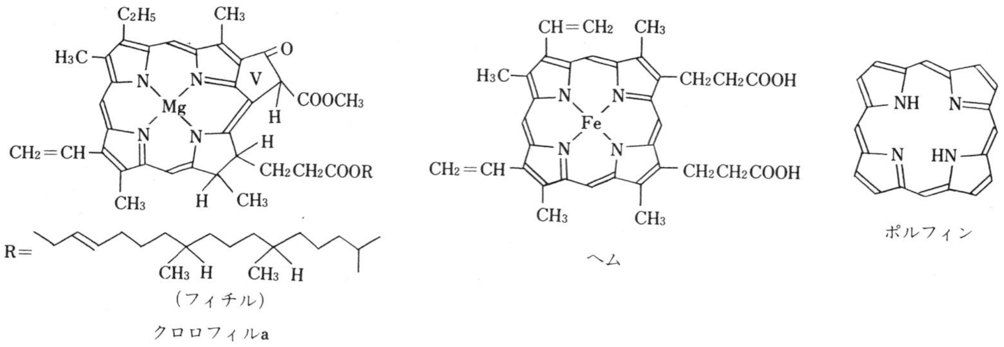

第3図　クロロフィルとヘムの化学構造

な役割を担っている。そしてこれらの磁性体は永久磁石やビデオテープなどに使用される鉄分ともよく似ている。

これらの事実を踏まえて開発したものが，生体内磁石の応用といわれる息吹LDである。息吹LDは先端技術である半導体や太陽電池などと同様に，完全化合物から酸素分子を一部欠落させた不完全化合物で，酸素欠落型水溶性磁性鉄（$Fe_3O_{4}x$）を触媒として使用し製造している。それは，通常の完全化合物と異なり，半導体や酸素センサーなどを製造するハイテク技術によって完成された。息吹LDは酸素を欠落させた不完全化合物であるため，溶液中で足りない酸素をとらえようとするが，保持する力は弱く，弱いエネルギーで繰り返し酸素をつかんだり放したりする，まさに呼吸作用をつかさどる活性触媒といえる。

こうした酸素の授受は，息吹LDがもつ電子（e^-）の水に対する作用によるものである。すなわち息吹LDの電子が双極性物質（棒磁石のようなもの）である水のO-H結合を切断し，O（酸素）を切り離すことによるものである。このフリーになった酸素は活性（反応性）が高く，繰り返し瞬時に反応し，活性基の酸素を連続的に発生させる。また，この酸素には殺菌作用や消臭作用などの働きもある。こうして息吹LDを土壌に施すと，土壌が変化していくのである（第4図）。

③土壌の団粒化促進

息吹LDを土壌表面に施し，雨水や灌水によって土壌に含まれていくと，土壌の団粒化が促進される。息吹LDによる電子の授受，活性基酸素が，土の粒子（硬粒）を分粒することによるのではないか，ということである。つまり，土の粒子の表面に吸着されている結合水や，粒土の結晶と結晶の間に入り込んでいる結合水に作用し，その水の構造を変えることによって粒子（硬粒）がいったんばらばらになる。それがふたたび結び付くさいに微生物などが作用し，団粒が形成される。仮説ではあるが，息吹LDは硬粒の分粒化を助けるものと考えられる。

息吹LDは，砂100％の土でも団粒化を促進する。これも砂の表面の細かい粒子に作用し，そこから離して空間ができることによるものだと考えている。

④連作障害と息吹LD

土壌の団粒化が進めば，土壌の保水力が高まるとともに水はけがよくなる。これが連作障害の解消に大きく貢献する。

息吹農法では連作障害の三大原因として次のことをあげている。

種疲れ（生物機能のサボタージュ）　生物が本来もっているはずの遺伝的機能が正常に働かなくなること。

土疲れ（土壌のオーバーワーク）　土壌のもっている再生産能力以上に，生物生産を期待するため，土壌エネルギーが低下していること。

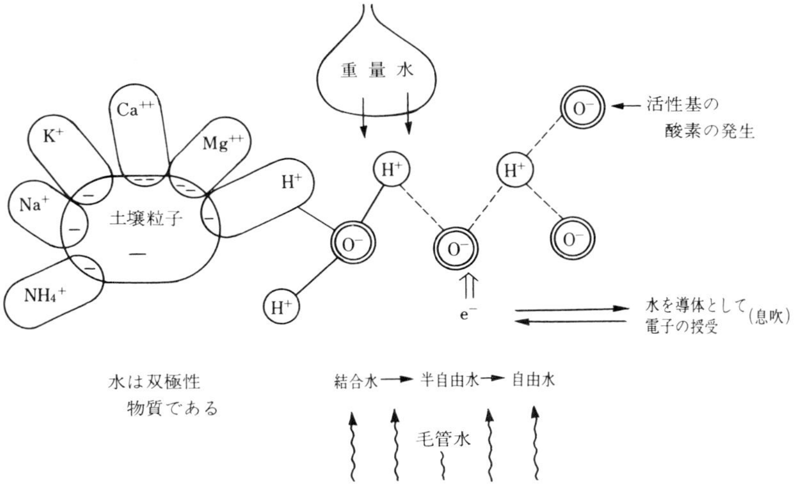

第4図　息吹農法LDの活性触媒作用

気疲れ（生産者の過保護）　農業知識や農業資材が豊富なあまり，過剰な気配り，施用によって，生物自身の自助作用，活性作用を妨げていること。

そして土疲れの解消のための最大のポイントは“死に水”を追放することである。作土でもっとも大切なことは，土壌内のあらゆる新陳代謝作用がスムーズに行なわれることである。今までは，土壌内の栄養濃度や分布，水や空気などの成分構成などが重要視されてきた。しかし，本当の土壌の疲弊は死に水と呼ぶ停滞水が第一の原因だと考えている。

死に水は土壌中の停滞水であり，たとえ地表に均質に水分が補給されても，水みちを通過していくことから，取り残された部分に発生するものをいう。水みちのできた土壌は，上部の水は入れ替わっても，水みちと停滞部分とが顕著に分かれ，嫌気性部分が増大してくる。この嫌気性部分では有害物が発生し，偏った成分と不健全な生態系を構成する。たとえばイネの収穫期の根元の臭いを嗅いでみると，ドブ臭がするが，息吹施用区ではそれがない。この死に水を解消することが，連作障害の解決であることを，息吹農法では強調している。

(2) 施用法と効果例

土壌への使用は極少量の規定量を散布し，雨や灌水などの散布によって効力が発現する。使用方法は第1表のようである。以下，使用例，効果例を紹介する。

①イ　ネ

本田10a分の育苗培土に300gの息吹LDを混合散布するだけで良い。育苗箱での処理だけで，苗の節間が短くTR比率に優れた姿になる。根量も多く，収穫までこの形質が持続される。穂揃い，粒数，稔実歩合，粒重，品質が向上する。精米後の胚芽率が高く，食味指数が5以上高くなり，収量は10％以上増収が期待される。また施用後の本田土壌は膨軟で耕うんが楽になり，作土が年々3～5cmくらい深くなる（全国)。

②トマト・キュウリ・メロン

一般野菜の使用方法は10a分の育苗培土に1kg混合。本畑にも1kg散布。節間が短く根張りが非常に良くなる。果肉部の詰まりが良く，キュウリのヘタで見られるような苦味もなく味が向上する。3年以上活用しているハウスでは農薬の使用量が激減している（愛知・長野県ほか)。

第1表　息吹LDの使用方法

使用の目安			使用する所	10a当たり使用量		散布方法・時期
				LD	LDミネラル	
水　稲		自家苗	育苗箱の培土	300g	使用不可	育苗覆土に混合
		購入苗				購入後すぐに株元散布
野　菜	育　苗	セル苗	育苗培土	1kg		育苗培土に混合
		自家苗			2～4袋	鉢土に混合
		購入苗				購入後すぐに株元散布
	定植・本圃	直　播	本田			播種，定植前に表面散布
		購入苗				植え穴底に事前散布
果樹・永年作物						お礼肥，基肥施用時に表面散布

③イチゴ

親株床，ハウスともに10a当たり1kg使用。発根が促進され，健苗育成が楽になる。根・茎・葉・実の四拍子揃った苗となる。天然流水型育苗では，諸経費2万円以下で夜冷育苗より奇形率も少なく，早出しに成功している（岐阜・愛知県ほか）。

④リンゴ

10a当たり1kg散布。根の活力が増大するため，紋羽病に対して大きな成果が続出している。‘ふじ’で未使用区に比べ，糖度が1度以上高くなっている（青森・長野県ほか）。

⑤ダイコン・ピーマン

外観は色つやがよい程度しか違いがわかりにくいが，重さで5％，鮮度では数日の大きな差が出る。（愛知・岡山・高知県ほか）。

⑥イモ類

ジャガイモ，サトイモ，ナガイモなど，味や硬さに大きな差異が出るため，生協・スーパー・食品加工業者などとの契約が多い（北海道ほか）。

⑦ハクサイ

球が重くて繊維分を感じにくいため，漬物業者などに評価されている（岐阜県ほか）。

⑧マ　ツ

ゴルフ場の芝生への施用が多い。松枯れ対策として早めに散布すると，松やにの分泌も増え，蘇生した例もある（岐阜県ほか）。

（3）施用上の留意点

息吹LDによる生育変化の特徴は全体に生育がガッシリとした感じになる。大根畑などではうね間がよく見えるほど，茎葉が小振りであったり，イネも穂が出るまでは田んぼがスケスケに見えたりすることもある。しかし収量はもちろん，味や鮮度などでは圧倒的に差異がみられる。

なお息吹LDにより土壌が活性化するため，有機物の分解スピードが速くなる。生の有機物を施用した場合は，土壌中での分解が急速に進み，それによる害が出やすいので腐熟した有機物を施用するのが原則である。また有機物の消耗が進みやすく，肥料切れが起こりやすいということから，十分な有機物の施肥管理，十分な灌水が重要なポイントになってくる。

《問合わせ先》岐阜県岐阜市芥見野畑3—58—5
汎陽科学株式会社
TEL. 058-241-2401
FAX. 058-241-2287
E-mail. ibuki@hanyokagaku.com
URL. http://www.hanyokagaku.com

執筆　井上錦一（汎陽科学株式会社）

MR-X――海洋性堆積物のミネラル類，フミン酸，フルボ酸

(1) 性状と特徴

MR-Xとは，Mineral（ミネラルの）-X（未知の可能性）から命名したものである（第1図）。

プランクトンや海草などの海洋性堆積物から物理的に抽出したpH約2.7の強酸性の液体で，各種微量ミネラルやフミン酸とフルボ酸が同等の比率で含有された，世界でもまれな天然抽出液である（第1表，第2図）。

フミン酸・フルボ酸の研究は古く，約36年前から大学や水質関係の研究機関などで行なわれており，植物の生長促進や耐病性の向上，土壌の活性化，有毒ガスの吸着，水の浄化，化学薬品の吸着分解，重金属汚染対策などの環境対策への効果や利用の研究がされていた。

その後，偶然かどうか，農薬や化学肥料の全盛期が到来した1969年ころに研究がとだえてしまったのである。しかし，1980年代に入るとこのフミン酸が，放射性廃棄物の地層処分に関連した環境化学的意義が海外で注目されだした。当社では以前の研究資料を参考に農業分野での活用を検討し，その作用や効果の科学的解明は専門機関（東京大学生産技術研究所，篠塚則子助教授）に依頼した。

MR-Xは鉄やアルミニウムなど金属と結合しやすいため，リン酸の固定を防いでくれる。つまり，効きにくいリン酸が有効に力を発揮するのである。これは，太く白い根がガッチリ張ることですぐに確認できる。また，バランスが整った天然海洋性ミネラルが，植物の生育に非常に関係しており，酵素を活性化し土壌も活性化したり，ガスにならない硫黄が抗菌作用，生長促進作用に非常に関係すると想定される。

したがって，MR-Xを使用することによって，リン酸が有効化しそれだけ吸収が高まるとともに，病気の発生も少なくなる。結果として農薬やリン酸資材の使用が減少する。また，作物の活性も高まるので，品質，収量とも向上する。さらに，効きにくいリン酸資材や窒素肥料の過剰投入，除草剤や農薬投入で広がっている広範囲な地下水汚染も解消されることになる。

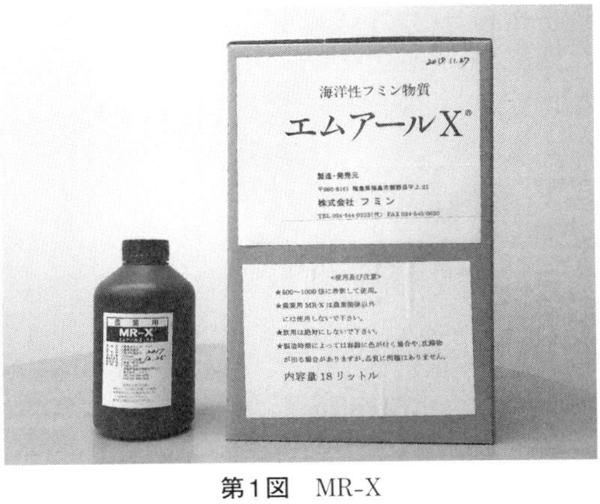

第1図 MR-X

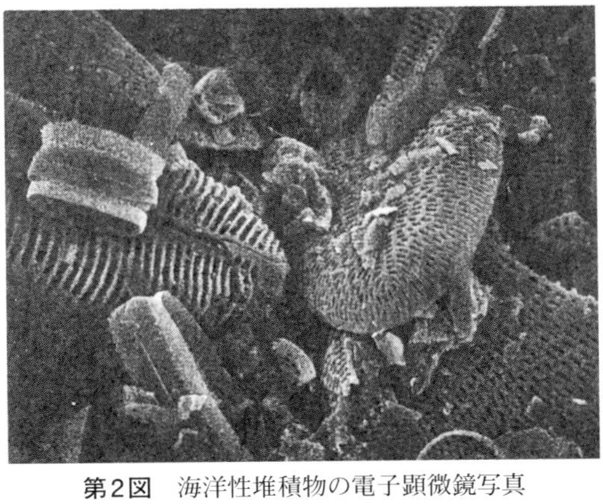

第2図 海洋性堆積物の電子顕微鏡写真

第1表 MR-Xの元素分析値（ICP-AES測定，単位：ppm）

マグネシウム	銅	ナトリウム	カルシウム	鉄	硫黄	シリコン	亜鉛	ストロンチウム	マンガン	アルミニウム	その他
92	0.62	91	240	20	1,170	38	3.1	2	6.8	330	微量

また，篠塚（1995）はMR-Xの抗菌作用について，大腸菌，黄色ブドウ球菌，枯草菌に対して，低濃度（50ppm）で抗菌作用を示すことをあきらかにしている。

これほど良いものが普及しなかったのは，抽出段階で発がん物質のトリハロメタンが生成されることがあるためである。これを独特の方法でトリハロメタンを生成しないことを解明して商品化し，JA全農の指定資材に認定された。分類は「土壌改良材」である。

(2) 稲作での使用法と効果

①種子消毒と育苗

種子消毒のさい，農薬を使用せずに，MR-Xの100倍希釈液に一晩浸漬する。農薬処理したものより，ばか苗や病害の発生が非常に少ない。種子を農薬で消毒して無菌状態にすると，次の菌が異常繁殖する。それよりも，種子をMR-Xで活性化し，菌に負けない状態にしたほうが，発芽が良好になる。これは作物全般についていえることである。

種子を一晩浸漬後，MR-X浸漬液をさらに5倍に希釈（500倍希釈液）したものに，通常の積算温度に達するまで浸漬する。

箱詰め後の床土に500倍希釈液を湿る程度に灌水すると，土の活性化と土壌消毒の効果が期待できる。

育苗期間中に，500倍液を週に1回程度の間隔で，2～3回葉面散布する。稈が硬く丈夫な，ずんぐり苗になる。通常より白く太い根が伸び，苗箱から抜けなくなることが多いので，ビニールを敷くなどの対策が必要である（第3，4図）。

②本田での使用

本田では2回使用する。

1回目は除草剤を使う場合と使わない場合で，使う時期が違ってくる。除草剤を使用しない場合は出穂40日前に，除草剤を使用する場合は田植え1か月後に使用する。いずれも，50～100倍に希釈したものを1l/10aを水口から流し込む。あるいは動力噴霧機による葉面散布も効果的である。

出穂40日前というのは，ほぼ最高分げつ期にあたるが，この時期にMR-Xを使うと根が活性化してリン酸の吸収がよくなるという，農家の使用経験からこの時期に決めたものである。また，除草剤を使用する場合の使用時期は，田

第3図　山形はえぬきの育苗
左：MR-X使用，右：未使用

第4図　コシヒカリ育苗
左：MR-X使用，右：未使用

植え後2週間前後に除草剤を使用するとして，雑草に作用する期間を2週間とみている。また，その時期がイネの根まで枯らさないうちに除草剤をMR-Xで分解する限界と考えている。それで，田植え1か月後を目安にしている。

2回目は出穂直前に使う。これは，水田の水の腐敗を防ぎ，収穫期まで根の活力を維持するためである。事実，MR-Xを使ったすべての人が，夏に硫化水素の発生がないと喜んでいる。根腐れがなく白い根が最後まで働いているので，登熟がよい。

使用法は，1回目と同様の希釈倍率で1*l*/10aを水口から流し込む。動力噴霧機による葉面散布も効果的だが，虫にかかるとかえって元気になるので，注意が必要。カメムシがいる場合など，元気が出て，農薬を散布しても効かないことがある。その心配がなければ，動力噴霧機による葉面散布のほうが，吸収されやすいので効果的である。

③稲作への効果

病気にかかりにくい　根張りがよくなり，いもち病，紋枯病にかかりにくくなる（第3図）。根張りがよい場合は，これらの病害にかかりにくい。気候が寒いからこれらの病害にかかるのではなく，根張りが悪いとき，つまりイネに元気がなく軟弱なときに罹病するのである。

増収と食味向上　光合成細菌との併用により，緑藻の発生が増える。この光合成細菌による窒素固定作用が要因となり，増収する。

MR-Xを施用すると，わらなどから発生する硫化水素をブドウ糖に変えたり，空中窒素を固定したりする相乗効果があるといわれる。硫化水素の害をメリットに変えてしまうので，根腐れの心配がない。水中の二酸化炭素濃度を低く抑えるので，水の腐敗を防ぐことができる。実際，MR-Xを使用した水田は二酸化炭素が3,000ppmなのに，未使用田では9,000ppmあったという報告もある。こうして増収効果に結びつく。

MR-Xは，公害対策がもともとの研究テーマである。MR-Xは下水のガス，糞尿のガスを消す効果がある。アンモニアなども瞬時に分解し無臭にするので，窒素がむだにガス化せず，肥料の節約になる。また，ボカシ肥料，完熟堆肥をつくるさいのガス発生の抑制，発酵の促進にも有効である。

MR-Xを使用すると肥料が切れそうで切れないとの報告もある。切れそうで切れないぎりぎりの状態で登熟期を迎えるため，窒素成分が過剰に残らず，食味の改善に結びつく。イネの実入りが早く，登熟がよくなる。

葉が大きく厚くなり，らせん状に伸び，垂れない。稲刈りまで下葉枯れが目立たない。稈も同様にらせん状に伸びる。これは，MR-Xによりリン酸が活性化し，根の勢いが弱まらないためである。

雑草の抑制　稲作にMR-Xを使用している農家の場合，除草剤を使わないか1回だけですませている。これは次の理由による。通常，水質が悪化するとどろどろになり，分子が大きくなるが，MR-Xはこの水のクラスター（分子）を小さくし，さらさらにさせ，結果として土粒を細かくとろとろにする。こうした土になると，雑草の種子は土中に沈み，発芽が困難になると想定される。さらに，イネ苗は白く太い根を勢いよく伸ばすことができ，健全に生育する。こうしたイネのそばには，雑草が生えにくい。そのため雑草の発生が抑制され，除草の必要がなくなるのである。この現象は，沼や池の縁に草が生えにくいことと同様である。

とろとろの土であっても，収穫時にはまだイネの根が活動しているため，土はふつうの場合と同様に硬くなっており，稲刈りのさい機械を入れるのに支障はない。

(3) 野菜類での使用法と効果

野菜類でのMR-Xの効果を第5図に示す。

①使い方

種子消毒のさい，農薬を使用せず，MR-X 100倍希釈液に一晩浸漬する。播種後，500倍希釈液を200～300*l*/10a，2～3週間に1回の割で灌水または葉面散布する。育苗・定植する野菜も同様の希釈倍率・量，散布期間を目安に行なう。

第5図　野菜での使用効果

①トマト。根が活発な茎は軟らかいので吊るす時に折れない
②ナスの旺盛な根
③レタスは硝酸態窒素が少なくなり，苦味がなく直売所で人気
④ネギは例年，葉先が白くなったり黄色くなったりしたが，使用したら出なかった
⑤インゲン（MR-X使用）
⑥インゲン（MR-X未使用）

水耕栽培の場合は，水量の5,000分の1のMR-Xを混入する。土耕の場合と同じ効果のほかに，水の交換回数を極端に減らせるというメリットがある。

②効　果

最近の研究発表でアミノ酸が青枯病の発病を抑えることがわかった。MR-Xに含有するアミノ酸が病原菌を殺菌するのではなく，植物本来の抵抗性を高めて発病を抑える。キュウリは葉が厚く柔軟性があり，果肉のみずみずしさが増す。花の数，実の数が多くなる。これは，うどんこ病防除に硫黄薫蒸すると花芽が多くなることが経験的に知られているが，光合成細菌（紅色硫黄細菌，緑色硫黄細菌）を使用した場合も同じ結果になり，硫黄が関係していると思われる。また，光合成が活発になるため，甘味が増す。

トマトは果実が肉厚になり，割ってもゼリーが垂れない。

（4）果樹での使用法と効果

果樹にMR-X500倍液を150l/10a葉面散布すると，葉全体が硬くなり，葉の光沢，色もよくなり，病害にも強くなる（第6図）。花芽のつき方もよく充実し，果実の玉伸びが均一になる。果実の切り口が酸化しにくく，糖度が2～3度上がる。リンゴの場合，蜜が均一に全体に広がる。

また，殺虫剤を散布したあと，効果を確認してからMR-X500倍液を150l/10a散布すると，果実の果点が目立たず，糖度が増し，玉伸びがよくなる。残留農薬の解毒も期待できる。使用した園には，農薬に弱いスズメバチがリンゴを食べに集まってくるので，農薬の残留がなくなっているのだと思う。

なお，MR-Xを使うと，鳥やハチの被害が多くなるが，全体の収量が多いため減収にはならない。

第6図　果樹での使用効果

左：サクランボ（品種：佐藤錦）。年々豊作で着色が悪くなったが，使用したら豊作でも着色がよくなった
右：リンゴは農薬が通常の半分，肥料はまったく使わない。草が伸びていれば窒素は十分。糖度が高く日持ちもよくなった

(5) 花での使用法と効果

MR-X500倍液の200 ～ 300l/10aを2 ～ 3週間に1回，葉面散布か灌水すると，葉や花びらにつやが出る（第7図）。なお，土の活力が弱っているため生育が悪いのだから，灌水で使う場合は早めにやるようにしたい。

切り花の場合，収穫後すぐに切り口を100倍液に15分ほど浸けると，しおれにくくなる。

出荷のさい，梱包の前にMR-X100倍液をスプレーすると，エチレンガスの発生を抑え，鮮度の維持が期待できる。

第7図　花卉での使用効果

トルコギキョウは葉面散布で葉が硬くしまってつや，角度がよくなった

(6) MR-Xの土壌改良試験

MR-Xによる土壌改良試験の結果を示す。これは，宮城県の農家で，イネ育苗に使用したあとのハウスで，雨よけ栽培ホウレンソウの作付け前に行なった例である。

MR-X，キチンキトサンを灌水した施用前と施用7日後とでpHを比較した。それによると，MR-X1,000倍希釈液の40l/1a灌水ではpH4.8から6.1に，キチンキトサン1,000倍液の40l/1a灌水ではpH4.8から4.6に，各1,000倍液のMR-X＋キチンキトサン40l/1a灌水ではpH4.8から4.58に，水道水の40l/1a灌水ではpH4.8から5.6になるという結果を得ている。このpH値の改善からみても，MR-Xの酸性土壌改良効果はあきらかである。

酸性だからアルカリ（石灰）を入れ中和しようとしても，自然は実験室のようにはいかない。昔は中性に近い土壌であった。そこに農薬，化学肥料など酸性化するものを入れれば，当然酸性になる。そこで，石灰を入れて戻そうとするが，すでに石灰が十分入った飽和状態の土壌が大部分で，セメントに石灰を入れているようなものである。つまり，足しすぎに入れすぎが土壌を悪くしている。

土壌改良にMR-Xを使用すると，施した農薬，化学肥料のC（炭素），N（窒素），O（酸素），H（水素）などが結合して残っているのが酸性化の原因であるが，それらをバラバラにしてしまうか包み込んで効力をなくす。その作用によって，酸性土壌が元の中性に近い土壌によみがえってくるのである。

MR-Xは天然の物質であるため，その解明は困難である。成分も微量なため，肥料にも農薬にも該当しない。JA全農本所の分類は「土壌改良材」で，2017年現在，JA全農福島，JA全農新潟，JA全農山形で使用されているが環境保全型農業資材といえるかもしれない。

《問合わせ先》福島県福島市郷野目字上21
株式会社フミン
TEL. 024-544-0223
執筆　八木澤勝夫（株式会社フミン）

参考文献

篠塚則子．1995．フミン物質（MR-X）の抗菌作用．第11回日本腐食物質研究会．

オルガミンシリーズ――発酵抽出液をベースに微量要素を添加

このシリーズ製品にはアミグロー，エネルジック，オルガミンDA，エネルジックDA，マイグローHiなどが含まれる。すべて発酵抽出液をベースに各種微量要素を添加して製造されている（第1図）。

(1) 開発の経緯

筆者は大阪府立大学を卒業後，渡伯組農学士の一人として1964年，ブラジルのコチア産業組合で働き，2年目はバイエルのブラジル子会社で農薬販売に従事した。そして1967～1971年はストーファーケミカルで主として技術部門で働いた。

ちょうどそのころ，同じく渡伯組であった大阪府立大学出身の先輩・古田和男氏（故人）と鹿児島大学出身の岡村幸夫氏（故人）は京都大学の助教授（当時）であった小林達治博士の実験報告や論文を読み，窒素，リン酸，カリ以外の成分が植物の生長や生理活動に大変な役割を果たすことを知ったという。2人は現在の社長の尾崎俊彦氏を加え，まったく新しいコンセプトをもった葉面散布肥料を製造する会社を立ち上げた。それがTropical Tecnica Agricola Ltda. である。1978年のことだ。

3人はブラジル南部の気候条件のもとで魚，糖蜜，ダイズ，麦芽などを日本伝統の技術で発酵させ，その抽出液にマグネシウム，マンガン，ホウ素，亜鉛，モリブデンを添加した商品ORGAMINを世に出した。トロピカル社は大躍進を遂げ，コーヒー，ワタ，ダイズ，水稲，JICAの支援を受けて栽培された南部サンタカタリーナ州のリンゴ，日系人たちが生産者の大半を占めていた大都市近郊の野菜類などを対象に一時は年間2,000t近くも販売した。

筆者は1971年からアメリカンサイアナミッド社，1975年からベルシコール・パシフィックLTDで働いたあと，（株）パルサー・インターナショナルを立ち上げた。そして翌1986年，トロピカル社が生産しているオルガミンシリーズ製品に出合い，日本に導入したのである。日本カーリット（株）の農薬部長（当時）だった川上靖氏が北興化学（株）と協力して市場開発することになり，「アミノ酸の働きで植物が正常に育つ」の意味を込めて「アミグロー」という商品名をつけた。

北興化学（株）は真面目な農薬メーカーらしく，アミグローについて多くの作物に対する詳細な野外実験を重ね，膨大な資料を累積し，現在も販売している。

第1図　オルガミンシリーズ

(2) 製品のコンセプト

有機物質を微生物を使って発酵，分解させると，各種アミノ酸はじめ有機酸，核酸，ビタミンなど，量は別にしても多くの有機物質群がつくりだされる。第2図は当初トロピカル・テクニカ社が日本の分析会社に依頼して，オルガミンシリーズ製品のベースになる発酵抽出液をガスクロマトグラフィー分析したチャートだ。22種のアミノ酸が検出されている。

では，アミノ酸群が植物の生長・生理に，なぜ有効なのか？　それは「アミノ酸が植物酵素の元（または原料）となっているから」である。オルガミンの葉面散布によって植物は多種類のアミノ酸を入手し，それらを組み合わせることによって比較的簡単に必要な酵素を合成できるようになる。

通常，植物が必要なアミノ酸を手に入れるには，まず根の周辺の微生物が有機物を分解し，

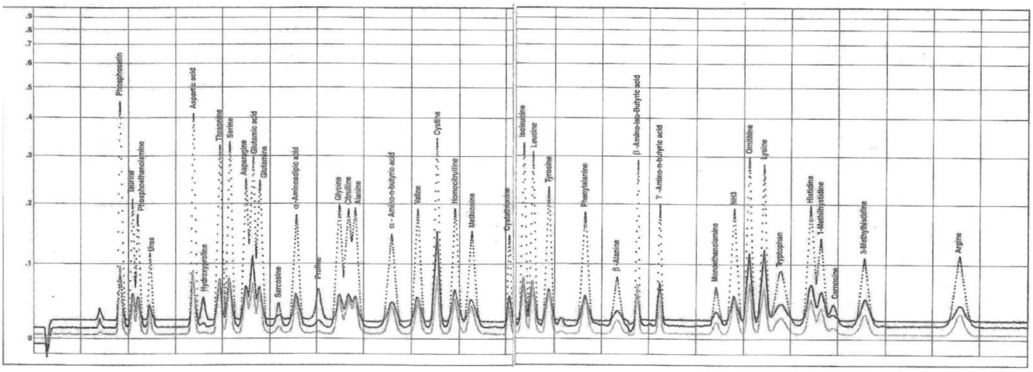

第2図　発酵抽出液の分析（アミノ酸ガスクロ・チャート）

その過程で生成されたものを根から吸収する方法がある。次に根から吸収したり空中から吸収した窒素を元にして，時間とエネルギーをかけて必要なアミノ酸群を合成する方法もある。しかし，植物が外的，内的要因で起きる各種のストレス（高温，低温，乾燥，多湿，日照不足や養分過多，各種病害，虫害など）に生理活性で素早く対応するためには，これらの方法はまだるっこしい。

たとえば，病害菌が野菜の葉に侵入しようとしている，または侵入してしまった時点で植物は何らかの対抗策をとることになるが，そのさいに酵素が一つまたは複数必要となる。そこで，その酵素の原料となるアミノ酸をオルガミンが植物に与える，というのが基本的なコンセプトだ。

植物の進化の歴史は気が遠くなるほど長い。その間に多くのストレスに遭遇し，そのたびに少しずつDNAレベルで自身を変化させ対応してきた。植物はただ生き残るだけならそれほどむずかしくないかもしれないが，「作物」に対して人が要求するのは，立派な品質で，たくさん収穫できることだ。キズやゆがみがなく，栄養豊富でおいしくて，安全で，色つやが見栄え良く，腐りにくく市場に行き渡り利益をあげてくれる作物・農産物だ。「ストレスにもめげず，満身創痍ながら生き残った植物」ではない。

農薬は作物の周辺に競合する雑草が生えないようにしたり，枯らしたりするほか，病害を引き起こす菌や害虫にとっての毒物を葉の上に塗布するなどして作物を護る。いわば過保護ともいえる方法で作物を雑草や病害・虫害から護っているのだ。

一方，オルガミンシリーズは，作物の潜在的な能力を極限まで引き出し，積極的に自身を護る力を発揮させる。すなわち，アミノ酸を作物に与えることで，作物は自由にアミノ酸を組み合わせてその時点で必要な酵素を合成し，生理活性に役立てたり，ストレスに対応できるのである。もちろんこの方法で問題のすべてが解決できるわけではないが，30年以上の使用経験から数々の驚くべき実績があるので紹介したい。

(3) 製品の効果実例

①トマト黄化葉巻病

黄化葉巻病が関東から西の暖地で大きな問題になっている。一方，千葉県山武市のトマト農家Wさんはオルガミンシリーズ製品を使い始めて5年になるが（第3図），ハウスのサイドは夏になると開けっぱなしだ。黄化葉巻病は軽い症状が出ることはあるものの，オルガミンDAを少し頻度を上げて散布すれば症状が消えるので，トマトの生産には何ら支障がない。同じようなことを山梨県勝沼のAさんも観察されている（第4図）。

一般的なウイルス病対策は作物にウイルスを伝播するオンシツコナジラミ，ウンカ，ヨコバ

第3図　千葉県の農家Wさんのトマト
オルガミンを使うようになって1房で2Lが13個収穫できるようになった

第4図　山梨県の勝沼で生産されたトマト
オルガミンを使った完熟トマト（右）はすべて水に沈む

イ，アブラムシなどを徹底的に殺虫剤で防除したり，ハウスの外側を細かいメッシュの網で囲ったり，黄色の粘着板を使って捕殺したりしている。しかし，植物には本来そのような病害に抵抗力を発揮するメカニズムが備わっている。オルガミンシリーズが作物の生理活性を助けることで植物が本来持っている抵抗力が目覚めるのである。

②ジャガイモ葉巻病

1987年，筆者は東京都八王子市の農家のジャガイモ畑の一部を借りて散布試験を試みた。長さ12mのうね3本を借りて真ん中で仕切り，その片側の本葉3本くらいになったジャガイモに5月中半から6月の終わりにかけてアミグロー400倍希釈液を7回散布した。7月の収穫時に収量調査を行なったところ（処理区22株，対照区15株），1株当たりの平均いも重量は処理区1,008.5kg，対照区448.2kgであった。処理区は対象区の2.25倍の収量で，収穫まぎわの植物体の外観に大きな違いがあった（第5図）。対照区の植物体は葉巻ウイルスにひどく侵されていたことから，処理区のアミグローの散布がジャガイモにウイルス抵抗性を発揮させたとしか思えない。アミグロー自体にウイルス伝播昆虫を殺す力はないからである。

③レタス軟腐病

秋田県農業試験場で4月11日に定植したレタスにアミグローを3回（800倍，500倍，500倍）散布し，7月4日に収穫した。処理区の収量は対照区の148％と大きく上回り，また，対照区には軟腐病の発生がみられた。

④抵抗性誘導

農研機構が2016年10月にプレスリリースで「トマトの青枯病にアミノ酸が効くことを発見」を情報公開した。その有効成分はヒスチジンやアルギニン，リジンで，抵抗性発現アミノ酸だと指摘した。

また，2000年に兵庫県立中央農業技術センター（当時）の渡辺和彦博士は「無機元素による全身獲得抵抗性誘導」（農業技術大系土壌施肥編，第2巻）で，ブドウのべと病の防除試験に「液肥A（アミグロー）」を1回散布して，防除価が71だったとしている（第1表）。肥料の葉面散布がブドウのべと対策に有効で，液肥1回散布だけでもホセチルやマンゼブの2回散布と同等の効果があるという。効果の仕組みについて渡辺博士は「液肥中のリンやカリウム，微量要素が関与している」とし，この時点ではアミノ酸群に関する記述が見られないものの，2013年には「アミノ酸による作物の病害抵抗性誘導」（同上）を公表している。

(4) 生産現場での効果例

現在農家で使用されている作物とその効果の

第5図　ジャガイモへのアミグロー散布試験結果
左：処理区，右：対照区（葉巻ウイルス症状）

第1表　ブドウべと病の防除試験結果　（渡辺ら，2000）

試験区No.	薬剤名（商品名）	希釈倍数（倍）	散布月日（月/日）		1991年6月25日調査		
			6/5	6/18	発病葉率（%）	発病度	防除価
1	ホセチル水和剤（アリエッティ）	800	○	○	31.3	11.4	73
2	マンゼブ水和剤（ジマンダイセン）	800	○	○	41.7	19.3	55
3	液肥A（アミグロー）	500	○	—	32.5	12.4	71
4	無処理		—	—	63.6	42.7	

注　薬害および結実への影響：各試験区とも認めなかった

例を示す（海外の例を含む）。

モモ　山梨県に始まって現在青森県でも使われている（第6図）。収穫期の落果が大幅に減少。糖度が上がる。大きく玉伸びする。鮮度保持が良い。ハダニのポピュレーションが増えない。

ブドウ　結実性が向上（花振いしない）。玉伸びする（第7図）。葉の状態が上向きで小型，きわめて健康（山梨県の農家にチョコッパとよばれる状態）。

リンゴ　隔年結果の解消。豊作でも次年度の花芽が確実に準備できる。糖度が上がる。大きく玉伸びする。低級品率の大幅な減少。たとえば‘シナノゴールド’のような側枝が出にくい品種も側枝が出やすくなる（第8図）。窒素過多状態の樹も栄養のアンバランスを解消できる。果実の鮮度保持が良い。高温乾燥時も新植苗木が伸長する。根の活動が助長されるためである。

オウトウ，ナシ　玉伸びが良い。糖度向上。

トマト　生産量の増加。糖度向上。耐病性向上。収穫期間延長。

第6図　山梨県のモモ
オルガミンシリーズ肥料を使い始めて30年以上経過。高品質，多収穫に貢献

第8図　リンゴでの効果
側枝の出にくいシナノゴールドもオルガミンDAの散布で活力を得て簡単に側枝を出せる

第7図　ブドウでの施用効果
ここ数年シャインマスカットの玉張り，糖度アップなどに効果が認められている

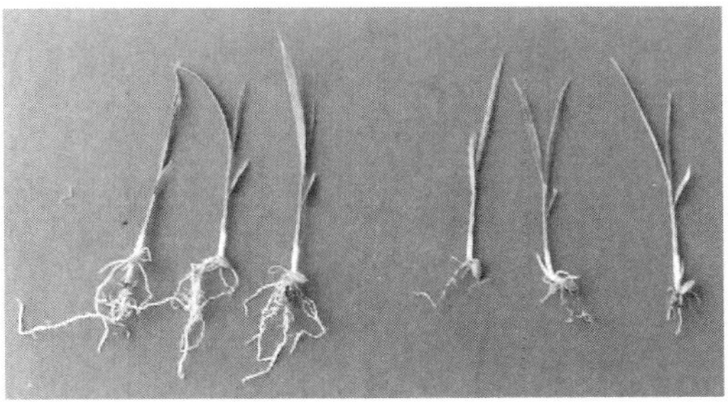

第9図　アミグローを処理したイネの苗は発根が無処理の苗と違ってはるかに大きくなる
左：処理区，右：対照区
処理区のほうが対照区よりも根が長い

ナス，キュウリ　成り疲れを知らず野外でも霜が降りるころまで生産が続く。

花卉　生産量の増加。切り花の鮮度保持力向上。

マンゴー　秀品率の大幅な向上（宮崎県の例）。

コーヒー　Tropical社のブラジルでの市場でコーヒーは重要な位置を占めているが，オルガミンDAを定期的に使用することで従来存在した「隔年結果」が解消し，コーヒー園の生産量が大幅に増えた。果実の均一成熟度合いが向上し，コーヒー豆の品質向上に大いに貢献した。

エダマメ，ソラマメ　3粒4粒莢の割合が向上，1粒莢の割合が減少。

イネ　食味値の確実な向上（たとえば玄米食味値が通常70～75程度だった秋田県のある農家はオルガミンDA3回散布で83ポイントまで上昇）。収量増（第9図）。

アブラヤシ（Oil Palm）　生産量の増大。ボルネオ島東マレーシアで2016年5月から続いている毎月の散布試験で，2017年9月時点で，累積収穫量が44.9％の増大が記録された（第10図）。

そのほか，すべての作物について経験した効

第10図 東マレーシアのアブラヤシ農園
毎月散布開始16か月目の累積収穫量が45％に近づいている

力として，異常低温（晩霜など）に対する抵抗力の向上。開花促進。乾燥に対する抵抗力の増進。栄養バランスの調整（窒素過多で花が咲かない状態から正常に調整し開花を促進させるなど。マンゴー，ドリアンなどの例では，ハダニのポピュレーションを増大させる窒素過多を解消)。根の増大など。

以上の効力が各種作物で発揮された結果，何が起きるのか。それらは農家利益の増大と，より安全な農産物生産，より安全な農作業につながると考えられる。減農薬を可能にし，消費者が求める高品質のより安全な農産物が提供できるようになる。

《問合わせ先》東京都八王子市城山手1―31―1
株式会社パルサー・インターナショナル
TEL. 042-666-1662
FAX. 042-662-5557
URL. http://www.pulsar.co.jp
URL（英文）. http://www.orgamin.com

執筆　井上倫平（株式会社パルサー・インターナショナル）

参考文献

渡辺和彦・前川和正・神頭武嗣・三好昭宏．2000．無機元素による全身獲得抵抗性誘導．農業技術大系土壌施肥編．第2巻，作物栄養V6の8―6の14．農文協．

グリーンビズ・カリュー——粒状の多孔質セラミックス

(1) 開発の経緯・ねらい

①緑化基盤用の多孔質セラミックスの開発

「グリーンビズ（GB）」は，当社が開発した多孔質セラミックス材料である。グリーンビズは粘土などの材料を約1,000℃の高温にて焼成・発泡してつくられた，酸化ケイ素を主成分とする鉱物材料であり，その多孔質性によって，保水・透水・通気性に優れている。そのため屋上緑化用の基盤材として用いたところ，緑化用植物の生育が長期間良好に維持されることがわかった（第1図）。

②農業用土壌改良材としての開発

グリーンビズ基盤の製造のさい，その端材として粒状のグリーンビズが副生成物として発生する。この有効活用という目的をきっかけに開発されたものが「グリーンビズ・カリュー」である（第2図）。

グリーンビズ・カリューは粒状の多孔質セラミックスであり，基盤材と同様に保水・透水・通気性に優れていた。そのため農業用の土壌改良材として使用したところ，植物の生育に良好な効果を示すという結果を得て，農業用の土壌改良材としての展開に至った。

(2) 特徴と効果

①基礎特性

グリーンビズ・カリューは3種類の粒径がある（第1表）。農業用途としては，その効果と散布が容易であるという面から，中粒を用いている。

②多孔質性

グリーンビズの表面を電子顕微鏡で撮影すると，第3図のように無数の穴があることがわかる。

またこれらの穴は内部で連続的につながっていることから，パーライトなどの独立発泡と異なり，穴の中にある水分・空気が外界との出入りを行なうことが可能である。そのため，穴の内部に保持した水分・空気が植物にとって利用

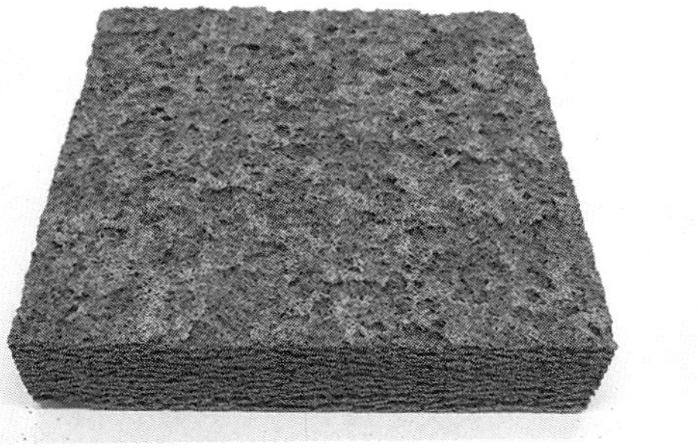

第1図　グリーンビズ基盤と屋上緑化使用事例

第2図　グリーンビズ・カリュー（中粒）

第1表　グリーンビズ・カリューの基礎特性

	小　粒	中　粒	大　粒
粒　径	1mm以下	1～5mm	5～10mm
比　重	0.9～1.0	0.6～0.7	0.6～0.7
体積保水率	45～60%	35～45%	15～25%
pH	9～10	8～9	8～9

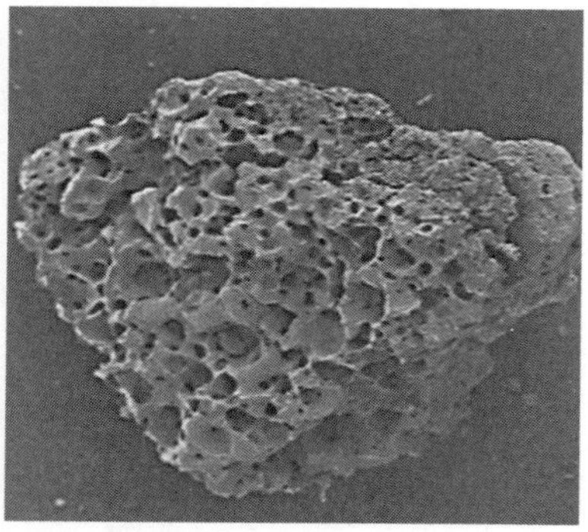

第3図　グリーンビズの電子顕微鏡写真（30倍）

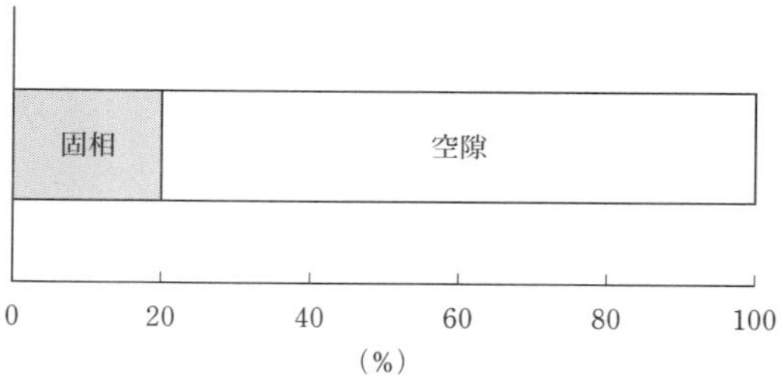

第4図　グリーンビズ・カリュー（中粒）の空隙率

可能であることも特徴である。

③おもな特徴

保水性　第1表に記載したとおり，グリーンビズ・カリューはその多孔質性により，高い保水性をもつ。中粒において，その体積保水率は約35～45%である。

透水性　グリーンビズ・カリューは，粒子内に無数にある連続的につながった空隙によって高い透水性をもち，排水性不良の土壌の水はけを改善する。

通気性　グリーンビズ・カリューは，その多孔質性により高い空隙率をもち，中粒では約75～80%になる（第4図）。この高い空隙率により，植物の根の健全な育成に必要な酸素を供給する。

微生物の活性化　一般的に多孔質材料は，その穴が微生物の住み処となり，微生物の生育に寄与するといわれている。グリーンビズ・カリューも第3図に示すように材料に孔が無数に存在するため，同様の効果が期待される。

安心，安全　約1,000℃の高温で焼成しているため，雑草の種子や病害菌，有害な化学物質などを含まず，安心，安全な材料である。

無機100%　粘土などを焼成してできた無機100%の焼成品のため，組成が安定。持続的な効果が期待される。また有機質の材料で生じることのある，分解による有害ガスの発生なども懸念する必要がない。

(3) 効果発現の仕組み

①土壌の物理性の改善

前述のとおり，グリーンビズ・カリューは保水性・透水性に優れた土壌改良材であるため，保水性の低い土壌に混合すると保水性を改善し，水はけの悪い土壌に混合すると排水性を改善する。

第5図に，保水性の低い山砂にグリーンビズ・カリュー（GB）を混合して保水性を高めた事例と，透水性の低い赤土，黒土にグリーンビズ・カリューを混合して透水性を高めた事例を記載した。

実際の使用事例としては，水はけの悪い土壌の改良に用いたものが多い。このさい，水はけの改良と同時に，グリーンビズ・カリュー自身の高い空隙率により，土壌の通気性が向上して根への酸素供給が向上したり，過湿を抑制して病害の発生を抑制したと推測される事例もある。

②土壌微生物への寄与

グリーンビズ・カリューの多孔質により，微生物の生育に寄与することが期待される。一般的に土壌の微生物の活性化は，特定の病害菌が優勢的に増殖することを抑制したり，土壌有機物の分解を促進するなど，作物栽培にメリットがあると考えられている。

第6図にグリーンビズ・カリューを施用した土壌の生菌数を測定した結果を示した。グリーンビズ・カリューを施用した土壌では生菌数が増加した。

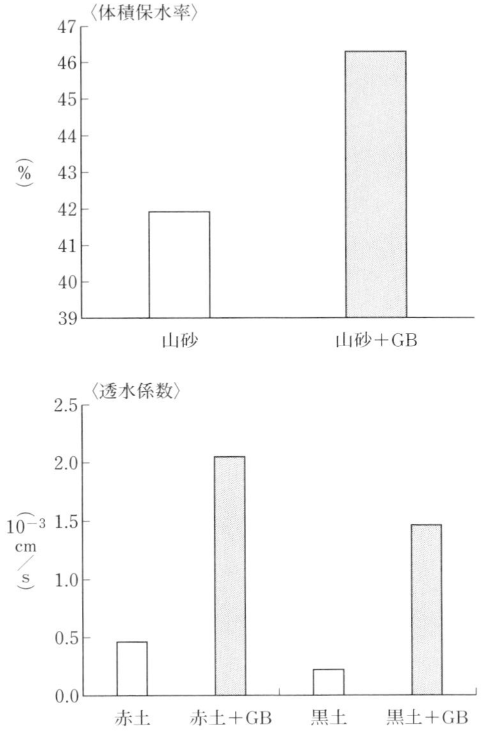

第5図　保水性・透水性の改善効果

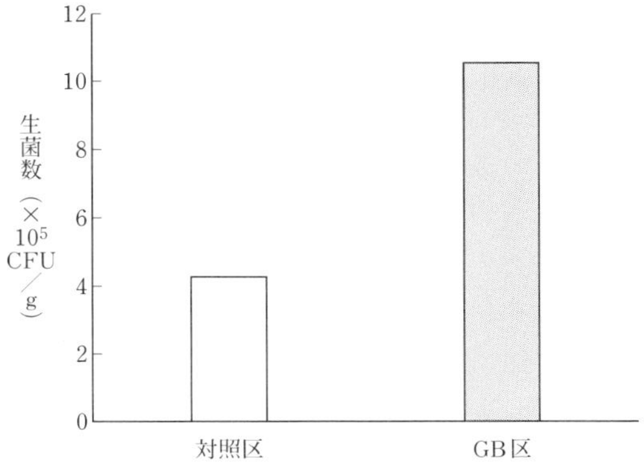

第6図　土壌の生菌数の変化

第7図　施用前（上）と施用後（下）

(4) 利用方法

とくに保水性，透水性の悪い土壌において，グリーンビズ・カリュー60～90kg/10a程度(15kg入り4～6袋）の施用を行なう。土壌の状態に応じ，とくに改良の必要性が高い箇所に，局所的に多めの施用とするのも効果的である。施用後は，耕うん機などを用い，土壌にすき込む。

なお排水性不良の改善のためにグリーンビズ・カリューを用いた場合，とくに灌水設備を用いているハウス栽培などでは使用前よりも水はけが向上するため，灌水量を少し多くすると良い。

(5) 利用事例

①群馬県のネギ畑

従来水はけが悪く，土が硬く締まる圃場であり，グリーンビズ・カリューの施用前の3年間は生育不良だった（第7図上）。

2017年6月10日，第1回目の土寄せを行なったさい，グリーンビズ・カリューを60kg/10a株元に施用したところ，生育状態が回復した(第7図下)。2017年度は8月の曇天と長雨により，ほかの圃場では水はけの不良による軟腐病と思われる腐れが多かったが，グリーンビズ・

第8図　無施用区（上）と施用区（下）

第10図　無施用区（上）と施用区（下）

第9図　無施用区のネギで多かった折れの症状

カリューを施用した圃場では発生が少なかった。

②茨城県のネギ畑

従来水はけの悪かった圃場にグリーンビズ・カリューの無施用区と施用区（75～90kg/10a）を設けたところ，施用区は生育が良く，欠株が少なかった（第8図）。

また生産者の話として，第9図のような折れの症状を示したネギが少なかったとの声もいただいている。このような折れは，水分過多によって起きる症状と予想され，グリーンビズ・カリューにより水はけが向上したため，折れが減少したと思われる。

③茨城県のキュウリ畑

キュウリの苗の定植のさい，グリーンビズ・カリューの無施用区と施用区（75kg/10a）を比較したところ，施用区は初期の活着と生育が良く，収量も上がった（第10図）。

《問合わせ先》石川県能美市浜町ヌ167番地
小松精練株式会社先端資材企画室
TEL. 0761-55-8085
販売元：コーエー株式会社
山梨県中央市下三条608
TEL. 055-273-7057
執筆　山上大智（小松精練株式会社）

GEF（ジェフ）

執筆　江本隆一（株式会社沃豊総本社）

（1）開発の目的

ジェフは，農薬や化学肥料の使い過ぎ，連作障害による土壌へ地力を回復させるために，堆肥や有機肥料を投入する際に必要な土壌改良資材である。1剤で，土壌改良，脱臭，微量要素補給を兼ね備えており，畜産農家が捨て場に困っている糞尿をジェフで脱臭処理し，栽培農家の畑へ還元するという環境保全循環型農業を推進できることから，Golden Economical Farm（黄金の経済的な農場）と名づけ，その頭文字をとって商品名をGEF（ジェフ）とした。公害が問題となった1970年代初頭に発売を開始し，現在を予見しこれまで環境保全循環型農業を推進してきている。

（2）成分と特徴

①資材の成分

素材は二価鉄と必須微量要素からなる鉱物質資材で，酸化還元・イオン交換・ガス除去などの機能を有し，有機物の完熟化，発根促進，土中の微生物の活動促進，植物体のバランスを整える。

②資材の特徴と効果

有機栽培は香り，味とも良い作物ができることは誰しも知っていることであるが，有機物は二次発酵し根を傷めるので，なかなかやすやすと増収に結びつかないのが実状である。従来の方法で有機栽培を成功させるには長年の経験と勘が必要となるが，このジェフを使用することで，有機栽培でむずかしかった堆肥や有機肥料から発生する硫化水素を速やかに硫化鉄に，アンモニアを硫安に，また悪臭の原因であるメルカプタンを分解し，容易に有機農法を実現させてくれる。

また二価鉄の酸化を利用して，大気中の酸素を土中の毛根まで呼びつけることができる。また，ジェフに含有されている微量要素が植物体のバランスを整えてくれる。果実は大きく，糖度は上昇，野菜や米は増収できる。連作障害も回避できる。特に葉菜類に用いると，周りの農家と比較して葉が厚く大きくなるため，共選場では規格外になるので篤農家向けといえる。

ジェフの効果をまとめると次のようになる。

1）土壌中の酸素濃度が高まることによる発根促進，樹勢回復。

2）活力ある既存微生物がバランス良く速やかに増殖。

3）ガス害，湿害，濃度障害，塩害の改善。

4）地域の品質，収量の底上げが容易。

5）数々の作用とイオン交換による連作障害改善。

6）団粒化促進。

7）収量向上・品質アップ・糖度アップ・着色促進（特に赤紫に働きナス，ブドウの着色促進に効果がある）。

8）栽培経費の大幅節減。

9）定期的葉面散布による病気の抑制。

10）多量の有機質を使った有機質栽培可能。

11）有機物の早期発酵・良質堆肥・悪臭軽減。

12）バーク堆肥化の際リグニン，タンニンの害を抑制。

ジェフによる環境保全型循環農業はグループ・地域・JA・行政一体で生ゴミ・家畜糞尿・し尿汚泥・農産副産物など総合的な利用が可能である。

（3）ジェフの活用事例

①キウイフルーツ（福岡県八女市）

第1図は，豚尿1.5tにジェフ1kgを50lの水で溶解したものを投入攪拌してキウイフルーツ畑にまいただけで，その他の肥料は使用せず収穫したものである。果実は大きく，糖度は18.2（Brix）あり，農園内は独特の蜂蜜のような甘い香りが漂っていた（品種：ヘイワード）。

②イチゴ（熊本県玉名市）

豚尿1tにジェフ1kgを50lの水で溶解したものを投入攪拌し土壌に散布，その後，ベッドをつ

第1図　大果で糖度18.2度のキウイフルーツ

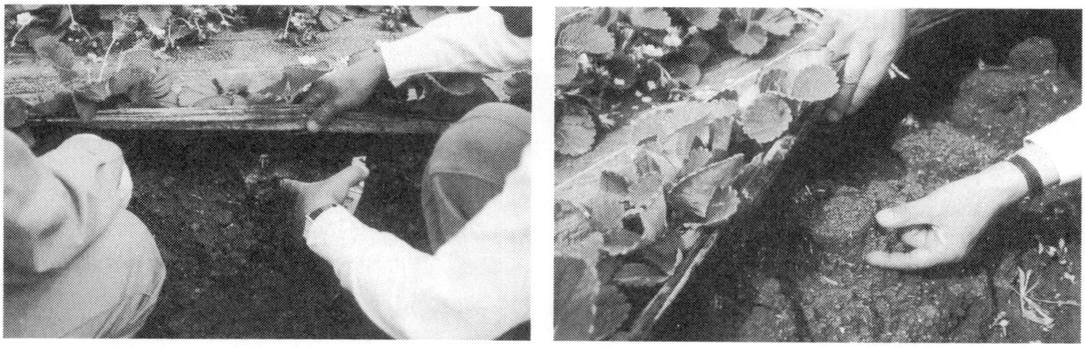

第2図　イチゴでの生育試験
左：ジェフ使用（ロックウールが分解し，根が旺盛）
右：ジェフ未使用（ロックウールの形が残り，根も目立たない）

第3図　ジェフ使用で，イチゴの茎は太く奇形花もない

くり定植した。苗床にロックウールを使用した同じ条件のハウスイチゴでマルチをめくってみると，ジェフ使用畑ではロックウールが分解されて根は旺盛にはびこっていることがわかる（第2図左）。未使用の畑ではロックウールの形がそのまま残っており，根も目立たない（第2図右）。またジェフ使用のイチゴの茎はワサビのように太く，奇形花もない（第3図）。

③トウモロコシ（滋賀県）

トウモロコシ畑では，牛尿1tにジェフ1kgを50*l*の水で溶解したものを投入攪拌し，土壌に散布，その他は一切肥料を使用していない。写真の奥が牛尿とジェフ使用で，手前は牛尿だけの畑である。高さの違いも明らかであるが，収量の差は比較にならないほどである（第4図）。

④サンフジりんご（長野県伊那市）

サンフジりんごの場合は，牛尿と糞をそれぞれ1t当たりジェフ1kgで処理したものを堆肥と

第4図　牛尿でのジェフ利用試験（トウモロコシ）
牛尿1t施用：手前がジェフ未使用，奥がジェフ使用

第1表　リンゴでのジェフ使用による糖度比較
（単位：Brix）

	A群	B群	C群	D群
糖度	17.5〜17.8	15.2〜15.5	16.5〜17.0	14.3〜15.2

注　A群：牛尿と糞をジェフで処理した堆肥施用
B群：以前ジェフを利用したが，最近10年間は堆肥＋化学肥料＋微生物資材利用
C群：前年より牛糞とジェフを使用
D群：ジェフ未使用。有機肥料＋化学肥料併用

したA群，以前ジェフを使用していてここ10年来，堆肥と化学肥料，微生物資材を使用しているB群，昨年から牛糞とジェフを使用し始めたC群，まったくジェフを使用しておらず有機肥料と化学肥料を併用しているD群のリンゴをそれぞれ複数比較した。糖度（Brix）の差を調べたのが第1表，外観と切り口の酸化の速度を見たのが第5図，第6図である。

A群：糖度だけでなく，適度な酸味，歯ざわり，噛んだ時のジュース量が一番多かった。パイナップルのような感じというのが一番伝わるだろうか。非常に美味しい。

B群，D群：味のバラツキは感じないものの，その品質はA群とは比較にならないものであった。

C群：糖度が高いものの，歯ざわり，ジュースの量にまだバラツキがあった。このまま施用することで，来年が楽しみと思われる。

リンゴを輪切りにして順番に糖度を測っていくうちに，ジェフ未使用のリンゴが著しく早く酸化し，褐色に変化することに気づいた。収穫時期，貯蔵温度管理，収穫地（長野県伊那市）もほとんど同じであることから，酵素の関係と思われる。

⑤連作障害，土壌病害予防

いくら有効微生物菌を投入しても，連作障害が発生したり，秋落ち水田など環境の悪いところではその効果を発揮できない。土壌へ十分な有機質を投入し，ジェフで処理することで，地力は増進し土壌に本来常在している有効微生物を繁殖させ成功している農家も多く存在する。また，市販の微生物資材と併用することも，早期に土壌改良を進めることができ無駄がない。コスト面でも得策である。ネコブセンチュウ，白絹病，黄白化（クロロシス），萎黄病，黒とう

第5図　リンゴでのジェフ利用の比較
左からA群，B群，C群，D群のリンゴ

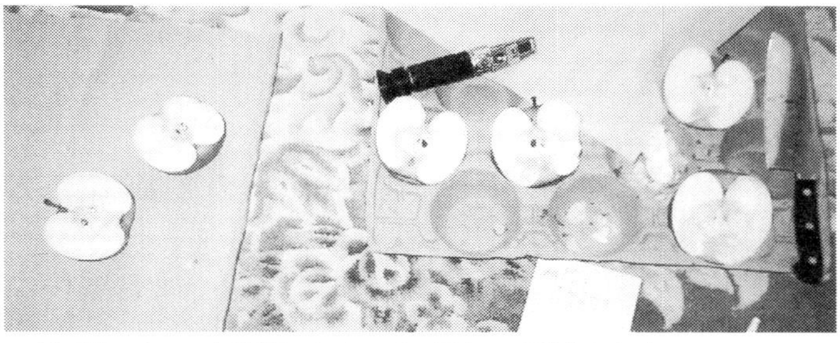

第6図　ジェフを使用したリンゴの切り口は酸化しにくい
左からA群，C群，D群のリンゴを輪切りにしたもの

病，ごま葉枯病やそうか病の予防に効果がある。

ベッドつくりのとき，10a当たりジェフ2～3kgを散布し耕す。

⑥家畜の糞尿の脱臭

家畜の糞尿および鶏糞処理に使うときは，原料1t当たりに，ジェフ500g～1kgをあらかじめ10lの水に溶解しておいたものを投入する。投入後は速やかに切り返すと効果的である。し尿に対しては，ジェフを投入後すぐに土壌に還元して成功しているところが多い。牛豚糞，鶏糞ではジェフを投入したほうが，完熟堆肥になるまでにその期間が1か月早まる。

牛豚のし尿　糞尿処理に多額のお金がかかる畜産農家と，消費者に喜ばれる安全で美味しい高品質野菜を低経費で生産したい農家が手を結び，両者の困っていることを解消している事例がある。地域の畜産農家と園芸農家80名が参加する九州熊本有機利用組合の活動である。

園芸・耕種農家の堆肥利用率が高まりつつあり，近年，畜産農家で堆肥処理に困っている農家は減りつつあるが，尿の処理については大変悩んでいる。当組合では牛豚の尿1tにジェフ1kgを投入したものを，10a当たりに5～15t投入し，元肥ゼロ，追肥若干で，トマト，ナス，キュウリ，スイカ，ピーマン，温州ミカン，ナシ，ブロッコリー，ニンジンなどを栽培している。大幅な経費削減と，市場，消費者から，品質，味について高い評価を受け，その輪が大きく広がりつつある。畜産農家と野菜果樹栽培者がお互いに理解しあってつくり上げた成果である。

鶏糞　栃木県の40万羽の養鶏場では，鶏糞1tにジェフ500g使用し，無臭で肥料あたりしない素晴らしい発酵鶏糞をつくり，農家，ファームセンター，大手肥料会社の有機質肥料として，今まで使用困難な育苗培土に利用され大変効果を上げている。

⑦発根促進

土壌改良に使用するには，10a当たり2～3kgのジェフを散布する。

種子や苗の発根促進には，1lの水にジェフ1gを混入攪拌し，じょろなどで散布する。

⑧葉面散布

葉面散布には，1lの水にジェフ1gを混入攪拌し，散布する。パイナップルなどの多肉植物では，1lの水に20～80gのジェフを使用して効果を上げた報告もある。二価鉄は組織内の移動が少ないので，散布むらをなくすために数回行なったほうが良い。散布むらは，斑点となって外観を損なうので注意する。

≪問合せ先≫長野県伊那市西春近3102
（有）中部沃豊
TEL. 0265-78-0238

2003年記

正珪酸（せいけいさん）——酸性水溶液のケイ酸資材

（1）開発の経緯

ケイ酸肥料を植物に施用すると，ケイ化細胞を増殖し，作物の茎葉の強化，耐病虫害性の向上，根の伸長や光合成を促進する。とくに水稲においては，耐倒伏性の向上や多収の効果も広く知られている。

そもそもケイ酸とは，$[SiO_x(OH)_{4-2x}]_n$で表わされるケイ素，酸素，水素化合物の総称であり，地殻の約60％を占めている。ケイ酸の構成元素であるケイ素（Si）は植物にとって必須元素ではないが，わが国の主食である水稲の生育にとってケイ酸が大変重要な役割を果たすことから，日本でケイ酸の研究が積極的に行なわれた。1917年に水稲の重大な病害であるいもち病とケイ素の関係が初めて報告されると，さらにケイ酸に関するさまざまな研究が進められた。その結果，製鉄工業から大量に排出される鉱さいがケイ酸を供給できる資材として有用であることが見出され，1955年に初めて「ケイ酸」が肥料成分として加えられ，固形の「鉱さいけい酸質肥料」が誕生した。

鉱さいから得られるケイ酸の主成分はメタケイ酸カルシウム（$CaSiO_3$）であるが，これは水にきわめて溶けにくい性質がある。それにもかかわらず，水稲においてケイ酸が効果を発現しているのは，水田という水が大量に存在している環境下，嫌気性微生物や根などの呼吸作用によって生じる炭酸により，難溶解性のメタケイ酸カルシウムが作物に吸収されやすい低分子量のオルトケイ酸（H_4SiO_4）に変化することによるものと考えられている（第1図）。

$$CaSiO_3 + H_2CO_3 + H_2O \rightarrow H_4SiO_4 + CaCO_3$$

第1図　メタケイ酸カルシウムと炭酸の反応式

水稲におけるケイ酸の効果が認められたため，畑作やゴルフ場の芝生にもケイ酸が施用されたが，「鉱さいけい酸質肥料」は前述したように難溶性のため水稲のような顕著な効果は得られず土壌改良剤として利用される程度であった。

このような状況において，畑作でも簡単に施用できる「液体けい酸加里肥料」が誕生した。しかしながら，「液体けい酸加里肥料」はpH約11の強アルカリ性のため取り扱いがむずかしく，他の酸性資材と混用できず単体で施用しなければならないという欠点があった。また高橋・日野（1978）によると，作物がもっとも吸収しやすいケイ酸の形態はオルトケイ酸（H_4SiO_4）であるが，pH約11では溶存ケイ酸の形態は，H_4SiO_4が4％，$H_3SiO_4^-$と$H_2SiO_4^{2-}$が96％となる（第2，3図）。強アルカリ下で

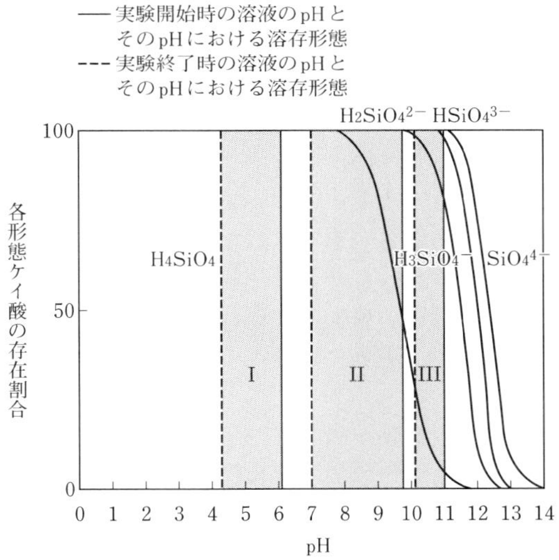

第2図　溶液のpHと溶存ケイ酸の形態との関係
（高橋・日野，1978）

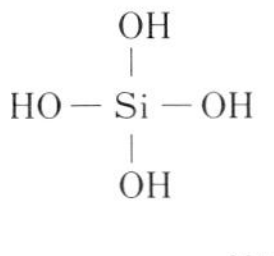

植物が吸収できるケイ酸を可給態ケイ酸といい，分子状のケイ酸（オルトケイ酸）が主体となり酸性で安定する

第3図　オルトケイ酸の構造式

$$Si(OR)_4 + 4H_2O \rightarrow H_4SiO_4 + 4ROH$$

第4図　オルトケイ酸の合成式

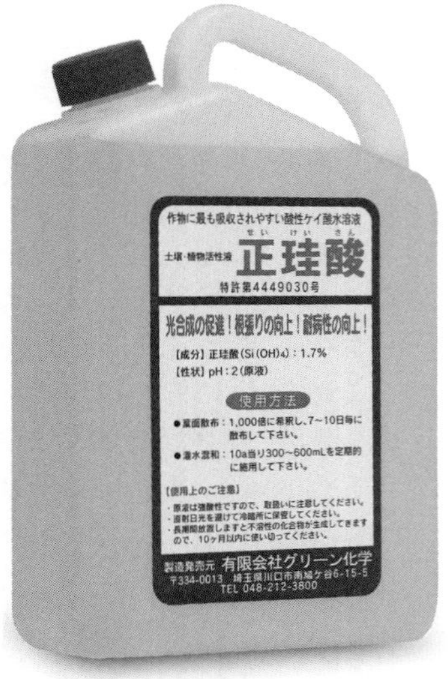

第5図　正珪酸の商品写真（1*l*）

は，オルトケイ酸が少ないため，茎葉から吸収されにくく，土壌中においても作物の根酸および根から分泌される有機酸などによってオルトケイ酸に変化しなければ作物に吸収されにくいなど，液体けい酸加里肥料は液体という利点はあるものの，肥効や即効性の面で十分とはいえなかった。

そこで，作物が吸収しやすい形態のオルトケイ酸を含有した水溶液ならば作物の茎葉および根から吸収される即効性ケイ酸資材として作物の生育に大きな利点をもたらすと考えた。

2000年ころより研究を重ねた結果，工業的にオルトケイ酸を合成し（第4図），それがケイ酸資材として農業用に利用できることを見出した。2003年よりオルトケイ酸を主成分とする酸性の液体ケイ酸資材「正珪酸（せいけいさん）」（第5図，第1表）の本格的な販売を開始するとともに特許を出願し，2010年に特許が認められた（特許第4449030号）。

第1表　正珪酸の商品概要

主成分	オルトケイ酸[1]：1.7%
pH	1.5～2
比　重	約1
外　観	淡橙色

注　1）ICP分析によるSi分析値により換算

(2) 特徴と期待できる効果

正珪酸の開発当初，従来のケイ酸資材を使用している生産者から「ケイ酸カルシウムはタンクに入れてもなかなか溶けない」「ケイ酸カリは強アルカリだから単剤でしか散布できない」「水稲以外効果をあまり実感できない」という声を多く耳にしたが，正珪酸はそれらを解決できるケイ酸資材である。

正珪酸の特徴は，液体・酸性・オルトケイ酸の三つである。液体なので，「鉱さいけい酸質肥料」のように水に溶かす必要がない。また，酸性なので一般的な農薬や他資材（アルカリ性資材を除く）とも混用できる。また，作物にもっとも吸収されやすいとされているオルトケイ酸が主成分なので，植物への吸収効率に優れている。

正珪酸を植物に散布することにより，下記のような効果が期待できる。

・ケイ化細胞が増殖し，光合成が促進
・根張りが向上
・耐病虫害性が向上
・組織が強化され日持ちが改善
・葉が立つことによる受光性の向上

育苗期から収穫期まで定期的に使用することにより根張りや組織が強化されるので，肥料の吸収性向上や農薬散布回数減などにも役立つ。

(3) 使用方法と作物

正珪酸は，標準施用倍率1,000倍で葉面散布もしくは灌水で施用する。水稲をはじめ葉菜類や果菜類，根菜類，果樹類，芝などさまざまな農作物に使われており，ケイ酸を積極的に吸収しないといわれているトマトにも施用され，正珪酸の効果を発揮している。

第2表　ケイ酸吸収能の違いによる分類と吸収方法　（三宅，1993を参考に作成）

種　類	代表作物	根からの吸収方法
①集積型	水　稲	・エネルギーを使った積極吸収 ・濃度勾配に逆らってケイ酸を濃縮して取り込む ・蒸散により地上部に運ばれるので，根より地上部のケイ酸含量が高い
②中間型	キュウリ	・吸水とともに吸収される ・蒸散により地上部に運ばれるので，根より地上部のケイ酸含量が高い
③非集積型	トマト	・吸水よりケイ酸吸収が遅い ・根部の表皮組織にとどまるため，ケイ酸含量は葉部より根部が高い

第6図　トマト（品種：米寿）の生育に対するケイ酸の影響　（三宅ら，1976）

左より，終始無ケイ酸，第1花房開花期まで無ケイ酸以後ケイ酸添加，第1花房開花期までケイ酸添加以後無ケイ酸，終始ケイ酸添加（SiO_2：100ppm）

第7図　正珪酸のゲル化

左：正常品，右：ゲル化品

ケイ酸は植物によって必要とされる量が異なり，三宅（1993）によるとケイ酸吸収能の違いによって集積型・中間型・非集積型に分類することができる（第2表）。

非集積型のトマトで，無ケイ酸栽培を全生育期間にわたり行なった試験（三宅ら，1976）では，初期生育の異常は認められなかったが第1花房開花期になると，新葉の奇形，伸長の抑制，下位葉の枯れ上がりなどの異常症状が認められ，花粉稔性が低下した。その後，異常症状の現われたトマトにケイ酸を与えるとケイ酸欠如による奇形はそのままであったが，約3週間後に健全な器官が新生した（第6図）。非集積型のトマトでさえも，微量要素的な役割として健全な生育にケイ酸は必要であると述べられている。このような研究結果からも，正珪酸の施用はイネ科のみならずさまざまな作物において有用と考える。

(4) 使用上の注意

正珪酸の原液は強酸性pH1.5～2であるので原液の取扱いには注意する。ただし，標準施用倍率1,000倍では希釈水のpHとほぼ同程度になる。酸性の農薬資材と混用する場合には，初めに農薬を希釈水に均一に溶かしたあと，正珪酸を混用すると良い。また，正珪酸は長期間放置すると，ケイ酸自体の脱水縮合が繰り返され最終的に不可逆性のゲル化が起こる（第7図）。なるべく直射日光の当たらない冷所に保管し，使用期限である10か月以内に使いきるのが望ましい。

(5) 施用方法と利用事例

正珪酸が使われている代表的な作物について使用方法や効果，栽培試験結果などを以下に示す。

①水　稲

施用方法は次のとおりである。

育苗期　苗が1.5～2葉期に1箱当たり1,000倍希釈液500mlを1回散布する。

出穂後　2～3回1,000倍希釈液を10a当たり100l葉面散布する。

第8図　水稲育苗試験

左：対照区，中：A社アミノ酸500倍，右：正珪酸1,000倍
下段写真は，育苗箱を底部より撮影
供試品種：コシヒカリ
試験方法：播種2週間後に1箱当たり希釈液500mlを散布し，9日後に撮影
試験期間：2006年4月8日～5月1日
試験場所：新潟県

第3表　出穂期散布における収量比較試験

試験区	収量構成要素（10a当たりに換算）				
	穂　数（本/m^2）	一穂籾数（粒/穂）	登熟歩合（%）	玄米千粒重（g）	玄米収量（kg/10a）
正珪酸1回処理区	324.0	122.1	65.2	21.6	557
正珪酸2回処理区	312.0	125.0	70.0	21.7	592
正珪酸無散布区	317.8	114.7	64.6	21.9	516

注　供試品種：中晩生多収性品種
試験区：正珪酸1回処理区，正珪酸2回処理区，正珪酸無散布区
試験方法：1回処理区は出穂直前，2回処理区は出穂直前＋出穂揃い時にそれぞれ正珪酸100cc／水100l/10aを小型散布機にて散布
試験期間：2017年度産
試験場所：愛知県
資料提供：三井物産アグロビジネス株式会社

‘コシヒカリ’を用いて新潟県で行なった育苗期の試験結果について紹介する。播種2週間後に1箱当たり500mlの希釈液を散布し，9日後に生育状況を確認した。結果，正珪酸散布により根張りが良く，下葉の枯れ上がりが少なく，しっかりとした苗になった（第8図）。

続いて，中晩生多収性品種を用いて愛知県で行なった出穂期の散布試験について紹介する。対照区，正珪酸1回散布，正珪酸2回散布の3区に分けて，収量を比較したところ，正珪酸2回散布区において玄米収量が明らかに高まり，登熟歩合も向上していた（第3表）。

ケイ酸を積極吸収する水稲においてケイ酸の役割は多岐にわたり（第9図），出穂期における正珪酸の散布は，多収や病気防除の観点からも重要と考える。また，ダムや水路がコンクリートになったことで，水や土壌から自然に供給されるケイ酸量が年々減少し，水田の土壌中のケイ酸が全国的に不足している。また，異常気象により高温に見舞われてもケイ酸肥料を施肥した水田は，無施肥の水田に比べて乳白米や着色粒を軽減する効果が高く，高温障害に強いことがわかってきている。今後ますます水稲におけるケイ酸施用が重要になると考える。

②キュウリ

施用方法は次のとおりである。

育苗期～収穫期　定期的に1,000倍希釈液を葉面散布もしくは灌水する。

‘よしなり’を用いて行なった育苗試験では，しっかりと根が張り，育苗ポットから取り出しても崩れなかった。また，根の重量も対照区に比べ約3.6倍となった（第10図）。

③イチゴ

施用方法は次のとおりである。

育苗期～収穫期　定期的に1,000倍希釈液を葉面散布，もしくは300～600ml/10aを灌水する。

育苗中から定期的に施用することにより，根張りや品質の向上，収量アップが期待できる。また，軟果防止にも役立つ。

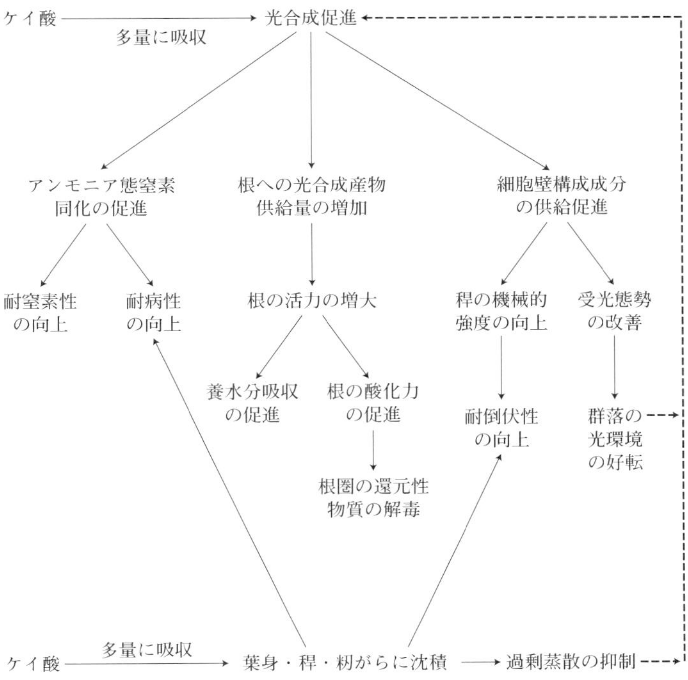

第9図　イネにおけるケイ酸の働き　（渡辺ら，2012）

④ネ　ギ

施用方法は次のとおりである。

育苗期　1,000倍希釈液を1～2回灌水する。

定植～収穫期　定植直後に1,000倍希釈液を灌水する。その後は収穫までに4～5回葉面散布する。

他の作物同様，育苗期に散布することにより根張りが良くなるが，ネギの場合はとくに土寄せ後の根傷み回復が速い。

⑤シ　バ

施用方法は定期的に500倍希釈液を200～

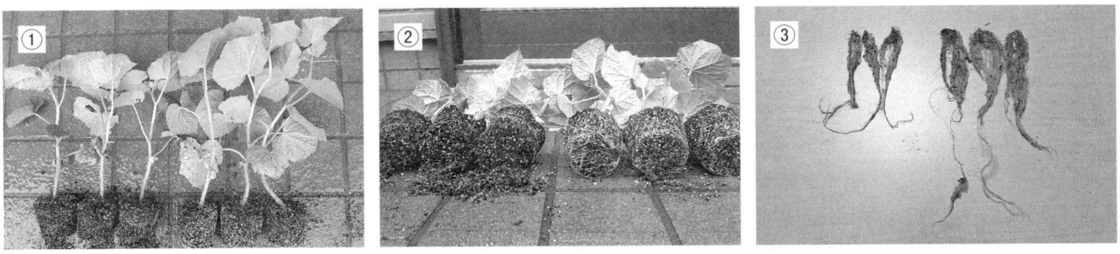

第10図　キュウリの育苗試験

①全体，②底部，③根洗い後。各写真の左3苗：対照区，右3苗：正珪酸
供試品種：秋どりキュウリ‘よしなり’
試験区：対照区，正珪酸区の各3ポット
試験方法：育苗期間中，約10日ごとに1,000培希釈液10mlを株元に計3回散布
試験期間：2014年7月26日～8月25日
試験場所：埼玉県越谷市

500ml/m²散布する。

芝はイネ科植物なので，ケイ酸を積極的に吸収する。根張りが良くなり，葉の強度の増強や葉色，色持ちが改善する。

*

正珪酸は2003年に発売開始以降，水稲をはじめいろいろな作物に施用されてきた。ケイ酸資材として正珪酸が選ばれる理由の多くは，「使いやすい」「他資材と混用できる」「効果が実感できる」とのことである。ケイ酸の非集積型であるトマト農家からも，「正珪酸を育苗中から散布することにより根がしっかりする」，「病気にかかりにくいので農薬の回数を減らせる」との嬉しい声をいただいた。正珪酸の施用により，作物の健全育成や減農薬の一端を担うことができれば開発冥利につきる。

《問合わせ先》埼玉県川口市南鳩ヶ谷6―15―5
有限会社グリーン化学
TEL. 048-212-3800
FAX. 048-700-3200
URL. http://www.green-ch.co.jp
執筆　馬渡ゆかり（有限会社グリーン化学）

参考文献

三宅靖人・高橋英一・下瀬昇．1976．トマトのケイ酸欠乏症（1）．日本土壌肥料学雑誌．**47**（9），383―390．

三宅靖人．1993．土壌の活性ケイ酸と植物．岡山大農学報．**81**，61―79．

高橋英一・日野和裕．1978．ケイ酸の溶存形態がイネのケイ酸吸収におよぼす影響について．日本土壌肥料学雑誌．**49**（5），357―360．

渡辺和彦・後藤逸男・小川吉雄・六本木和夫．2012．土と施肥の新知識．農文協．44．

地力の素──天然腐植物質カナディアンフミンを製品化

(1) 開発の経緯・ねらい

①腐植物質と地力

腐植物質（または単に腐植とよばれる）は「地力そのもの」ともいわれ，土壌の肥沃度を決める重要な物質である。有機物が分解する過程で生まれ，自然界においてはたとえば落ち葉や倒木などの堆積物が微生物の分解を受け，さらに複雑な化学反応を経て土中に蓄積される。

土壌への有機物の供給量が少ない耕作地では，栽培のたびに腐植物質が減少して土壌の生産力つまり地力は低下していく。そのため古くから農業では耕作のたびに堆肥を投入することで腐植を補い，土壌の地力を保つことが「土つくり」の基本とされてきた。

しかし周辺環境の変化や労力の問題から堆肥の投入量が減らされたり，化学肥料を多用したりすることにより，大規模産地になるほど腐植物質の供給が十分でない場合が多くなっているのが現状である。

②腐植物質の種類

腐植物質はさまざまな物質の複合したものであるが，便宜上，化学的な性質の違いによっていくつかの種類に分けられる（第1図）。

代表的なものが「腐植酸（フミン酸）」と「フルボ酸」で，腐植酸は大きな構造をもった黒色の物質である。いっぽうフルボ酸は比較的に分子量が小さく，水によく溶けるという性質をもっている。そしてその水溶液はきれいな黄色をしている（第2図）。

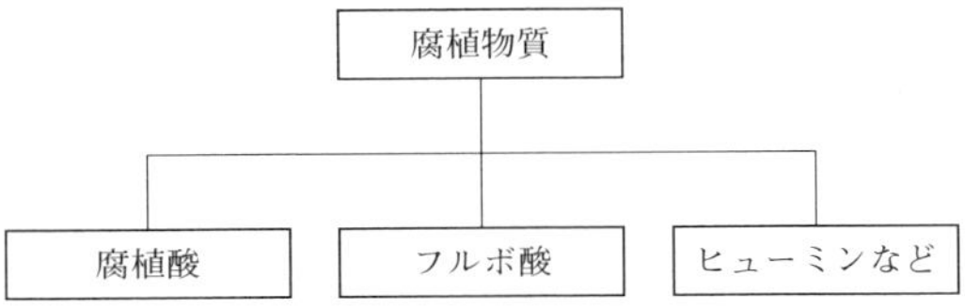

第1図　腐食物質の種類

わが国では長らく腐植酸こそがその物質名からわかるように，腐植の中心物質とされ，そのため化学処理で腐植酸を濃縮したニトロフミン酸系の腐植酸資材が，土壌に不足する腐植物質の補給に使われてきた。しかし腐植物質は腐植酸だけでなく，フルボ酸やその他未確認物質をも含む集合体である。なかでもフルボ酸は近年その機能性が大きく注目され，その多様なはたらきが腐植物質の効果に大きく関係していることが明らかになってきた。

当社では，フルボ酸を多く含む天然腐植こそが現代の畑に必要であるといち早く考え，カナダ由来の天然腐植質土壌改良資材「地力の素」の販売と普及を行なっている（第3図）。

第2図　抽出したフルボ酸原液

第3図　製品「地力の素（細粒）」

(2) 製品の特徴

地力の素はカナダ西部のアルバータ州，カナディアンロッキーの麓に広がる広大な森林由来の腐植堆積物「カナディアンフミン原鉱」を採掘，製品化したものである（第4図）。

腐植物質は有機物が供給される場所では生成されるため世界中のさまざまな場所から採掘されている。しかしその集積度や物質組成は，温度・降雨量などの気候条件や地質的な古さにより大きく異なっている。高緯度地域であるロッキー山麓の寒冷な気候のもとで，数百万年もの期間を経て生成されたカナディアンフミン原鉱は，腐植物質の含有率が70％を超え，そのうちフルボ酸の割合も多い。

北米大陸の西側には南北方向に腐植物質の算出される地帯があり，商用利用されている。アルバータ州はこの地帯の最北に位置しており，腐植物質の含有率・品質（CECの比較）ともに最高値である（Alberta Research Council Open File Report 1993-18）。世界的に見てももっとも高品質な腐植物質を産出する地域の一つといわれている。

(3) 効果発現の仕組み

地力の素は天然の腐植物質が高度に濃縮されているため，少量で土壌の生産力を向上または回復することができる。20kgの製品で完熟堆肥1tに相当する腐植量を供給できる。肥料成分はほとんど含まれないため，多量に入れても畜糞由来堆肥のように肥料過多になる心配がない。また未分解の有機物も含まれないため，二次発酵によるガス障害や病害，雑草の発生するおそれもない。

第4図　カナディアンフミン原鉱

腐植酸のはたらきで土が団粒化し，保水性・排水性ともに優れた土になる。CECが非常に高い（250meq/100g前後）ので土壌の保肥力を上げ，塩類による濃度障害を緩和する。

またニトロフミン酸系の腐植酸資材とは異なり，フルボ酸などの可溶性成分が土壌の微生物や植物の根に作用してこれらを活性化させる。

(4) 利用法（使用手順）

露地作圃場で10a当たり40～50kg程度，集積度の高いハウスでは10a当たり60～80kg程度を土壌に混和する。作付け直前でも使用に問題はないが，フルボ酸の溶出やそれによる土壌菌の活性化のためにはなるべく馴致期間（1～2週間）をとったほうがよい。

地力の素は腐植を供給し土壌菌の活性を上げるが，前述のように易分解性の有機物に乏しいため，菌のえさとなりやすい低分解度の有機物を同時に投入することが望ましい。堆肥はもちろんのこと，有機質肥料や稲わら，廃糖蜜などさまざまな有機質と組み合わせて使われている。

自家製堆肥やボカシをつくるときに，原料に対して0.2～0.5％重量の地力の素を混和して発酵させてもよい。発酵菌の活動が強まり高品質・高腐植質の発酵物となる。

(5) 生産現場での使用効果

①根量の増加

地力の素の施用により，根の発達が増加する。とくに毛細根の根量が顕著に増える。

これは腐食物質の物理的な効果（土の団粒化を促して保水性や排水性を向上させる），化学的な効果（ECの低下やpHの緩衝作用）によって，土壌環境が根の伸びやすい状態に改善されるためである。さらに，フルボ酸が植物ホルモン様作用を現わして発根を促すという研究報告もある（第5図）。

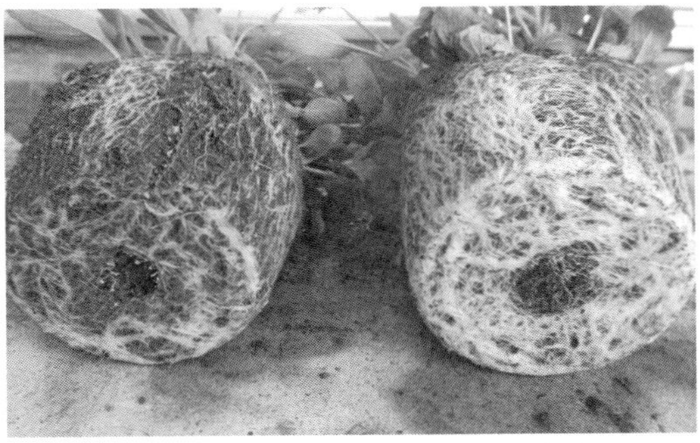

第5図 パンジー苗（左）とネギ（右）の根量比較（右が地力の素区）

第6図 レタスの慣行区（左）では根腐病が発生，地力の素区（右）では顕著な発病なし

根からの吸収力が高まるため，環境ストレスや病害虫に対しての抵抗性が高くなる。

②土壌病害の低減

地力の素を投入することにより，さまざまな土壌病害を軽減できることが確認されている。これは地力の素の投入により土壌細菌相が豊かになり，相対的に病原菌を抑制するためと考えられる。実際に放線菌のうち，ある菌種が有意に増殖することが山梨大学との共同研究で確認されている。

土壌病害のうち，とくにフザリウム属が病原菌となり引き起こされる病害への効果が多く認められている。レタス根腐病，ホウレンソウの萎凋病，カーネーションの立枯病などの実例がある（第6図）。ニンジンの圃場試験ではフザリウム菌密度が最大で10分の1以下に低下した。

また，ネコブセンチュウの被害を大きく減らす事例が数多く報告されている。トマト，キュ

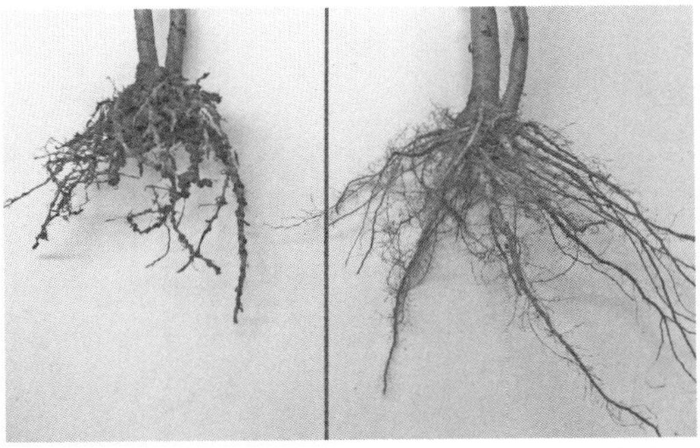

第7図 オクラの慣行区（左）と地力の素区（右）
慣行区の根はネコブセンチュウ多数発生

第1表 チンゲンサイでの地力の素（試験区）の施用効果

	平均重量 (g)	根コブ指数 (%)	ネコブセンチュウ数 /土50g当たり
慣行区	98	67	33
試験区	142	33	12

ウリ，ピーマン，メロン，ニンジン，オクラなど幅広い品目で効果が出ている（第7図）。チンゲンサイで行なった試験では実際に根コブの被害度・ネコブセンチュウの密度とも半分以下に低下することが確認された（第1表）。

これらのような土壌病害の発生圃場では，通例の対策として薬剤やくん蒸剤による土壌消毒が行なわれることが多い。しかし，作業者の負担や土壌環境への影響も大きいため，土壌消毒の回数はなるべく少なくて済むほうが理想である。

地力の素を使った，腐食物質を基本とした土つくりを続けることで，圃場の土壌病害リスクを低減することができる。土壌消毒を行なうことなく大きな病害発生のない栽培体系を手にしている生産者も多い。

《問合わせ先》東京都品川区西五反田1—29—2
吾作ビル
株式会社ピィアイシィ・バイオ
TEL. 03-3490-8220
FAX. 03-3490-1859
URL. http://www.pic-bio.com/agri

執筆　穂満孝基（株式会社ピィアイシィ・バイオ）

天酵源など（愛華農法）

執筆　川崎重治（生態園芸研究所）
加地良一（株式会社愛華）

(1) 開発の経緯とねらい

株式会社愛華は，創始者の10年余の闘病生活から，いのちを育てる，安全でおいしいものづくりをライフワークとしてきた。作物がもつ潜在能力を十分に発揮させ，機能性成分が多く，残留農薬などの心配がない，安全な農産物をつくる。また，土壌や水質の浄化，大気汚染を軽減する資材として，天然資源物や微生物，酵母などを素材とした天酵源，エポック，エポック・ターボ8，地楽園，超人力を開発した。実践農家での実証と検証を重ねて，有利性を確認したので，これらの資材を駆使する愛華農法を提唱してきた。

愛華農法では，天酵源やエポックなどの資材を，生育期や発育に応じて，葉面散布や土壌灌注の方法でシリーズとして駆使する。

茎葉から吸収されたアミノ酸やビタミン類は，茎葉や根群の発育と機能を盛んにする。また，土壌灌注は有用微生物を増加させ，水質を浄化し，土壌の団粒化を促して，根群の発達と機能の活性化に役立つ。さらに，有用微生物の菌体内や分泌物に含まれる発育促進や花芽形成誘導物質などの生理活性物質が多く吸収され，光合成や窒素還元作用を盛んにして，バランスのとれた栄養生長と生殖生長を促す。また，抗菌性物質などが増え，病害抵抗性が強化され，害虫などの小動物を忌避するほか，土壌中の有用微生物が有害菌を抑えて土壌病害や生理障害を防止する。

このような作用が単独または複合的に相互効果として発揮され，作物は旺盛な発育を維持し，優品の多収穫，貯蔵性の高まり，しかも減農薬・無農薬栽培を可能にする。

愛華農法が適応できるのは，野菜や花，果樹，イネ，雑穀，特用作物だけではない。養液栽培や高設栽培，養液土耕栽培にも適応できるほか，エポックは農畜産資源のリサイクルの補助資材として活用でき，畜舎の脱臭など環境衛生改善にも役立つ。

(2) 天酵源

①資材の成分

アミノ酸ではグルタミン酸，プロリン，アスパラギン酸，ロイシン，バリン，セリンなど18種が，ビタミン類ではイノシトール，ビタミンB_1，B_2など10種が含まれる。ミネラルは，鉄，石灰など9種を含有する。

②原料と製造方法

玄米，雑穀類や果実，野菜など92種を原料とし，乳酸菌や酵母菌を使い，自然環境下で5年間発酵熟成させたエキスである。

③資材の特徴と効果

作用の仕組みは複雑で不明であるが，葉面散布すると葉緑素の多い葉肉組織が発達して厚くなり，葉色が濃く（葉緑素計の示度で無散布に比べ7.4％高い），鮮緑色で光沢がある。葉の老化がきわめて遅くなるのは各作物に共通しており，とくに切り花の葉の寿命が長いのが特長である。当然，光合成作用が盛んになり，茎葉や根群，果実の発育量が増え生育や収穫が早まる。同時に糖分の蓄積が多くなり，果実類は普通品より2～3度高くなる。そのほか，害虫忌避物質や抗菌性物質が増えて，病害免疫性や忌避作用を強化するので，被害が少なくなり，また硝酸態窒素が減少し，アミノ酸やビタミン類が増える（第1表）。

同化物質の増加とともに，アミノ酸とくにプロリンなど花芽形成誘導物質が多くなるので，花芽形成が安定し，計画的に誘導できる。イチゴに限らず，花類でも強い花芽誘導操作を行なわなくてもすみ，イチゴや花では花芽数が，イネでは枝梗数や籾数が増加する（第1図）。

従来の花芽形成の誘導は人為的に温度や日長を操作し，肥効や水分調節などで行なってきたが，その技術は気象や栽培条件に支配され，ストレスによる後遺症対策や経費増の負担が大き

第1表　イチゴの栽培方法の違いと諸形質
（分析　日本食品分析センター）

項　目			愛華農法	慣行栽培
地上部	葉色（葉緑素の示度）		52.6	49.0
	本葉風乾歩合（%）		28.68	27.98
果実部	硬度	果皮（gf）	155.1	151.6
		果肉（gf）	55.8	56.3
	主な成分	果糖（g/100g）	2.75	2.49
		総ビタミンC（mg/100g）	64.0	60.0
		硝酸態窒素（mg/100g）	1.8	2.3

注　調査日：3月28日
硬度はクリープメータで測定（プランザー直径5mm，加圧速度0.5mg/秒）

第1図　12月中旬，イチゴ果房の出蕾・開花状況
（普通鉢育苗，9月10日植え，品種：とよのか）
慣行技術のようなストレスを与えなくても頂果房・腋果房（2～3番）が連続して開花し，続けて収穫できる
A：頂果房，B：腋果房

かった。しかし，天酵源の出現によって花芽形成が容易になり，作柄の安定と生産費の節減などに役立つ。

また，花芽分化後の発育を促し，花が充実し優品ができる。果実類は高糖度で，肉質がしまり，日持ち性が良いので，貯蔵期間や販売期間を延長できる。花が大きく，花弁や葉肉が厚く，花首や花茎が充実して曲がりにくいほか，水揚げや開花期間，日持ち性が優れている点は切り花と鉢物に共通しており特筆できる。細胞組織を硬化する作用があり，軟弱な組織を硬くし，日持ち性が改善される。軟らかい果実（イチゴ，モモ，ブドウ）や花弁などは硬くなり，日持ちが長くなる。また，茎葉が硬く丈夫になり，イネ，イグサ，ダイズなどに顕著な効果がある。反面，肉質を重視する品目で使用を誤り乱用すると，組織が硬くなり肉質や風味を損なうので，品目や品種，栽培時期などで使用法を変える。

植物体内の糖分濃度が高まり，耐寒性が付与されるので，寒害が防止でき，栽培適地圏が拡大されるほか，施設の設定温度を下げて経費を軽減できる。

以上のような作用効果は天酵源のみの単用よりも，後述するエポックやエポック・ターボ8，地楽園などと併用するほど，相互の複合作用が促され，より高い効果が期待できる。また，旺盛な草勢を維持し，根量や根群分布の少ない品種や草勢を強化する必要がある場合や，不良環境時に効果が高い。たとえばメロンの生理障害の防止，イチゴなどの電照操作（時期，時間）の簡便化，経費節減に役立つ。

天酵源は濃度を変えると生育を促進したり，発育期に応じた草姿に調整し，過繁茂を防止できるので，利用場面が広い。

(3) エポック

①資材の成分

オーシャンナーゼと呼んでいる海水から採取した微生物の分泌物や，コーゲンターゼと呼んでいる火山に近く有機硫黄を含む山土から採取した微生物の分泌物が主体である。ほかの含有成分は分析中である。素材にはカテチン，テアニンなどアミノ酸，さらにビタミンではE，A，Pの各種，硫黄を主にミネラルが多く，窒素，リン酸，カリ，石灰，苦土などもわずかに含まれている。

②原料と製造方法

緑茶や米ぬか，硫黄粉末などを素材に微生物のオーシャンナーゼやコーゲンターゼを使い，6か月間発酵熟成させた液剤である。

③資材の特徴と効果

強力な作用をもつ微生物分泌物で，土壌灌注すると根圏微生物を活性化して根群の発育量を増やし，養水分の吸収を多くするとともに，茎葉の同化機能を促進する。また，既存の光合成型細菌が増加するほか，エポックの主体成分である微生物分泌物や菌体内に含まれるカロチン系色素元素が吸収されるので，葉や果実，花などの色素量が多くなり，鮮やかに発色する。また分泌物などに多いプロリン，ウラシル，シトシンなどの花芽形成誘導物質が増えて，花芽形成が容易になる傾向は各作物に共通している。

硝酸還元酵素の活性化とかかわりが深い高エネルギーリン酸化物が増えて，根からの吸収量が増える。このため，茎葉の硝酸還元作用が活発化するので，果実や茎葉の硝酸態窒素含有量が大幅に減少し，機能性成分として注目されるビタミンCが増える（第1表）。

施用されたオーシャンナーゼやコーゲンターゼは土壌中の水分や炭酸ガスを分解するとされ，発生した酸素や水素は根群機能の活性化に役立つ。また，硫酸還元菌に作用し，有害な硫化水素を無毒化し土壌や水質を浄化する作用が強いので，根群の発育を促しその機能を助ける。とくに栽培中に土壌の還元化が進みやすいイネやイグサ，レンコンの根腐れ防止に卓効を現わす。さらに，湿害による野菜やマメ類の生育不良，ブドウやナシなどの落葉症や水害後の回復を早める効果が顕著である。

このような作用効果は養液栽培や高設栽培，養液土耕栽培でも十分に発揮でき，バラや小ネギ，キュウリ，イチゴなどで長期間旺盛な草勢を保ち，優品を多収穫できる。また，培養液の更新回数を減らし，廃液による環境汚染を防止できるほか諸経費の軽減に役立つ。

葉面積が広くなり，蒸散作用も盛んになり，根群とくに根毛が発達し，養水分の吸収量が多くなる。事実，作土が深く，適湿を保つ圃場や栽培中灌水量が十分に確保でき，慣行法の1.5倍あまりに増肥するときに本領が発揮できる。

養分吸収の収支の細かい調査はまだ終了していないが，窒素を中心にみると，メロンやイチゴ，リンドウなどの栽培終了後の土壌中の残存量がきわめて少い。むだな施肥を省き施肥改善ができる。さらに，土壌保全や河川の栄養過多，地下水の汚染防止に役立つ（第2表）。

第2表　イチゴ愛華農法導入経過年数と栽培後の土壌調査（分析　ふくれん土壌分析センター）

調査年次	1997年（4年）	1998（5年）	1999（6年）	土壌診断目標値
pH（水）	5.70	6.30	6.38	5.8～6.2
EC（1：5）ms	0.17	0.26	0.13	0.24～0.44
硝酸態窒素（mg）	5.6	9.2	3.2	12～18
交換性石灰（mg）	448	506	506	269～304
交換性苦土（mg）	72	63	95	67～76
交換性カリ（mg）	61	41	48	45～51
有効リン酸（mg）	90	82	163	50～100
腐植（％）	10.1	10.5	9.0	—

注　土壌：沖積植壌土，水田
調査：栽培終了後5月中旬採土
調査年次：（　）内は愛華農法経過年次

エポックを連用すると土壌微生物の密度を増やし，土壌の団粒構造を発達させるほかに，細菌やフザリウム属菌などによる病害やスリップスなどの害虫が減り，薬剤による土壌消毒が減少するか不要となる。また，エポックはアンモニアや硫化水素などの分解消臭作用が即効的で，生活ゴミや畜舎あるいは畜産排泄物の熟成促進と脱臭効果が抜群である。

エポックには微生物のほかにアミノ酸やビタミン類さらに硫黄などのミネラル類が含まれ，葉面散布すると免疫力や抗菌力が強化され，病害予防や治療効果がある。また，忌避作用の仕組みは定かでないが，連用するとハダニ類，スリップス類，小動物のモグラや小ネズミ，ヘビ，小鳥などが自然と姿を見せなくなる。

（4）エポック・ターボ8

①資材の成分

竹林から採取した土壌微生物の分泌物である竹林ナーゼやオーシャンナーゼ，コーゲンターゼ，さらに強い作用をもつ有胞子乳酸菌など4種類の微生物と分泌物が含まれている。ほかの含有成分は分析中である。素材中にはアミノ酸類やビタミン類，硫黄を主としたミネラル類が含まれる。

②原料と製造方法

緑茶と米ぬかを原料に硫黄溶解水を加え，コーゲンターゼ，竹林ナーゼ，オーシャンナーゼなどを調合して1年ほど熟成させてできた液剤である。

③資材の特徴と効果

資材の作用はエポックと類似しているが，新たに竹林ナーゼと有胞子乳酸菌が加わりエポック以上の作用効果が発揮される。したがって，土壌灌注すると根圏微生物や根群機能を活性化して，草勢を強化できる。とくに，生育期間の長いナス，ピーマン，イチゴ，アスパラガス，バラ，カーネーションなどの株疲れの回復に顕著な効果が現われる。

また，静菌作用が強く，葉面散布するとうどんこ病や灰色かび病，細菌病などの予防や，発病初期であれば治癒効果も期待できる。土壌灌注すると土壌や水質の浄化作用が優れ，アンモニアなど悪臭の消臭作用が即効的に現われる。

また，畜産排泄物や敷料の消臭と腐熟促進に効果を発揮できるほか，油分の溶解力が注目され今後の検討が待たれる。

(5) 地楽園

①資材の成分

微生物は竹林ナーゼとオーシャンナーゼ，さらに強力な作用をもつ有胞子乳酸菌が加わり，硫黄を主としたミネラルを含むが，細かい点は分析中である。

②原料と製造方法

硫黄溶解水に竹林ナーゼとオーシャンナーゼを調合して，6か月ほど熟成させた液剤である。

③資材の特徴と効果

作用はエポックやエポック・ターボ8に類似しているがさらに即効的で，強力な静菌作用をもつ微生物材であり，土壌灌注すると土壌を浄化し，根圏微生物を活性化する。旺盛な発根力があり，有効作土が浅くて湿害を受けた野菜や，梅雨明け後の落葉障害が多いナシやブドウで根群を再生させ，落葉を防ぐ効果が抜群である。さらに病害抵抗性が付与される。

また，土壌中でも優れた静菌作用を発揮し，有害微生物の活動を鈍化させ，病害を予防し，防除もできる。実際にジャガイモのそうか病，イチゴの萎黄病，ナス科植物の青枯病などの被害を軽減している。また，薬剤による土壌消毒なしでは連作できないとされる作物にも，エポック類とともに地楽園を土壌灌注すると連作障害を軽減できる。

(6) 超人力

①資材の成分

グルタミン酸，アスパラギン酸，アルギニン，アラニン，プロニン，ロイシン，バリンなどアミノ酸が19種，カリ，リン，苦土，石灰，鉄など5種のミネラル，ビタミンB_6，B_1，酢酸，クエン酸など有機酸が含まれる。

②原料と製造方法

素材は，南米に自生するノウゼンカズラ科で古くから薬用，ハーブティーとして利用されるテコマ・イペやニンニクあるいはトウガラシなどの抽出液に玄米黒酢を調合した調整液である。

③資材の特徴と効果

数多くの有効成分が含まれ，作用機構は明らかでないが，葉面散布すると作物の発育が促進され，旺盛な草勢を維持できる。草勢の回復を早め，とくに茎葉や果実に独特なつやが見られ，外観が冴え，見栄えがよくなり商品性を高める。

各種含有成分が作物の免疫力を強め，優れた抗菌性が付与され発病を抑制する。また，強い殺虫作用を発揮し，アブラムシや幼齢虫（1～2齢まで）のアオムシ，ヨトウムシにも有効である。本剤を連用するとスリップスやハダニ類，コナジラミ類などの寄生密度が減少するのは，忌避作用によるものと思われる。また，愛華農法で栽培したときの植物体の表皮に生える毛の大きさや密度が害虫の生息にそぐわないのも，忌避作用の一面と考えられる。

(7) 使用方法

使用方法は育苗段階から栽培全期間を通じて土壌灌注や葉面散布を継続して行なうのが要点

である。資材は単独または複数を使い，気象や栽培条件などに惑わされずに，生育を調節し，花芽形成を誘導しながら，根群や茎葉の発育，機能を維持して，高品質で安全性の高い生産物の多収穫をねらった使い方をする。

品目や使用目的によって使用方法が違い，画一的に表示できないが，標準的な使用内容は次のようである。

①葉面散布

主に茎葉の生育，機能や花芽形成にかかわる天酵源の葉面散布間隔は，高温期は10日，低温期は15日ごとに行なうのが標準で，これより短縮して散布するのはよくない。濃度は草勢回復など栄養生長促進には5,000～10,000倍液で，生育調整や花芽形成誘導など生殖生長を促すには1,000～3,000倍液であるが，品目や季節，散布間隔や散布量によって加減しなければならない。

害虫の忌避に利用する超人力は500～1,000倍液を7～10日ごとに散布する。

散布量は品目や発育時期で変わり，標準量は10a当たり100～200*l*とし，高濃度では少なくする。また，煙霧機を利用する場合は，動噴使用時と同じく単位面積当たりの原液量となる。

②土壌灌注

根群の発達や機能を助けるエポックとエポック・ターボ8，また地楽園の土壌灌注は，10～15日ごとが標準である。エポックの1回当たりの原液使用量は，10a当たり3～5*l*であるが，光合成型細菌が多い堪水条件下では10a当たり1～3*l*とする。エポック・ターボ8，地楽園はエポックの半量でよい。

3～5日ごとに掛流し式で灌水や施肥を行なう高設栽培では，土耕栽培時と同じくエポックの原液量を灌水回数に分割して使用する。また，ネギやキュウリなどの養液栽培では常時20,000倍液が循環するように培養液の追加更新時にエポックを添加する。

③効果を高めるためのポイント

1）資材は継続して最小限度を使用する。使う資材は一時的な効果を期待するものとは違うので，栽培期間中は生育状態に応じながら根群や茎葉が十分に機能するように最小限度を継続して使用しないと成果は得られない。

2）腐熟した有機物を多用し，施肥量を多くする。土壌微生物の活動を促す腐熟有機物を多用し，未熟有機物は早く腐熟させる。また，収穫量の増加に伴い肥料養分の持ち出しが多くなるので，慣行の施肥量では不足する。とくに，窒素不足では満足できる成果は得られない。したがって，栽培前には土壌診断を行ない，肥効の持続性を保つように慣行の1.5倍程度に増肥し，肥料の種類など施肥法を改める。

3）土壌の乾燥は禁物，灌水は多めにする。水分を分解する特異な作用をもち，高い湿度を好むオーシャンナーゼ，コーゲンターゼ，乳酸菌などの性質と作物の吸水量が多くなる本農法では，土壌の乾燥は致命傷となる。多量灌水による根腐れは起こりにくいので，灌水量を多くするほか，マルチなどで乾燥を防止する。

4）作物の生理生態に応じた基本技術が愛華農法の土台である。作物本来の生態特性を軽視して，この種の生産資材に依存しがちなのが一般的であるが，愛華農法では，作物の生理生態に応じた栽培技術を基本に資材を駆使しなければ成功しない。したがって，排水対策や有効作土を深めるなどの土壌管理，育苗や栽培管理，さらに環境調節などの技術を前提として愛華農法の資材を使用しないと，その本領が発揮できない。

（8）使用事例

①イチゴ

親株養成時から育苗期間中エポック1,000倍液の土壌灌注や天酵源5,000～8,000倍液，エポック500倍液の葉面散布を15日ごとに行なう。花芽形成促進には，短日夜冷や株冷操作では入庫日から逆算し30日前に天酵源2,000～3,000倍液を，20日前に天酵源1,000～1,500倍液を，7～10日前に天酵源1,000～1,500倍液を葉面散布する。普通鉢では植付け日より20日前に天酵源2,000～2,500倍液を，植付け10日前に天酵源1,000～1,500倍液を葉面散布する。

本田では，植付け前にエポックを1a当たり1*l*，または地楽園1a当たり0.5*l*を土壌灌注する。

第2図　イチゴの1月下旬の草姿と成りこみ状況
（品種：とよのか，普通育苗苗）
腋果房（2番）の収穫期，3番も収穫を始める

植付け直後に十分に灌水した後，エポックを1a当たり0.3lさらに7日以内に0.3lを土壌灌注する。その後は収穫終了時までエポック単用か，液肥と併用して月2回，1a当たり0.3～0.5lを継続して土壌灌注するが，生育状況によっては地楽園またはエポック・ターボ8も利用する。

頂果房の花芽形成を安定させるには，植付け後5日以内に天酵源2,000～3,000倍液を葉面散布する。腋果房（2番）の花芽分化を確実に誘導するには，植付け後15日頃天酵源5,000～6,000倍液を，2回目は10日後の25日前後に天酵源1,500～2,000倍液を，3回目は前回より10日後に天酵源6,000倍液を葉面散布する。なお，散布量は1a当たり15lとする。

草勢を保ち，茎葉部の生育を調節するには，天酵源を頂果房の収穫始め頃までは5,000～8,000倍液を15日ごとに，12月から2月までは3,000～5,000倍液を15日ごとに葉面散布する。春先の過繁茂と軟果防止には，3月以降天酵源の1,500～2,000倍液を10日ごとに葉面散布し，エポック100～200倍液を混用する。

病害虫対策には発生前からの超人力やエポック，エポック・ターボ8，地楽園などの葉面散布を10～15日ごとに行なう。萎黄病など立枯れ性病害には，発病初期にエポック200倍と地楽園500倍液を株当たり1l土壌灌注する。うどんこ病の予防にはエポック200～500倍，エポック・ターボ8の600倍液，灰色かび病にはエポック・ターボ8の200～1,000倍液と地楽園1,000倍液を発病始めに散布する。

使用後の感想　生育調整や花芽形成誘導などが容易かつ計画的にできる。10a当たり8tどりも可能で，高糖度で果色や風味がよく日持ち性もあり，個性的でしかも減農薬または無農薬栽培が実現でき，安全性を強調できるイチゴ生産ができる。また生育障害や災害時の回復が早く，軽装備の簡易施設でも安定して収量が倍増でき，生産費を大幅に節減できる。増収と品質改善による単価の上昇などから，現状規模でも所得倍増が実現できる。

②ハウスメロン

生育後半の草勢を維持し，糖度の上昇が目立つ時期を中心に天酵源の葉面散布を行なう。春作では開花後50日，収穫10日前に天酵源の1,000倍液を1a当たり15l葉面散布する。夏作では収穫7日前に春作と同様に使用し，秋作の12月収穫の場合は，開花後45日，収穫15日前に葉面散布を行なう。

生育が弱いときは植付け後30日頃にエポックの1,000倍液を株元に灌注する。株の衰弱を防ぐにはエポックを1a当たり0.1l，15日間隔に土壌灌注を行なうが，生育初期から多用すると過繁茂となり失敗するので注意する。根量の少ない品種で生育末期に急性萎凋症が発生しやすい場合は地楽園を1a当たり0.3l土壌灌注する。うどんこ病には農薬散布した3日後にエポック400倍液を散布する。

使用後の感想　エポックや地楽園を土壌灌注するとは根群の発育がよくなり，茎葉に活気が出て，雌花は充実し形がよくなる。茎葉の老化が遅くなり，水切りしても収穫時まで草勢を維持できる。また，天酵源の葉面散布によって糖度が2％あまり高くなり，肉質がよく，日持ち性が長くなるほか，ネットの発現，盛上がりが優れ，市場での品質評価は4と高く好評で，産地の信頼性を高めた。従来は品質の格差があったが，使用後はよく揃い，個人差も少なく栽培が安定してきた。また，エポックやエポック・ターボ8の葉面散布によって灰色かび病による腐敗果の発生を防ぐことができた。

③キュウリの養液栽培

水耕施設（ハイポニカ）の年2作型の栽培で，培養液はハイポニカ肥料を使い循環型のマイコン制御の養液管理を行ない，生育初期のECは2.2，収穫期は2.5～2.6とする。

培養液40tにエポック2l（20,000倍液）を溶かす。10日ごとに減水した量を補充するが，エポックも新たに加えて20,000倍に保つ。茎葉部には天酵源の5,000倍液を10日ごとに，またエポック300倍液を1a当たり散布量20l，10日ごとに葉面散布を行なう。

使用後の感想　慣行では培養液が変質して1.5～2か月ごとに更新していたが，現在ではその必要がなく，栽培全期間（6か月間）更新しなくても支障がない。したがって，用水の更新労力や経費が大幅に軽減でき，大きな課題であった廃液の放流もなく，地下水や河川の水質汚染防止に役立っている。

キュウリの根は常に生き生きとした白根が多い。草勢が旺盛で側枝の発生がよく，灰色かび病の被害果がないので，果数収量は例年に比べて60％ほど増加した。果実は甘く，食味や見栄えがよく，店頭ではブランド品として好評をえている。

水耕栽培ではとくに秋から春先にかけて病害に苦慮するが，べと病やうどんこ病，灰色かび病が発生しないので，花弁摘除などの耕種的防除や薬剤散布が省力でき，その経済効果は計り知れない（第3図）。

なお，エポックの浄化作用で水槽や床などの付着物が分解され，パイプや滴下孔の目詰まりの原因となるので注意したい。

④レタスのトンネル栽培

10月播種，冬どりトンネル栽培で，トレイ育苗時にエポック500倍液を2回葉面散布し，植付け時にはエポック500倍液に瞬間漬け（どぶづけ）する。植付け後は地楽園1,000倍液を株元に灌水を兼ねて灌注する。生育期は液肥に天酵源5,000倍液かエポック1,000倍液を混用して月1回，1a当たり15l葉面散布する。また収穫7～14日前にエポック500倍液を葉面散布する。病害虫対策には超人力500～1,000倍液を10～15日ごとに散布する。

第3図　愛華農法によるキュウリ養液培栽（手塚博志原図）
旺盛な生育で灰色かび病などの病害がきわめて少なく，販売収量が増える。培養液は半年間更新しない

使用後の感想　温暖地とはいえ1～2月の気象条件に支配され，気温が低いと外葉の発育が抑制され，収穫が遅れる。また球の肥大性やしまりが悪く作柄が不安定であったが，本農法を導入した後は安定してきた。生育が旺盛で外葉は大きく，枯葉がないので，球の太り，しまりがよく，冬レタスでは見られない400～500gの大玉となる。球葉の色は濃く，葉肉が厚いうえ光沢があり，甘味が強い（糖度4～5％）など商品性が高く，市場での評価が高い。

結球後の寒害がないので，軟腐病の発病がなく，灰色かび病の発生もごくまれで，病害によるロスが激減し，球の充実とともに大幅に増収でき，減農薬栽培ができる。

⑤シクラメン

播種床から鉢上げ後，エポック1,000倍液を灌水を兼ねて鉢土に灌注し，10月中旬からはエポックの500倍液を底面から給水する。

花芽形成を誘導するには，天酵源の2,500倍液を11月初旬から10～15日ごとに2回葉面散布する。生育状態によってはエポック500倍液に液肥を混用し11月下旬から行なう。

第4図　草姿がよく花数の多い大輪シクラメン
葉肉の厚い，しまった葉・芽点が多い。花色が鮮やかで病害虫が少なく安定生産ができ，開花期間が長い

使用後の感想　愛華農法の導入で商品性の高いシクラメンができるようになった。肥効だけの生育調節では葉が軟らかく，草姿が乱れる。とくに多肥向き品種を暖地で栽培するのは難しい。多肥にしても天酵源とエポックを使うと確実に花芽分化を誘導できるほか，芽点を増やし，草姿がよくなる。根群の発育が優れ，葉は硬く，葉肉が厚いうえ，花色が鮮明で開花期間の長い優品を生産できる。また，光線の透過が悪いフイルムでも，花色や葉色が鮮やかで，下葉の変色がないのが特色で，各地の市場や消費者に好評である。

ハダニ，スリップス，アブラムシが少なく，薬剤防除は1回だけですみ省力できた（第4図）。

⑥コチョウラン

本葉2～3枚の輸入苗を杉皮培地で養成するとき，エポック4,000倍液と液肥を混用して5～7日ごとに灌水を兼ねて施用し，天酵源の3,000倍液を月3回葉面散布する。

使用後の感想　苗の発育が速く，フラスコ苗も生長が速いのに驚く。慣行法の温度制御や肥効抑制などを強制して花芽形成を誘導してきたが，後遺症対策に手こずってきた。しかし，天酵源2,000倍液の葉面散布とエポックの灌注で解決した。太い花茎に花色が鮮やかで花弁の厚い大輪が多くつき，商品性が高い。観賞期間が倍以上と長くなり，顧客から好評である。生育期間が短縮でき，諸経費が節減でき，さらに全量が商品化でき収益性が高い。

第5図　長期常温貯蔵が可能になった愛宕
常温下では12月末までが販売期間とされていたが，4月末まで貯蔵しても品質の劣化が少なく，有利に販売できる

⑦ナ　シ

ハウスと露地栽培で‘幸水’‘豊水’‘新高’‘愛宕’の各品種で使用した。天酵源7,000～10,000倍液を蕾期，開花3日前，交配10日後の3回葉面散布し，その後は天酵源5,000倍液とエポック1,000倍液を月2回延べ6回，動噴SSで葉面散布を行なった。さらに収穫10日前に天酵源2,000倍液とエポック，超人力ともに1,000倍液を混用して葉面散布する。‘幸水’のハウス栽培では地楽園を1a当たり0.2lとエポック1a当たり0.4lを延べ4回土壌灌注する。

使用後の感想　蕾や花に活力があり開花が揃うので授粉作業が従来の30％ですみ，摘果も能率的である。鮮緑色でつやのある葉は大きく，落葉が少ない。ハウスの‘幸水’は果実の発育が早く10日ほど早く収穫でき，大玉の比重が高く，品質がよく，糖度が12～13％で普通より高い。トンネルや露地栽培の品種でも‘幸水’と同じで，糖度は‘豊水’で14％，‘新高’16％であった。完熟果の貯蔵性は各品種とも慣行より長く，常温下で10日あまりである。前年の実績では‘愛宕’は常温貯蔵で12月までが限度とされるのが，4月末から5月上旬まで販売でき流通面や経営改善に役立つ（第5図）。

⑧牛舎の敷料保全と悪臭改善

牛舎規模1.5a，肥育牛130～160頭。飼育中にエポック500倍液を，敷料や牛体を含めて500*l*（牛舎1.5a当たり散布量）を動噴で全面散布する。降雨の多い夏場は月2回散布し，10月以降は敷料だけに60日ごとに散布する。

使用後の感想　人の眼も刺激するようなアンモニア臭が散布直後から消え，敷料や糞尿の乾きが早く，散布後30日頃からは敷き料には白い菌そうもみられ，芳しい臭いがしてきた。敷料や糞尿が乾燥しているので，牛体の汚れがなく，ぬかるみの激しい牛舎と格段の違いがある。牛は落ちつき，寝そべることが多く，毛並みがよく健康的である。敷料の購入費や更新労力の省力など諸経費が大幅に軽減できた。また，悪臭や汚水除去の効果は牛舎内だけでなく，搬出後堆積熟成時も同様で，発酵が早く，戻し敷料にも利用でき，できた堆肥は園芸農家に好評である。

《問合せ先》福岡市早良区飯倉6－3－2
株式会社愛華
TEL. 092-874-3939
FAX. 092-874-2600

2002年記

麦飯石——土壌のイオン反応を活発にする石英斑岩の一種

(1) 麦飯石とは

「麦飯石」は，火成岩中の半深成岩である石英斑岩に属する岩石である。古来漢方薬の材料として重用されており，天然薬に関する本草書『本草図経』（蘇頌ら，1061），『本草品彙精要』（劉文泰ら，1505），『本草綱目』（李時珍，1596）などに収載されている。またわが国でも，『本草綱目啓蒙』（小野蘭山，1803）において紹介されている。これら本草書中に，麦飯石の産地や特徴，医治効能などが解説されているが，とくに色，形態および性質については，一貫して「色は黄白色，大きさは一様でなく，豆や米のような粒点があり，麦飯のむすびのような形状。性質は甘，温，無毒」と記されている。

わが国では，益富壽之助らが1955年，岐阜県加茂郡白川町で産出される岩石を『本草綱目』記載の麦飯石と同定した。麦飯石の成因については定かではなく，中生代末から新生代初め（5000～7000万年前）にかけて噴出・貫入した火成岩（花崗岩質ペグマタイト）と推定され，この時代の花崗岩質ペグマタイトには放射性元素を含むものが多いことが知られている（長島，1962）。国産の麦飯石（美濃白川産）は，濃飛流紋岩を貫いて，岩脈あるいは小岩株をなしている（第1図）。外観（第2図）は，淡黄褐色の石基の中に白い長石の斑晶が象がんされたように散りばめられており，黒雲母は酸化され，その結果生じた酸化鉄が散在している。また長石（アルカリ長石）はカオリン化している。さらに炭酸化作用を受け，炭酸塩鉱物の溶出によって生じた多孔質性（第3図）を有すことが特徴のひとつである。

また，形状，その他の風化状態が同様である岩石は，近隣国では中国（黒龍江省碾子山産）に見られ（石川ら，2005），この岩石も同じく麦飯石と称され，広く国内外で利用されている。大野ら（1961）は麦飯石に対する放射能（β線，γ線）試験を行ない，希元素や放射能は認められないことを報告している。さらに大野（1985），太田（1981）は細菌に対する吸着効果，椿ら（1993）は，接触性皮膚炎に対する

第1図 国産の麦飯石の層（岐阜県加茂郡白川町黒川）

断面の中ほどの高さに露出しているのが麦飯石の岩脈ないし小岩株

第2図 国産麦飯石の外観

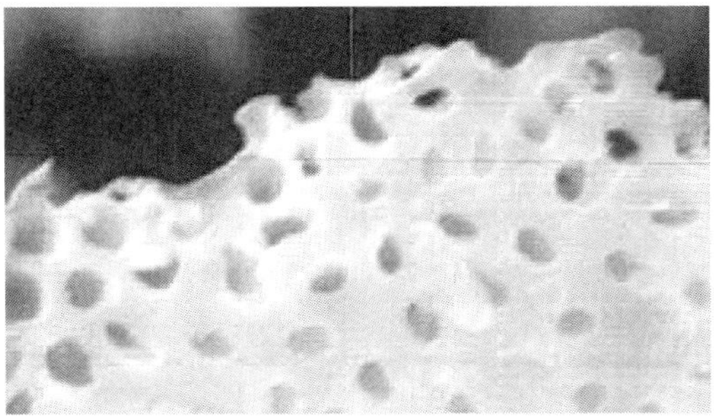

第3図 多孔質状態となっている麦飯石（電顕写真，2万倍）

抗炎症効果について，それぞれ報告している。

農業分野に関しては，乳牛の飼料への麦飯石の添加によって乳量の増加効果が認められたことを高橋ら（1990）が報告している。最近では，麦飯石の理化学的特性（石川ら，1995）や水処理能力に対する基礎研究（中村ら，1996・1997）をはじめ，土壌や培養液，作物に対する施用効果の事例（Ablaza *et al*., 2006a・b；吉村ら，2006）や，その利用法も解説されている（石川，2009）。

(2) 麦飯石の化学組成

麦飯石の化学組成を第1表に示す。主成分は無水ケイ酸（SiO_2）と酸化アルミニウム（Al_2O_3）であり，そのほかに酸化マグネシウム（MgO），酸化カルシウム（CaO），酸化鉄（FeO）などを含む。蛍光X線スペクトル（40kV，30mAの一次X線（Cr）を麦飯石試料に照射）で測定した結果，麦飯石には微量ながら多くの物質が存在していることが判明した。原子吸光分光光度計で定量された銅（Cu），亜鉛（Zn），鉛（Pb），ストロンチウム（Sr），バリウム（Ba）などの微量元素は，いずれも細胞内代謝過程において重要な意義をもつことが知られている。

(3) 資材活用のねらい

①土壌のイオン反応を活発にする

ここ数十年の間，先進国では経済効率をひたすらに重視した結果，エネルギー・物質収支の不均衡が急速に進んだことはいうまでもない。その影響は大きく，地球温暖化や地力の低下，水質汚染など，地球そのものの物質循環系にまで異変が生じている。

一方，無農薬農業や有機農業と銘打った農産物は多くなっているが，今日の複合汚染時代においては，定着・普及させることは必ずしも容易ではない。化学肥料や農薬の多用はECの上昇をまねいてpHも影響を受け，エネルギーの移動が生じにくい土壌（環境）となるため，土壌養分のアンバランス化（養分の結晶・凝集状態となって吸収されにくくなることや，微量必須元素の欠乏など），地力の低下や，連作障害などの問題を生み出している。高品質かつ安定生産をはかるには，土壌環境の改善が肝要になっている。

通常，土壌が電気的に中性で安定（＋と－の量が等しい）している場合，エネルギーの移動はない。これを植物が利用しやすい状態にするには，根から吸収されやすい状態，すなわちイオン化をはかる必要がある。これには植物から出される根酸や土壌微生物の働きがきわめて重要である。しかし，現在のような多肥・多農薬の条件下では，作物の根酸作用が弱く，また土壌微生物の受けるダメージも大きいため，単に土壌改良材や堆肥，有機物を投入するだけでは地力の維持・向上へと結びつけることがむずかしい。何らかの微弱なエネルギー（活性化エネルギー）を作用させて，土壌がもつイオン反応を活発にさせる必要がある。

麦飯石の特性は，1）一般のケイ酸塩鉱物に見られるように，表面に負の電荷を帯びていること。2）斑晶長石（アルカリ長石）は通常の長石と異なり風化・カオリン化しており，かつ多孔質であること。3）その長石は1/10N塩酸中で発泡し溶解するほどの方解石に変質しており，麦飯石中の物質は水と作用することによりイオン化しやすくなっていること。これらの特性は，麦飯石が触媒機能を発揮しやすい構造となっていることを意味しており，Si-Oの正四面体の配列形から生じる鎖状分子の集まりから

第1表　麦飯石の化学組成

成分（化学式）	国産（g/100g）	中国産（g/100g）
SiO_2	69.76	63.32
Al_2O_3	14.01	10.35
Fe_2O_3	1.29	2.92
FeO	1.40	2.12
K_2O	3.19	3.11
Na_2O	3.16	4.02
CaO	2.00	3.34
MgO	3.55	1.30
TiO_2	0.30	0.57
P_2O_5	0.26	0.19
MnO	0.02	0.05

注　国産：美濃石川産麦飯石
　　中国産：黒竜江省碾子山産麦飯石

なる結晶微粒子（ミセル）を形成（触媒学会，1978）し，これに接触する水の層は電気二重層（石黒，1981）を形成して，活発なイオン交換機能を呈するものといえる。

②低価格の土壌活性剤の開発

麦飯石（商標登録のもの，商標出願広告，平9-27272）の農業面への効果的導入をはかることを目的とした研究が石川らによって行なわれ，土壌改善や農産物の品質向上など，農業利用に対する有効性が学術研究において検証され，全国的にも実証例が多く報告されている。

一方，麦飯石は製造プラントにおいて精製・分級されるため，高価であり，農業用資材として利用するには，製造コスト（販売価格）の点で課題を残していた。そこで，筆者らは麦飯石の汎用的利用をはかるため，麦飯石機能を有し，かつ低価格な土壌活性剤「麦飯石活土」（特願2006-230418）を開発した。本土壌活性剤は，麦飯石を含む石英斑岩と特定流紋岩を組み合わせた混合物であり，麦飯石に匹敵するイオン交換機能，水質調整機能を発揮することが判明している。

(4) 利用事例（施用実例と効果）

麦飯石の特性を農業分野に生かす利用法として，次のような方法があげられる。

1）土壌活性剤：土壌条件に応じて一定量の農業用麦飯石（麦飯石活土）を土中に混入して使用。火山灰土壌に対しては300kg/10a，その他の土壌に対しては200kg/10a。

2）麦飯石水（a）：粒径5～10mm程度の麦飯石を水に一定時間浸漬させ，その水を使用。エアレーションを組み合わせて物理的な刺激を与えることで，処理時間の短縮化がはかれる。投入量は麦飯石10kg/300*l*程度。

3）麦飯石水（b）：さらに異常気象や干ばつ，冷害対策として麦飯石微粉末を1,500～3,000倍の水に攪拌させ，その懸濁水を葉面散布などに使用。

4）土壌活性剤＋麦飯石水：上記1）と2）または3）を組み合わせて使用。

田んぼや畑に投入する麦飯石の量は，火山灰土壌に対しては10a当たり300kgを基本にしている。土壌条件にもよるが，これまで麦飯石を利用してきた農家のあいだでは，1回入れると3年くらいは効果が持続している。生育や収穫物に明らかに変化が見られるので，きちんと観察し，何年おきに入れるかはそれを目安に判断するとよい。

以下，産地や独自の流通を通して実践している農家での施用事例の一部を紹介する。

佐伯さんちのむぎめしトマト（岐阜県加茂郡白川町）：麦飯石農法の基本を実践し，高品質トマト生産を行なっている（麦飯石利用農法改訂版2009年）。

長谷川柑橘園（宮崎市芳士）：ポンカン・デコポンは露地栽培，南香・早生温州ミカンはハウス栽培。麦飯石を施肥時に土壌に混入し，また，5tの水槽内に麦飯石を40kg定置して，一定時間エアレーションを行なった麦飯石水を必要に応じて灌水。10年ほど前，ミカンのグリーン状態での出荷は市場で受け入れられなかったが，今では見た目の清涼感と味のすばらしさで絶品との評価を得ている。糖度重視のミカンづくりではなく，カンキツ類本来の味を引き出すことに重点をおいた栽培技術で品質を高めている。

しげながきのこ綾農園（宮崎県綾町）：ブナシメジとエリンギ茸の栽培。培地に微量の麦飯石を使用し，肥培管理に麦飯石水を使用。すぐれた食感と本来の味が特徴。販売先はおもに生協やグリーンコープ，地域のスーパーなどである。また，廃培地を利用した培養土を農家や消費者に提供しており，堆肥つくりの素材としても役立っている。

荒武さんのイチゴ園（宮崎市木花）：ハウスでイチゴ（品種：章姫）を栽培。1.5aの圃場に100kgの麦飯石と宮崎産の風化した火成岩400kgを施用。肥培管理に麦飯石水を葉面散布。食味は品種の特徴が鮮明で，日持ちも香りも良好である。市場に出荷できない規格のイチゴを利用してジャムをつくると煮崩れせず，色鮮やかに仕上がっている。

かたひら製茶園（鹿児島県財部町）：肥料は

有機質肥料のみを使用し，肥培管理には麦飯石水と，麦飯石微粉末を2,000～3,000倍の麦飯石水に入れて攪拌した水溶液を定期的に葉面散布。製茶工場で使用する水も麦飯石水を使用している。栽培期間中の茶葉に農薬をかけることは一切せず，すべての収穫後に必要最低限の農薬で維持できるようになった。栽培したお茶は旨味の成分が多く，こくがあり，味に嫌味がないのが特徴である。

西岡デンドロビューム園（宮崎県佐土原町）：デンドロビウムは定植から出荷まで3年を要する。培地の土壌活性を保ち，花の品質を維持する素材として麦飯石を使用している。

ひむかたなか園（宮崎市花ヶ島町）：圃場に300kg/10aの麦飯石を投入し，トマト（品種：桃太郎）を栽培。耕さない硬い圃場に定植して，完熟で収穫したものを直接販売している。酸味と甘味のバランスの良い，トマト本来の味が特徴である。

小川清人さん（福岡県黒木町，茶葉栽培農家）：麦飯石微粉末を1,500～2,000倍の麦飯石水に入れて攪拌し，1～2週間ごとに散水することで厚い葉が得られ，製茶のできあがりも良好となっている。とくに，寒波や冷害などの悪天候時に効果が現われ，毎年一定の収量が得られていることで，問屋でも評価が高い（第4図）。

藤井ファーム（岐阜県加茂郡白川町黒川）：環境を配慮した循環型システムの養豚に麦飯石を利用。微生物，麦飯石の粉末，米ぬか，備長炭の粉末，ふすまを混合した飼料に，麦飯石から抽出した液を加え発酵熟成させた飼料を与えている。また，飲水にも高原から湧き出る清水を麦飯石と備長炭でろ過した活性水を使用。自然分娩で，免疫力の高い健康な豚は特産品「あんしん豚」として販売されている。

JA高知春野トマト部会（高知市春野町）：全国有数の日射量でハウス園芸が盛んな高知市春野町。ロックウール栽培のトマトで麦飯石を土壌改良材としてとり入れ，新たな農法に取り組んでいる。種まきや定植時に麦飯石を散布したり，麦飯石水を与えることで細胞が丈夫で日持ちが良いと評判（第5図）。

JA土佐安芸羽根園芸研究会ナス部会（高知県室戸市）：室戸海洋深層水を使って育て，まろやかで甘みが評判の深層水ナス。従来の方法に加え，土に麦飯石を混ぜることでナス表皮のポリフェノールやトロロックスなど抗酸化物質が約2倍にアップすることが判明した（第6図，高知新聞2011年2月6日付記事）。

（5）使用上の留意点

農業への麦飯石利用は，現在，特定非営利活動法人岩石活用研究会を中心に，新しい生態系農法として農家レベルで実践・実証されながら，広がりつつある。その利用法（施用量）の基本を本稿の「利用事例（施用実例と効果）」に示した。しかし，それらは季節や土壌条件，

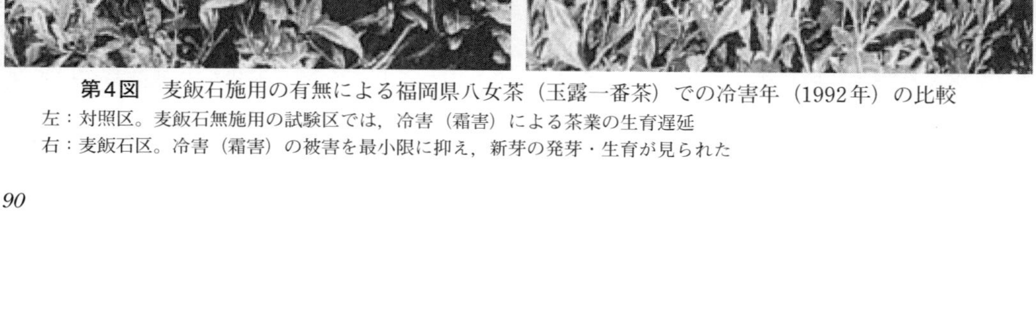

第4図　麦飯石施用の有無による福岡県八女茶（玉露一番茶）での冷害年（1992年）の比較

左：対照区。麦飯石無施用の試験区では，冷害（霜害）による茶業の生育遅延

右：麦飯石区。冷害（霜害）の被害を最小限に抑え，新芽の発芽・生育が見られた

第5図　水中への沈下割合の比較

麦飯石区はリコピンやビタミンが増え（1.7倍），収量も1.3倍増
上：麦飯石区。前期20％→中期95％
下：対照区。前期50％→中期65％

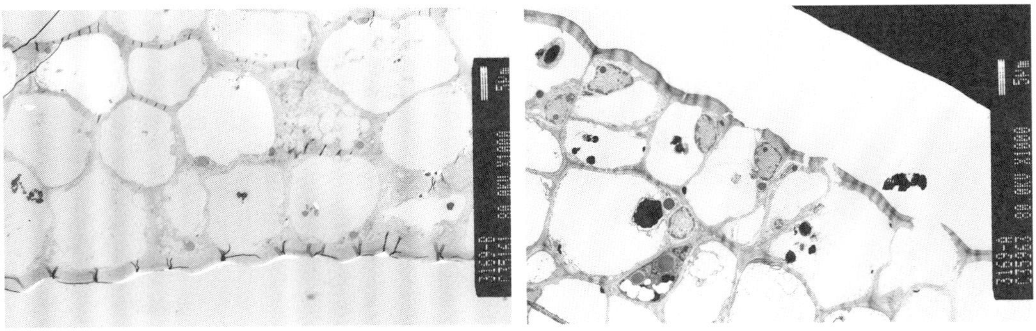

第6図　ナス細胞の形態（電顕写真，表皮）

左：麦飯石区。麦飯石施用のナスは対照区に比べ細胞が揃っている
右：対照区

水質環境などにより作用効果は異なることに留意すべきである。多くの物質で構成され，土壌や水質のミネラル調整作用やイオン交換機能に優れた天然鉱物である麦飯石は，化学肥料や，通常の土壌改良材とは異なり，まず植物の根や土壌微生物を取り巻く環境（基盤）を整え，それが高品質の安定生産に繋がるという点で，いわば生態系循環型農法に貢献できる総合力をもつ資材であるといえる。

麦飯石に限らず，省エネかつ環境保全型の農業に活用できる岩石は，石英斑岩，花崗岩など，ほかにもあるが，その有効利用にあたっては，岩石の理化学的特性やイオン交換反応，触媒作用などの検証が求められる。

《問合わせ先》岐阜県加茂郡白川町黒川5608番地
美濃白川麦飯石株式会社
TEL. 0574-77-1176
FAX. 0574-77-1986
E-mail. bakuhan@mc.ccnw.ne.jp
URL. https://www.bakuhan-seki.jp/
執筆　石川勝美（高知大学）

参考文献

Ablaza, E. C., K. Ishikawa and T. Yoshimura. 2006a. Effects of quartz porphyry (Bakuhan-seki) on soil quality and grain yield of wheat (Triticum aestivum L.). Journal of Food, Agriculture & Environment. **4**（1）, 270—275.

Ablaza, E. C., N. Takeda and K. Ishikawa. 2006b. Quartz porphyry (Bakuhan-seki) as soil amendment in improving soil quality and yield of soybean (Glycine max (L.) Merr.). Journal of Food, Agriculture & Environment. **4**（3&4）, 252—256.

石黒孝義．1981．基礎工業電気化学．産業図書．

石川勝美．2009．麦飯石利用農法改訂版．特定非営利活動法人岩石活用研究会編．

石川勝美・岡田芳一・中村博．1995．麦飯石の理化学的特性について．農業機械学会誌．**57**（2），51—56．

石川勝美・吉村卓紘．2005．活性化資材としての中国・碾子山産麦飯石の開発．大永造船株式会社．

益富壽之助．1990．原色岩石図鑑．保育社．39．

長島乙吉．1962．薬石の研究．ミネラル総合研究所．1—177．

中村博・石川勝美・岡田芳一・田辺公子・槐島芳徳．1996．鉱物を用いた水の機能化に関する基礎的研究（第1報）．農業機械学会誌．**58**（2），57—63．

中村博・石川勝美・岡田芳一・槐島芳徳．1997．鉱物を用いた水の機能化に関する基礎的研究（第2報），農業機械学会誌．**59**（1），59—68．

大野武男．1985．石薬「麦飯石」に関する実験と考察．稲沢女子短期大学研究紀要．**7**，1—18．

大野武男・山崎信子・大岩幸一郎・田中功男・島田敦子・浅野充子．1961．麦飯石の研究．岐阜薬科大学薬品分析化学教室．

太田光輝．1981．カーネーション萎ちょう細菌病防除に関する研究．関西病虫害研究会報．**23**，81—82．

Sheheli Islam and Katsumi Ishikawa. 2010. Utilization of Bakuhan seki for the removal of cationic dye from aqueous solutions. Journal of Food, Agriculture & Environment. **8**（3&4）, 1352—1356.

触媒学会．1978．元素別触媒便覧．地人書館．

S. Islam, H. Tomoko, K. Ishikawa, N. Takeda, A. K. Azad and K. Miyauchi. 2010. GROWTH AND FRUIT QUALITY RESPONSES OF HYDROPONICALLY CULTIVATED EGGPLANTS TO MINERAL CONTROLLED DEEP SEA WATER. Journal of Plant Nutrition. **33**, 1970—1979.

S. Islam, N. Takeda, A. Obashi, K. Ishikawa and D. Yasutake. 2011. The Influence of Electro Kinetic Nutrient Treatment System Using Bakuhan-seki on Vegetative Growth of Tomato. Acta Hort, 893. ISHS, 1167—1172.

高橋淳根・高橋清．1990．乳牛に対する麦飯石粉末の飼料添加効果．畜産の研究．**44**（1），53—54．

椿利和・岩崎郁美・小野島優子・飯倉洋治．1993．接触性皮膚炎に対する麦飯石の基礎的検討．医療．**47**（5），331—334．

吉村卓紘・石川勝美・竹田紀子．2006．石英斑岩を利用した培養液処理がコマツナの生育および遊離アミノ酸含量へ及ぼす影響．植物環境工学．**18**(2)，154—159．

ベントナイト――古代の堆積土（粘土鉱物ミネラル）

(1) 開発のねらい

土壌改良資材の三役といえば，腐植コロイド（ヒューマス），粘土コロイド（ベントナイト＝モンモリロナイト鉱物ミネラル），有効微生物群である。これらが揃えば，あとは環境制御で作物の能力を格段にアップすることができる。

私の住んでいる霞ヶ浦のほとりは稲作のほか，レンコン，セリなど，水生植物の栽培が主である。なかでもレンコン栽培は近年，機能性食物として注目されており，消費需要の伸びが著しく，反収も良く，比較的後継者も多い。

しかし，レンコンの掘取りは熟練の手掘りから機械掘り（水圧で泥を切り，レンコンに傷をつけることなく浮いてくる）に変わり，大量の水と泥が攪拌されるため，栄養分とミネラル豊かな腐植は微細で軽いので水と一緒に流れ出てしまう。連作し，品質の高いおいしいレンコンを栽培し続けていくには，腐植コロイド，粘土コロイドが必要不可欠である。そこで，古代の遺産でもある当社の高級ベントナイトが必要になるのである（第1図，第1表）。

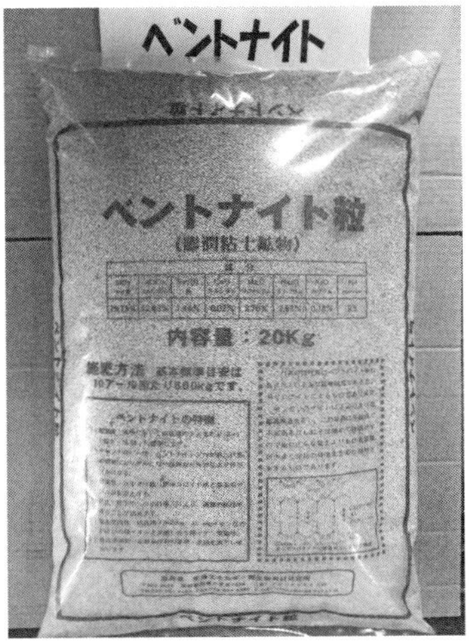

第1図　ベントナイト

古くからレンコンは喉，気管への滋養価値が高く，効果も高かった。とくに新芽と節はミネラルや成長ホルモンが豊かで，カモなどの野鳥は好んで新芽を食べに飛来するので農家にとっては厄介者だが，レンコンが滋養豊かなことを知っているということである。十数年前までは市場でも新芽は縁起物として価値を認めていた。今は，新芽は苦味があり小さいので食べる部分ではない，と感じているようだ。

ベントナイトは1200万年～1400万年前に火山灰や溶岩が海底や湖底に積もり温度，圧力，時間の流れにより変質することで出来上がった粘土鉱物ミネラルである。ベントナイトという名称は鉱物集合体の総称で，その成分は採取される場所や地域や産出国によっても異なるものの，モンモリロナイト鉱物を主とし，ほかに石英や雲母，長石，ゼオライトなどの鉱物を多く含んでいる。

数多くの鉱物が混じり合って，モンモリロナイトのもつ素晴らしく特異的な物性がそのままベントナイトの物性となっている。当社では，ベントナイト＝モンモリロナイト鉱物コロイドミネラルで，より機能性食物の価値が高まると考えている。

(2) 資材の特徴

当社のベントナイトには次のような特徴がある。

①膨潤能力と保水能力

水分の吸着力がとても優れている（第2図）。一般のベントナイトでも本体の3～5倍ぐらいの水分を吸収して膨らむが，当社の高級ベントナイトは10倍以上の膨らみが見られる。

これは結晶層間の陽イオンにより，分極した水分子が引き寄せられ，結晶層面の負の電荷，陽イオンの強度，水分子との水和エネルギーと

第1表　ベントナイトの一般化学分析表（単位：%）

SiO_2	Al_2O_3	Fe_2O_3	CaO	MgO	Na_2O	K_2O	Ig loss
75.78	12.83	1.44	0.02	2.70	2.63	0.18	4.34

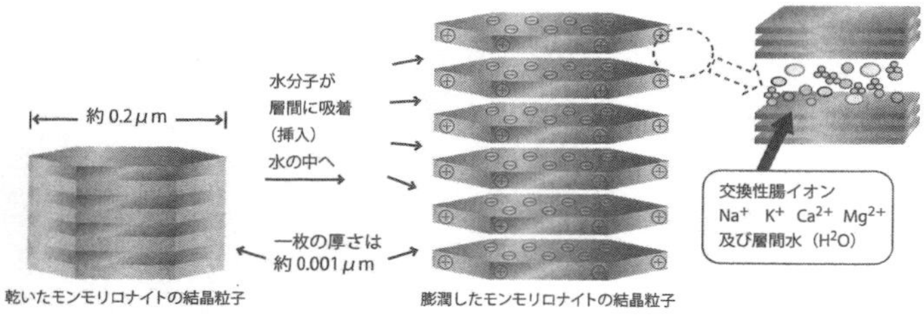

第2図　ベントナイトの膨潤能力と保水能力

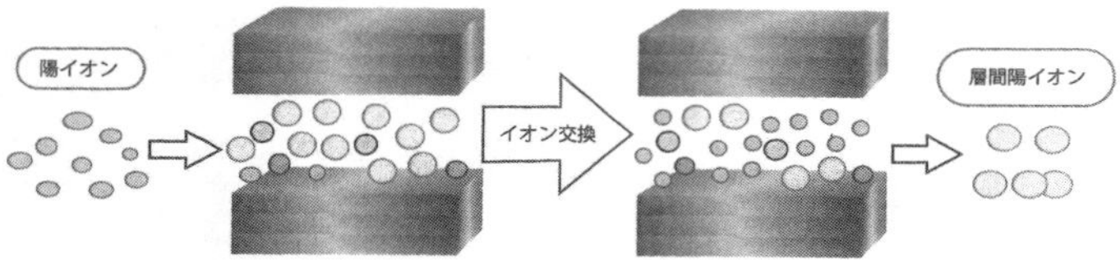

第3図　ベントナイトのイオン交換能力

第4図　ベントナイトの流動性能力
当社のベントナイト（左）は水と分離しないが，その他のベントナイトは短時間で分離する

のバランスにより粘土結晶が水和膨潤し，自重の数倍～数十倍まで膨張することによる。

これにより，水田の水の漏水がなくなり，保水性が上がる。

②イオン交換能力

ベントナイトの主成分でもあるモンモリロナイトの結晶は構造的に永久負電荷を帯びており，結晶層間に陽イオンを保持している（第3図）。しかし結晶層間の負電荷と陽イオンの結合力は弱く，ほかのイオンを含む溶液と接触すると容易にイオン交換反応が起こる。

③吸着能力

ティースプーン1杯程度の量（約1g）で100～800m^{2}の表面積を持っており，結晶層面の負電荷や層間の陽イオンとの静電気結合および結晶端面の酸素原子や水素基との水素結合により，粘土結晶はさまざまな電解物質を吸着する。

ちなみに，ベントナイト1kgの表面積は10万m^2＝東京ドーム2個分という，驚異的な大きさである。

④流動性能力

ベントナイトは水を含むと粘性を得る。一般にゾル化したコロイド状液体からゼリー状のゲル化～固化までの幅の広い流動性に優れた物性での利用ができる。

安定したコロイド状ゾル化の証明をみるにはコップなどに水とベントナイト少量を加える。ベントナイトはよく溶け込んで，薄めた水の濁りがいつまでも分離しない状態（懸濁性）を保つ。第4図のペットボトルの下の線がベントナイト原料を入れたラインである。品質の悪いものは水との分離が速い。

当社の高級ベントナイトはいつまでも水と分離せずにきれいにエマルジョンしており，それどころか膨潤性が強く，すべての水がすべすべの粘土状に固体化している。

（3）農業での利用

①土壌改良剤

ベントナイトの主成分モンモリロナイトの単位結晶は，厚みが1nm，幅が100～1,000nmというきわめて薄い板状の単位結晶が積み重なって一つの鉱物粒子を形成しており，この大きさがコロイド粒子の大きさになる。この単位層面はMgと陽イオン置換しているためマイナスの電荷を帯びている。このマイナスの層電荷を補償するためにプラスの電荷を持つイオンが，単位層間に吸着している交換性陽イオンとよばれ

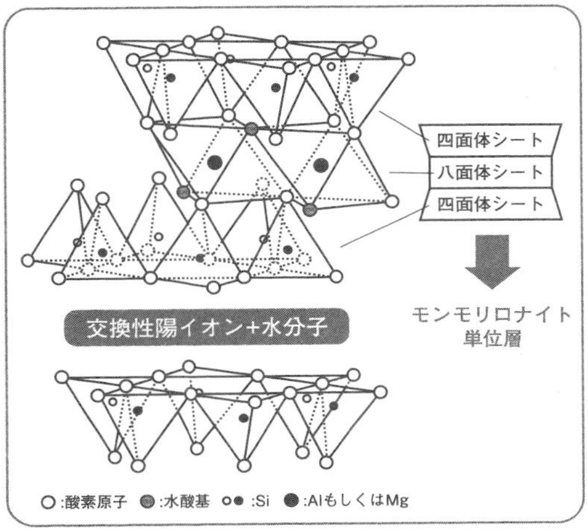

第5図　モンモリロナイトの形状的特性
経常的特性としては膨潤性，増粘性，粘結性，吸収性，吸着性，懸濁安定性，陽イオン交換性，シキソトロピー性がある
チクソトロピー性＝揺変性。静置状態でゲル状の物質が，かき混ぜるなどの刺激を与えると流動性のあるゾルになり，静置するとまたゲルになる（粘性が変化する）性質である

る特性により，著しい吸着性，置換容量をもつ（第5図）。

この粘土鉱物粒子のもつ，ナノレベルの板状結晶の特性的利用は現在，農業よりも他産業（建築資材，土木資材，各種ベンダーなど）に圧倒的に多いが，今後，農業分野においてもこれらの機能性を上手に使用することで，作物の機能性も向上させることができるだろう。

ベントナイトは形状的特性から肥料を吸着して肥効を長く保つ。またアロヘン系粘土と大きく違うのは，アルミニウムをケイ素がサンドイッチ状に取り込んでおり，土中のリン酸肥料がアルミニウムと付く（リン酸アルミニウムになる）ことがないため，あらためてリン酸係数を上げる必要がない。このほか，ケイ酸分が75％以上あるので病気に強い作物ができる。

ベントナイトの特性をまとめた農業での効果は次のとおりである。

・コロイド粒子の吸着性能力と長い保持力で，肥料施肥のむだがなくなる。

・各種ミネラル成分が多いので作物のおいしさが向上し，日持ちや品質が良くなる。

・コロイド粒子の効果で肥効のコントロールが容易になり，収量アップ。

・土壌バランスを整えて，連作障害の防止ができる。

・機能性農産物の栽培の土壌改良資材として大きな役割を果たすことができる。

②その他の用途

ベントナイトはその特性から農業分野では現在，おもに各種の農薬にも使用されている。

除草剤，土壌殺菌剤，殺虫剤の粒剤をつくるときの造粒のベンダーとして，また各種，粉剤の農薬をつくるときの増量剤として利用されている。

また，建築資材や土木資材（基礎工事，シールド工法，グラウト工法，ボーリング工事）に，鋳物の結着剤，製鉄，非鉄のベンダー，塗料の増粘剤，化粧品，トイレタリー，セラミック，飲料の濾材，ペット用の砂，パルプ製紙業界全般，窯業関係（可塑性，乾燥強度の向上，分散液の安定度の向上，付着力の向上），造粒剤，重金属の吸着，ワイン，ジュースなどの清澄剤，溶接棒基材，アスファルトの乳化剤，などにも利用されている。

《問合わせ先》茨城県稲敷市甘田1689
有限会社アグリクリエイト特品事業部
TEL. 029-894-4360
FAX. 029-894-4366
E-Mail. office@agricreate.co.jp
URL. http://www.agricreate.co.jp/company.html

執筆　齊藤公雄（有限会社アグリクリエイト）

ミクロール（岩石抽出ミネラル）

執筆　川田　薫（株式会社川田研究所会長）

1．岩石抽出ミネラルの価値

①本資材開発のねらい

生命は海から誕生したといわれている。三十数億年の長きにわたって絶えず進化・発展してきた生命体は現在でも海水中のミネラルと同質のミネラルを必ず包含している。このことは，生命体にとってミネラルが必須のものとして受け継がれてきたことを意味する。それでは海水中のミネラルの起源は何か。それは岩石であることが容易に想像がつく。

岩石にもいろいろな種類のものがあるが，大陸を構成している代表的な岩石から抽出したミネラルは生体活性であることが初めて確認された。大陸を構成している岩石は，火山岩，堆積岩，変成岩に大別される。ミネラル液を考える場合，火山岩でも地殻変動を受けた岩石に注目することが重要となる。このような岩石を種々組み合わせることによって，土壌調整，生長促進，花芽制御など，従来では考えられなかった効果のものを目的別に合成できることが判明してきた。

現代農業の難問は連作障害である。連作のために作物はあらゆる病害虫におかされ，その対策に人は翻弄されている。それは病害虫という個別の問題に人類の眼が向いたためである。連作障害の原因に眼を向けるならば物ごとは簡単に対処できることを，逆に自然は教えてくれたのである。

土壌の疲弊には二つの原因がある。第一は，大地ができて以来絶えず雨によって養分が流出すること。日本の土は約８億～10億回も雨で洗われているのだ。第二は，連作のために，同じ養分が土から作物へ移動していることである。すなわち，土から抜けたものを補えば問題は基本的に解決するということである。以上の基本的原理を満たすものが岩石から抽出したミネラルであり，ミクロールという商品である。

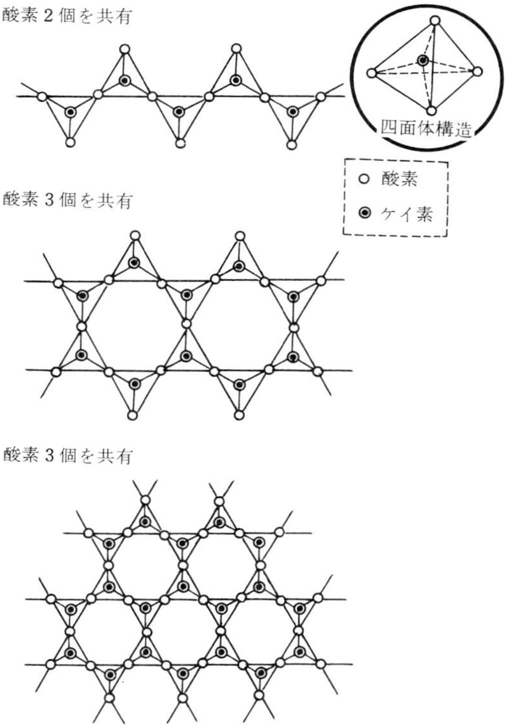

第１図　シリケート（ケイ素）四面体の基本骨格（真上から見たところ）

『元素はすべての元祖です』（大宮信光著，日本実業出版社）より

②岩石抽出ミネラルの構造

岩石は種々の鉱物の集合体である。火山岩構成鉱物はシリケート（ケイ素と酸素からなる）の正四面体を基本骨格とし，その周りにあらゆる元素をまとっている（第１図）。シリケート正四面体は頂点が４つあり，０，１，２，３，４個の５通りの頂点共有形式によって鉱物が決定される。マントル物質を構成している代表的な鉱物はオルビンでシリケート正四面体の頂点は０個共有，つまり独立正四面体で，その周辺には主にマグネシウムと二価鉄をまとっている。大陸構成の代表的な岩石は花崗岩で，石英，長石，雲母の鉱物からなっている。石英（水晶）はシリケート正四面体の４つの頂点すべてを共有し

た鉱物である。長石も4つ，雲母は3つの頂点を共有し，その周りには主にマグネシウム，鉄，アルミニウム，ナトリウム，カリウム，カルシウムなどの元素をまとっている。

岩石からミネラルを抽出すると，これら鉱物の超微結晶が溶媒中に分散したものとなる。その超微結晶の大きさは約20Å（オングストローム，1オングストロームは1億分の1センチ）の一次粒子となっていて，この20Åの粒子の中にはシリケート四面体が300〜350個も包含されている。分散状態によっては，一次粒子が合体し100〜300Åの二次粒子を構成する。この様子を第2図に示す。

岩石から抽出したミネラルはばらばらの元素として取り出されるのではなくシリケート四面体が種々の元素をまとった鉱物として引きだされているという点が重要なのである。元素分析をすると72〜73元素もあるが，元素数の多いことが大切なのではなく，構造をもったものが大切だということをもう一度確認する必要がある。

20Åの超微結晶は，これ自身で激しく振動している。エネルギーが高いためである。しかも，火山岩を選ぶときに地殻変動を受けた岩石を集めているために，シリケート正四面体は歪んだ四面体となる。つまり，シリケート四面体は歪エネルギーと振動エネルギーを包含し，そのエネルギーを土や植物に与え，さらに生体内触媒としての機能を果たしていくのである。このエネルギーは土壌の粘土を変える働きがあるものと考えている。

第2図　岩石抽出ミネラルの粒子
つぶつぶに見える約20Åの一次粒子とそれが合体した100〜300Åの二次粒子

ミネラルの本体は20Åの一次粒子からなっている，と述べたが，ここまで小さな粒子は，それ自身で固有の振動をしている。この粒子が土壌中に施されると，微小な粘土粒子と相互作用を引き起こす。相互作用とは，ミネラル側のシリケート四面体の骨格周辺の金属元素が粘土粒子に移動したり，電子が移動したり，振動エネルギーのやりとりといったことである。さらには，ミネラルの粒子からエネルギーをもらった粘土粒子が，他の粘土粒子に影響を与え始める。

そうした相互作用の結果，粘土側，つまり土壌がイオン化されるのである。粘土鉱物はアルミニウムとケイ素の層状の構造をもつといわれている。しかし，いまの粘土鉱物は活力を失い，本来の機能を喪失している。そこにミネラルのもつエネルギーを受け取ることによって，粘土自身が大きな変化を引き起こす。

土壌のイオン化は，微生物や植物の根から分泌される根酸によってなされていた。ところが，化学肥料や農薬の多投によって土壌が極端に疲弊し，これらの作用によるイオン化が困難になっていたのである。それを，ミネラルによって可能にするということである。

ミネラル液を田畑に散布すると信じられないような偉力を発揮する秘密はここにあるのである。

2．ミクロールの種類と特性，利用法

土壌は地域によって非常なちがいをみせる。

日本列島は細長く年間降水量や気候変動，さらに地質の差も大きいために四季折々の特産品に価値があり，消費者はそ

れを求めてきた。しかし，現在は事情が一変し，儲かる物に集中し，ハウス栽培によって地域差を克服し，四季折々の生産品という概念を完全に覆した体系になってしまった。消費者の望む物が時・場所を選ばずに生産できるのである。このために土壌をどのように蘇らせるかが大きな問題になっている。

日本列島は火山列島である。火山にはいくつかの癖がある。その癖をもった岩石を集めて，それらからミネラルを抽出するならば日本全国どこで使っても地域特有の土壌になるはずである。このような考え方で商品化したものがミクロールで土壌調整用の液である。これ以外の岩石４～５種類を組み合わせると生長促進用や花芽制御用など目的別商品を自由につくることができる。現在はＡ，Ｂ，Ｃ，Ｄの４種類がある。

①ミクロールＡ液（土壌調整用）

ミクロールはすべて１ *l* 容器に入っており，1,000倍に希釈して使うことを基本としている。しかも，すべての液は根に与える土壌散布である。Ａ液を耕起前に反当たり２～４ *l* を1,000倍に希釈して２～４ｔの水にして散布してから耕起する。これができない場合には，うねをつくってから管水チューブで注入してもよい。Ａ液の量は各自の土壌の疲弊度によるために一つのうねを何等分かに分けて実験をし最適量を決めることが大切である。農薬とは併合しないこと。どうしても農薬を使うならば4～5日後にＡ液を投入する。畑にＡ液が充分入ったときの特徴は，①土壌のイオン化が促進され，ＥＣが下がる，②土壌のミネラルバランスがとれる，③３～４作目には土壌が団粒構造とは全くちがったソフト化現象を起こす，④葉菜類など本葉が出たころに雨にあっても腐らず健全に生長する。低地でも，地下水位が高いところでも根腐れが起きない。これはミネラルによって土壌中の水の状態が変化するためである。

なお，③のソフト化現象とは，つぎのようなことである。

わざわざ「ソフト化」という馴染みのない言葉を使ったのは，土壌はたしかにふかふかとした状態になるのだが，これまでいわれてきたような団粒構造が発達しているわけではない。火山灰が降り積もったようなサラサラの状態になり，その土が盛り上がってくるのである。使ったミネラルの量にもよるが，2～3作で15～30 cmも土が盛り上がり，ハウス内を耕うんするためにトラクターを入れたところ，頭が天井にぶつかって困ったという例にぶつかった。

しかし，その農家の方が，その年に多量の有機物を投入したというわけでもない。だとしたら，なぜミネラルを施すと土が柔らかくなり，盛り上がってくるのだろうか？

それはミネラル自身がイオン化していることが関係している。イオン化したミネラルが土のなかに入ることで，粘土粒子の層状のものも粒状のものも，電気的な反発で少しその間隙が広がる。広がると，そこに水が入り込んで間隙を満たし，同時に微生物のすみかとなる。微生物がすみつくと，その代謝産物と呼吸作用によってさらに間隙は広がっていく。これが猛烈なスピードで進行したのが，土壌のソフト化なのである。

Ａ液は以上の四つの効果がすぐれているために一切の土壌消毒はいらないのである。Ａ液の使用によって土壌が本来の姿にもどる証拠に土壌微生物の急激な変化がある。放線菌や酵母類がふえるためである。土壌が蘇ることによって果菜類の苗は接ぎ木にする必要は全くなく，自根で多収穫が可能となる。つまり完全に昔の栽培法にもどれるのである。以上のことから，Ａ液は種子浸漬にも使え，低温育苗という夢のような栽培法に道を開くことができる。

②ミクロールＢ液，Ｃ液（生長促進用）

Ｂ液は根菜類の生長促進，Ｃ液は土の上にできる全作物の生長促進材である。

作物の生長は発芽・発根の初期生育から結実までの一生にわたってすべて酵素の働きによって決まる。この酵素の活性に必須のものがミネラルである。植物ホルモンそれ自身も酵素によってつくられる。植物の一生の間に起こる酵素反応は完全にはわかっていないために，どんなミネラルを与えるべきかは植物自身の自由選択にまかせるべきである。この自由選択を可能にしたのがミクロールのB液とC液なのである。

植物が動物と決定的にちがうところは光合成によってデンプンを合成し，あらゆるアミノ酸を合成できることである。この光合成によって植物は5～10%の酸類を根から放出し，根周辺の土壌環境を調整している。ミネラルを使うならば土壌のpHなどは一切気にせずにすぐれた作物ができるのは酵素や光合成促進効果のためである。ここで注意することは，ミネラルにはキレート効果があるということである。ミネラルがいいからといって多投すると，植物体内の酵素をキレート化し酵素以外のタンパク質に変質させてしまう。このために植物は生長を一次ストップし3～4週間後に生長を開始する。B液，C液ともにA液使用後に，1,000倍希釈で根部に散布する。これらはいずれも反当たり1*l*（つまり1tの水）で充分である。A液の後に使うことを間違えなければ，日照が極端に少なくとも，また高温の日照りがつづいても植物はほぼ一定のスピードで生長し，従来とは全く異なる経験をするにちがいない。

③ミクロールD液（花芽制御用）

植物の花芽は日長や気温の影響に左右されることはよく知られている。これを逆利用した栽培法がイチゴやキクなどで定着している。コメの花芽分化時の低温は，いわゆる低温障害として有名である。しかし，これら花芽に対してD液を使用するならば，従来の栽培技術以上のものが収穫できる。これはイチゴ栽培で成功している。つまり，夜冷とか保冷という技術なしで収穫時期を自由に選定できるということである。

果菜類は高温がつづくと花が飛んで着果しないのが普通であるが，これもD液の使用によって確実に花がつき収穫ができる。これら夢のような現象も，ミネラルによる正常な酵素の働きをさせれば，ホルモンの働きによって可能なことであって不思議なことではないのである。原理に眼を向けることの大切さを知っていただけたと思う。

3．ミネラル利用の実際

①稲作での利用

㋑種子浸漬　籾の浸漬は流水で行なっているが，A液1,000倍液に種子浸漬をすると流水にせず漬けたままでよい。これで水は腐らずに完全発芽する。これは種子が吸水して脹らむとき，ミネラル液だと水のクラスターを小さくし，かつそのクラスター中に多くのミネラルが包含されているために普通の水より吸収しやすく，かつミネラルによって種子中の酵素を活性化させるためである。これは種子浸漬を必要とするものすべてに共通の考え方である。

㋺苗床　種子浸漬の終わった種子は苗床に植えられる。この苗床は新しい山土を三百数十度で焼いて無菌化して発芽させている。しかし，昔は自分の田圃で発芽させ苗をつくっていた。ミネラルを使うならば山土を買って殺菌をする必要もない。自分の田圃の土にA液1,000倍液を苗床の土全体が湿る程度に散布するだけで充分である。後はときどきA液の1,000倍液を葉面散布すればよい。発芽・発根は一斉に起こり，苗も一定のスピードで生長する。根張りが特によい。従来の育苗だと，根の近傍は白いが，ミネラルを使うと根もとまで緑色で太く節間もつまっている。ハウス内で栽培しても朝露，夜露が降る。さらに，ミネラル栽培の特徴は低温育苗が可能で13℃でも健全な苗ができることである。このことは定植後のイネに対して病害虫に強くうまい米となる，という重要な作用をする。

㋩定植　田圃の耕起前にA液反当たり2～3*l*を散布する。耕起前にA液の散布が大変な場合には，代かき前に水を入れるときに取水口にA液を容器ごと（1*l*に入っている）逆につるし点滴のように水とともに流すと田全体にミネラルが入る。A液の使用量は田畑の疲弊度によるので実験すれば次年度からの最適量が決まる。稲作の場合は2～3*l*で充分であろう。

田植え後2週間目に，反当たりC液を1*l*入れる。これも一度水を抜いてから取水口から新しく水を入れるときに点滴方式で入れるとよい。つぎに，花芽分化の2日ぐらい前にD液1*l*を同じ方法で入れる。花芽分化は出穂26日前を目安にするといい。最後は至熟期にC液1 l を散布する。A液以外はすべて反当たり1 l である。

㊂**成果**　以上のミネラル使用で，コシヒカリのような倒伏しやすい品種でも全く倒伏せずに，しかも枝梗が枯れずにすばらしい米ができる。これらはすべて北海道，宮城，茨城，愛知，四国，九州の例である。

倒伏するかどうかは，イネ科植物は特にケイ素を好むのでケイ素が充分吸収できる土壌環境にすればいいのであって品種改良をすることではないのである。

1991年のように悪天候で全国的にいもち病が発生しても，㋑㋺の処置だけでいもち病にかからず平均反収6俵のものを10俵，しかも全量1等米を生産した農家が北海道にあった。㋑〜㋩まで完全実施した茨城と愛知では反当たりの2俵増で2年連続全量1等米で，東北の米どころ以上のうまさであった。

以上の実験はいずれも施肥は従来どおりで，ミネラルを使ったかどうかという単純なものである。この実験で，ミネラルの入った田圃はイネの色が他の田圃の色とは絶えず逆相になったということである。つまり，普通のイネが緑のときミネラル区は黄金で，普通のイネが黄色になるとミネラル区は緑で，最後の収穫時にやっと色が一致する。これは非常に大切な情報をイネが人間に与えてくれたものである。つまり，植物は健全に育つならば，養分吸収は時とともに自由に根でコントロールしているということである。植物自身の意志で自由に養分吸収のできる土壌環境づくりが重要なのであって，人間の都合で判断していた従来の方法は完全に改めるべきなのである。

②他の作物での利用

イネ以外の葉菜類や果菜類についてもミネラル使用の順序は皆同じである。畑作のほうが田圃より数倍以上も畑が疲弊しているというだけのちがいである。したがって土壌調整用のA液が反当たり3〜5 l に変わるだけで，他のB，C，Dの各液はすべて反当たり1 l で充分である。A液の使用量についてはうねを何等分かにして最適量を決める以外にない。これらの液は農家自身が考えて栽培できる楽しみを提供したといえる。使用法は自分のノウハウとしなければならない。畑作の注意は，堆肥などの有機物を充分入れておくことである。有機物を充分使っても土壌病に悩まされるのが今の農業である。そのような人たちこそミネラルを使ってもらいたい。今の栽培法がすべてとはいわないが，かなり間違っていることが理解できるし，完全無農薬栽培が意外に簡単であることもわかっていただけると思う。農業は総合科学であり一分野の専門家では手におえないところにきていることも知りえよう。

《住所など》　茨城県つくば市柳橋122-3
株式会社川田研究所
TEL　029-836-5025

1992年記

ミヨビゴールド――天然型アブシジン酸を含有

(1) 開発の経緯

開発者である禿泰雄は，学生時代から植物ホルモン類の農業への応用を志し，トマトトーン，ストッポール，エスレル，フィガロン，ブラシノライド，ジャスモン酸など国内外での商品開発を実現した。これらの研究開発の過程において，植物ホルモンの一つであるアブシジン酸（ABA）の生理作用に関する従来の学説について疑問をもつようになり，その解明はしだいにライフワークとなり，最終的には実用化を目指すこととなった。その研究開始時に，高級ノーブルワインができる要因について，ブドウに感染した菌が多量の天然型アブシジン酸（S-ABA）を果実中で生産していることが見出された。それを利用し，開発者はS-ABAを作物類に与えて生理生長作用を検討したところ，ABAに関する従来の学説はほとんど見直されるべきであるとの結論に至ったのである。

研究を重ねると，S-ABAは作物への与え方次第で，発芽・栄養生長・花成・開花・結実・肥大・成熟などのすべての発育相において，量的また質的に促進向上させるのみならず，すべての植物ホルモン類（オーキシン，ジベレリン，サイトカイニン，ブラシノステロイド，エチレン，ジャスモン酸など）との間で実用的な相乗効果を示すことが判明したのである。さらに興味ある新知見として，S-ABAは肥料成分であるカリウムやミネラル類の吸収と効果発現を向上させる生理作用を有することがあきらかとなった。

この実証データに基づき肥料の効果発現促進剤としてS-ABAの実用認可を得て，「ミヨビ（実容美）」が世界で初めてABAを有効成分とする農業資材として製品化，販売に至ったのである（第1図）。

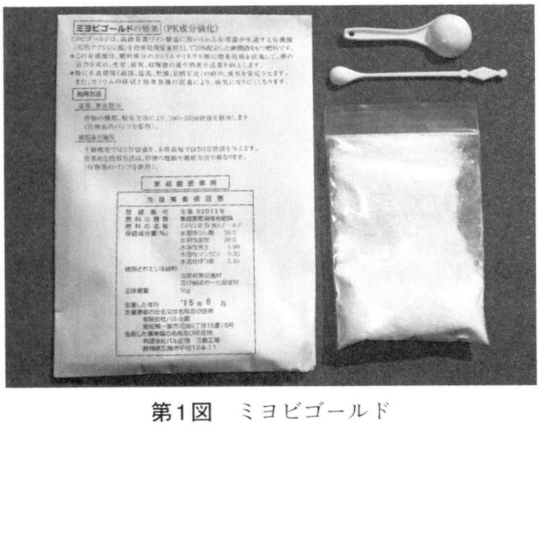

第1図　ミヨビゴールド

(2) 効果発現の仕組み

第2図にS-ABAの作用についての知見をまとめた。一方，第3図に示すように，これまでの学説・常識では，1）発芽や生長を抑えて休眠を誘導，2）落果や落葉をもたらす離層の形成や組織の老化の促進，3）生長促進作用をもつ植物ホルモン類の作用抑制，4）太陽光によ

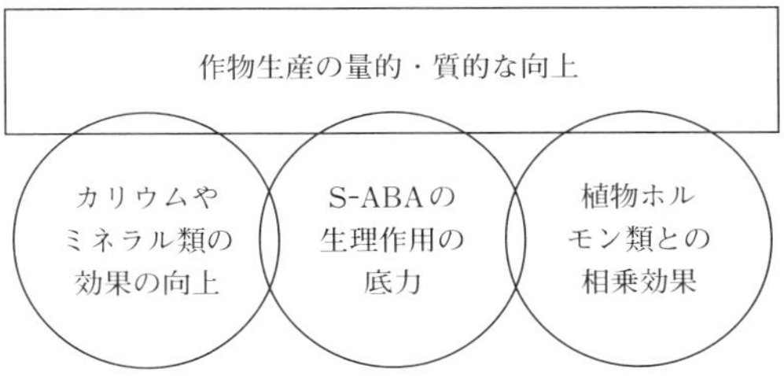

第2図　天然型アブシジン酸の作用

第3図　アブシジン酸の従来の評価

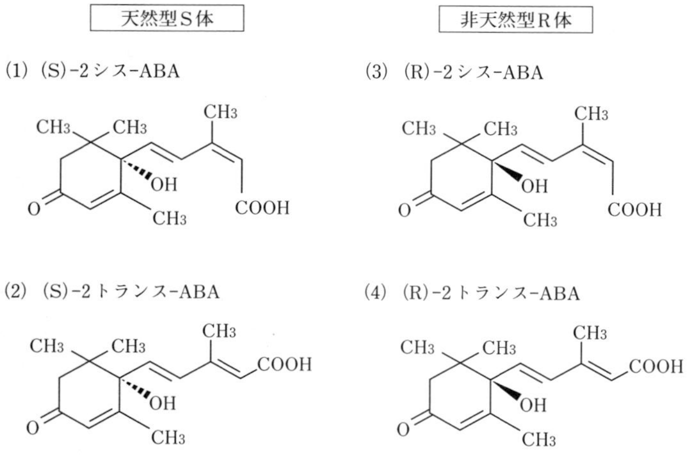

第4図　天然型アブシジン酸と非天然型アブシジン酸
植物体内の天然型は（1）のみ。これまでの研究では，（1）～（4）の4種混合の化学合成品が使われてきた

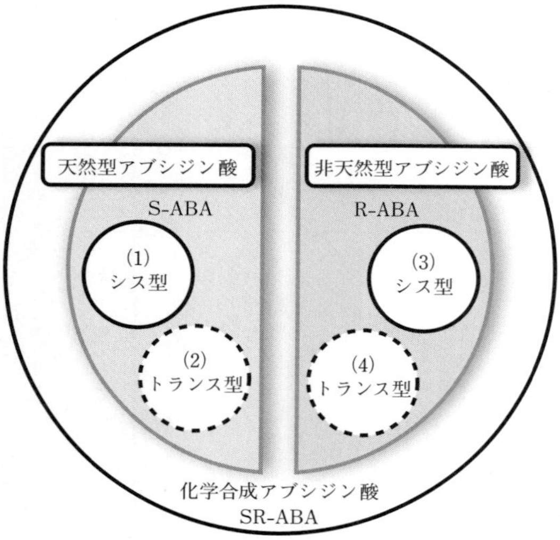

第5図　天然型アブシジン酸と化学合成アブシジン酸

る分解・不活性化，などが指摘され，これにより農業への利用はむずかしいなどの生産現場にとっていわば否定的な性格付けがなされ，信じられてきた。

このような事実誤認は，化学合成品のABAが実験に使用されたことによるものである。ABAには植物体内で生産されるS-ABAと，植物体内には存在しない非天然型R体ABAとがあり（第4図），化学合成品は後者も半量程度含むラセミ型（SR-ABA）である。近年まで，一般の生理学研究者がS-ABAを入手することが困難であったため，化学合成品が長年使われてきたのである。S-ABAとSR-ABAの作用は物理化学的にも生物生理的にも同一ではないにもかかわらず，SR-ABAを用いた従来の実験結果をABAの作用とみなして一面的な解釈が生まれたのである（第5図）。

第6図に示すように，S-ABAはもともとは生理活性を有するシス型であるが，この溶液を日光にさらすと速やかにトランス型に変質し始め，このトランス型のみを取り出して活性検定法で試験すると本来のABA活性を示すことはない。ここまでは従来の学説に間違いはなく，この事実からABAは容易に日光で不活性化されるとの常識が固定したものと考えられる。しかしながら，さらにS-ABA溶液を日光にさらし続けるとシス型とトランス型は平衡状態となり，両者が半量ずつに近いバランスとなるのである。ABA本来の効果発現には日光が大事であり，平衡状態となったあとには植物により消費されたシス型の補充としてトランス型からシス型への変換が起こり，常に半量バランスが維持されるのである。このようなS-ABAの効果的な処理をしたあとの生長促進現象は，作物の種類や栽培季節によって異なるが，おおよそ20～30日は継続する。

(3) 利用法

施用法には大きく根部施用（根本灌水ないし土表散水）と茎葉果実散布があり，根部施用は10a当たりの使用量が茎葉果実散布の1/2～1/3量で効果も勝り，省力的である。有袋状態の果実類や柑橘類での散布効果はみられないため，根部施用が適している。なお，ABAは弱酸性であるため，溶液をつくるための水や施用する園地土壌がアルカリ性の場合は効果が低下するので留意が必要である。また，アルカリ性の農薬散布後10日以内での施用も避けることが望ましい。

手作業で根元灌水する手順は，本品5万倍液（水500l当たり10g溶解）を10a当たり1,000l用いることになり，これを作物本数で均等割りする。動力加圧による土中灌水の場合は1万倍液の灌注とする。水耕栽培では50万倍液を20～30日ごとに1日のみ使用。

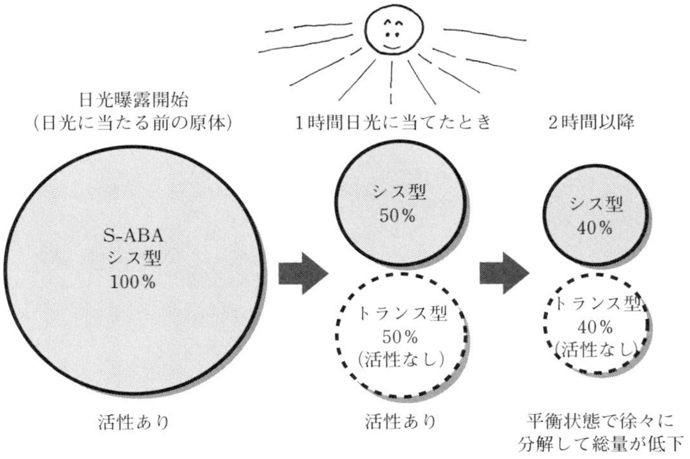

第6図　天然型アブシジン酸の日光下での変化

茎葉果実散布としては，作物体への散布の場合は5000倍液を葉先から滴り始める程度に散布し，果実に直接散布するさいは100～250倍液を使用する。

以上が一般的な使用手順であるが，対象作物や時期により異なる場合があるので，詳細は問い合わせいただきたい。

(4) 生産者の利用事例

では，いかにして国内外の農業生産現場でミヨビが受け入れられ，普及していったのか。それは，開発者が生産現場に直接足を運び，作物ごとに施用法を説明し，それを繰り返すことによりミヨビ農法の量的・質的な向上をはかったことがポイントである。

①コメ，ムギ

コメづくりにおいては，1）直播種子処理により発芽苗立ち率・初期生育・有効茎数の向上により10～15%の増収が期待でき，2）苗散布により移植活着・初期生育・分げつ数の増大で2割ほどの増量が期待でき，味もよく，気象条件の悪化にも強いことが認められている（第7図）。さらに，水稲に加えてムギ類においても，開花期から登熟期の気象不良（高温ないし

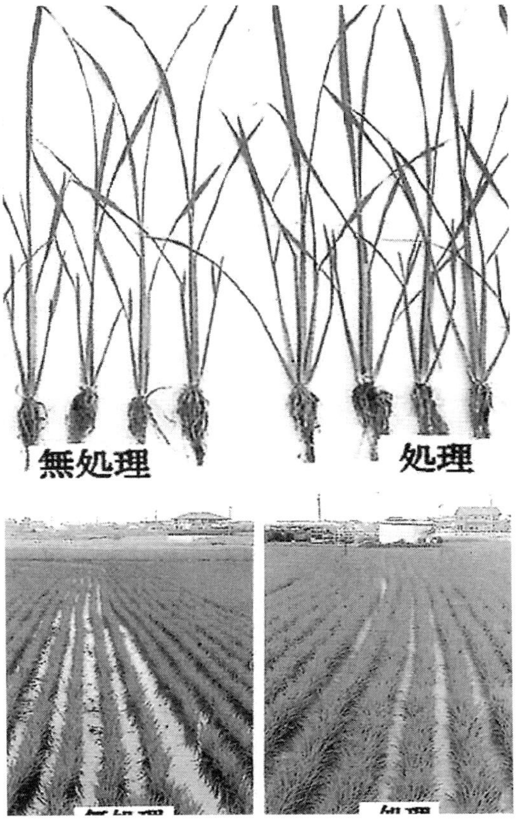

第7図　イネにおける分枝・分げつの増加効果
上：分げつ発生初期の生育差（左：無処理，右：処理）
下：田植え25～30日後の生育差（左：無処理，右：処理）

第8図　ブドウ（巨峰）での効果

上：処理，下：無処理

開花前と開花後期の2回処理で有核率と着果率が高まる

第9図　デコポンでの効果

左：処理，右：無処理

収穫4か月後の状態。処理でカビなどによる腐敗がなくなる

低温）による稔実登熟不良を改善することが認められている。

②果　樹

果実ではミヨビ農法の効果がもっとも幅広く認められ，着色向上・肥大・糖度の増加がもたらされ，商品価値の上昇に大きく寄与している。高温，低温，日照不足や長雨のさいは，カリウムやミネラル類を施肥しても，これら肥料成分の吸収が大きく低下し，欠乏症状・生育不良・病害・品質低下が起こるが，S-ABAはそれを防いで各種の生育現象と収穫を向上させるためである。以下，果実における具体的な効果例をあげる。

ブドウ　1）新梢伸長と開花を揃えて満開を10日ほど早め，2）有核栽培では有核粒の結実と肥大をもたらし，3）無核栽培では果粒肥大・果梗硬化の軽減・果実着色と品質の向上が期待でき，4）赤熟れ着色の改善や食味の向上も得られるのである。（第8図）

ミカン　肥大・減酸・着色・糖度・食味の向上に加え，浮皮減少や貯蔵性の向上（貯蔵病害の減少）をはかることが可能である（第9図）。

カキ　新梢伸長と開花の斉一化により開花を前進させることができ，生理落果を軽減させることにより着果を向上させ，果実肥大と成熟の向上が期待できる。

核果類全般　1）収穫後のお礼肥時期の施用により発芽と越冬芽の充実が得られ，2）開花開始前の施用で勢いのある花が咲き，天候不良にも負けない受精結実の向上をはかり，3）摘果後の施用により果実へのカリウムの補給を高めて肥大成熟向上と核割れ軽減効果が認められている。

③野菜・花卉

またミヨビ農法の威力は果実以外にも広範に認められ，野菜においても品質が均等化してむだの減少に役立つことが示されている。果菜類では，生育向上・開花結実数増加・果実肥大が得られ，奇形果や変形果が減少し，秀品収穫量の増加がもたらされる（第10図）。根菜類でも効果がみられ，葉自体の肥大や下葉の老化抑制が認められている。

さらには花卉に対しても有効であることがわかっており，生育や分枝数，花蕾数および花径の増大充実が得られる。意外な対象作物として芝もあげられ，葉伸長とともに葉数・芽数・匍匐茎・ランナー伸長・根の伸長などの増加効果が認められているのである。

（5）課題と展望

以上のように，まだ解明されていないかもし

第10図　イチゴでの処理　（写真提供：木村信夫）

処理により成り疲れせず連続着果
①厚く，しっかりして光合成能力の高い苗，②葉の上に出て，上向きに咲く力強い花，③種子形成がよく，萼の大きい幼果，④大果で香り高いイチゴ

れない潜在能力も含めて，S-ABAは植物ホルモンとしてオールラウンダーな物質であるといえ，それを資材成分としたミヨビ農法は，まだまだ発展可能性を有しているものと考える。

ミヨビから始まり，その改良品であるミヨビゴールドが世に出てはや10年余り，当初より使用している生産者にとっては自分のものとして愛用され，季節がくると同時に使用することにより，高品質な農産物を生産しているのを目の当たりにするとき，開発者としては大きな喜びを感じるのである。

なお，ミヨビ農法は施用法（用量や時期）を間違えると効果が不十分，場合によってはまったく得られないことがあるので留意が必要である。そのため，正しく使用するために各作物ごとにパンフレットを作成し，要請を受けたら配布することを行なっている。また，必要に応じて毎シーズンの出来具合と施用実績をリサーチして説明を加えることも行なっている。

当初の生産者への指導は手取り足取りの連続であり，自身も圃場での試験を重ね，まさに日本全国を東奔西走，何としてもミヨビ農法を今後の日本の農業の発展に役立てたいとの信念であった。それら苦労が実を結び，現在の普及につながったのであり，また，これから先もさらなる発展をしていくことを念じているのである。

ミヨビ農法を取り入れて数年が経過した生産

者の声として，作物の管理がしやすくなった，むだ（ロス）の頻度が減少した，などなど，喜びの評価を数多くいただいており，ミヨビと作物と生産者が一体となっている現状が窺える。このように，S-ABAが農業分野に取り入れられ，素晴らしい結果を出している現在である。

《問合わせ先》愛知県一宮市花池2―15―16
有限会社バル企画
TEL/FAX. 0586-46-0145
研究所：愛知県一宮市花池2―16―10
TEL/FAX. 0586-58-6455
執筆　禿　泰雄・禿　英樹（有限会社バル企画）

焼赤，焼黒――土の粒子構造を微細に均一化した機能性土

当社の機能性土（特許第5719464号ほか8件）は，ミネラルを多く含み，保肥力（CEC）の高い粘土を乾燥造粒させた土である（第1図）。

機能性土「焼赤」は交換性マグネシウム，可給態鉄などのミネラル分が多く，養分が少ないので任意の資材配合ができる（第1表）。保肥力は黒土並みで，陽イオン交換容量が通常10～17に対し，焼赤は22.2もあるため，肥料を減らすことができる。

(1) 開発のねらい

限りある資源の枯渇を防ぐため，長期利用可能な自然環境に負荷のかからない機能性の高い土を開発した。土以外の添加物を一切使用しておらず，自然栽培や有機栽培などジャンルを問わず使用でき，土壌改良材などを使用することなく地力を上げることができる。地力を上げることにより，使用する化成肥料や有機肥料などを減らせるのも，ひとつの特徴である。

機能性の高い土は，土の粒子構造をミクロの単位で均一化させたことにより可能になった（第2図）。また，土中の通気を良くすることで，カビなどの菌の繁殖を抑制する効果も高い。

化成肥料のような即効性はないものの，土中のアンモニアなどを吸着分解し，野菜が亜硝酸を吸収するのを防げるため，オーガニック野菜や健康野菜を意識して栽培する人にオススメな商材になっている（第3図）。

また，水質浄化効果も高く，陸上養殖などの水質安定剤としても使用ができるため，アクアポニックスで従来使用されているハイドロカ

第1表　機能性土「焼赤」の分析値

項目（単位）	測定値
水分（%）	29.5
pH（H_2O）	6.6
EC（dS/m）	0.04
可給態窒素（mg/kg）	18
陽イオン交換容量（$cmol_c$/kg）	22.2
CaO（mg/kg）	2,910
MgO（mg/kg）	563
K_2O（mg/kg）	437
可給態リン酸（mg/kg）	10
リン酸吸収係数（g/kg）	17.3
可給態鉄（mg/kg）	76.1
可給態ホウ素（mg/kg）	0.2
可給態マンガン（mg/kg）	199
可給態亜鉛（mg/kg）	0.6
可給態銅（mg/kg）	0.2以上

注　水分はケット水分計（120℃）による
　　原料・製品分析：パリノ・サーヴェイ（株）

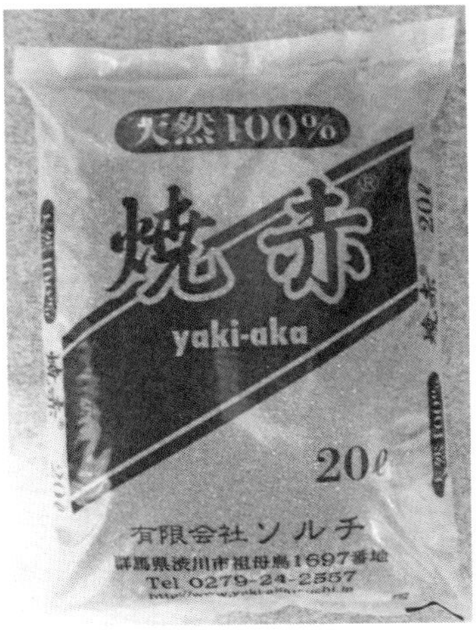

第1図　ソルチの機能性土
右：上から，粒径が小さく含水率が低い焼赤，粒径が大きく含水率が高い焼赤，焼黒

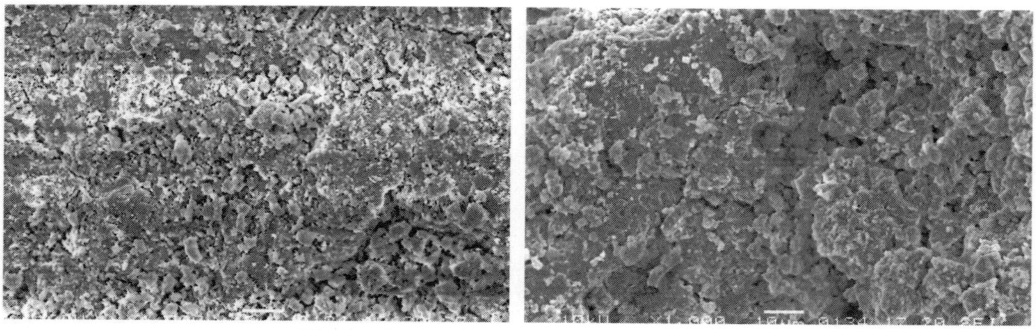

第2図　土の粒子構造をミクロの単位で均一化

電子顕微鏡写真（×1,000，群馬県産業技術センター調べ）
左：焼赤，右：市販品

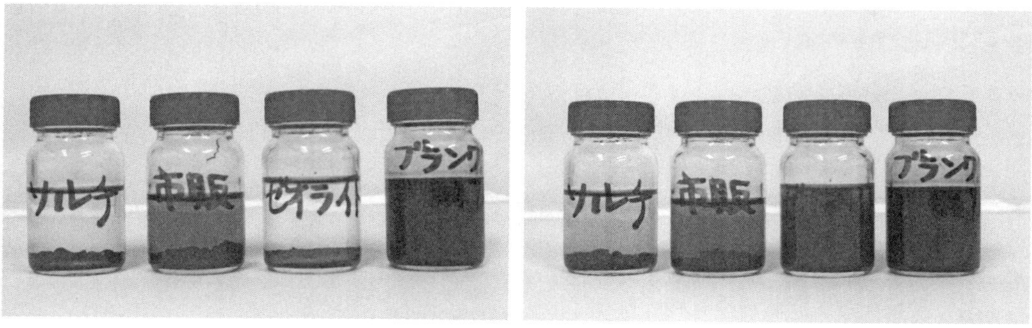

第3図　焼赤は土の吸着力が継続

左：2016年5月撮影吸着試験，右：上記瓶を上下に振ったあと
メチレンブルー10mg含有水30mlに土壌サンプル1gを混合して5日後の状態
メチレンブルーによる吸着効果の結果として，焼赤（ソルチ）はものを吸着する力が継続できることがわかる

第4図　焼赤はハイドロカルチャーの代用として使用している

2017年アグリビジネス創出フェア

ルチャーの代用としても使用されている（第4図）。

(2) 機能性土の種類

焼赤は保肥力が高く，カビなどの菌の繁殖を抑制でき，有機，化成などの肥料を使用してもコントロールしやすい。

焼黒は原料である群馬県の黒土が減少し，作物の栽培に使用するには高額になりすぎてしまうことなどから現在，観賞用の水槽の土としての製造が主になっている。原料の黒土はpHが5.5±0.5と弱酸性で有機質を多く含んでおり，そのままでは肥効が安定しにくいため，群馬県産の赤土粘土を混練りし，造粒している。

焼赤と焼黒を原料とし，混練りする資材によ

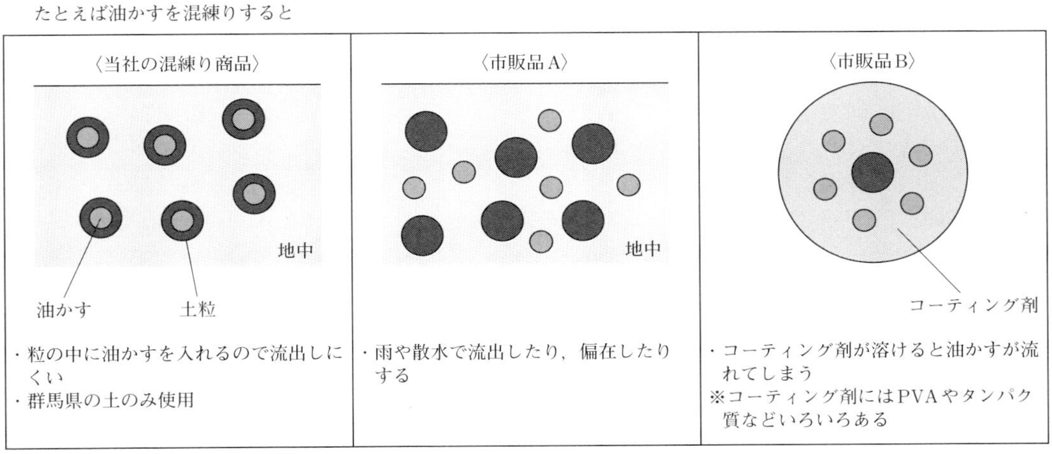

第5図　当社の混練り商品は化成肥料や有機肥料を均等に混ぜ込める

って次のような製品化をはかった。

①混練り土

土の粒子構造を均一化させたことにより，土の粒子構造の中に従来の造粒材などを使用せず化成肥料や有機肥料を均等に混ぜ込むことができ，肥料効果を長く保持できる構造になっている（第5図）。

この特許取得の混ぜ込む技術を応用し，土と比重の違うピートモスや木炭，硫酸鉄なども均一に混ぜ込めるため，散水や降雨によるピートモスなどの流失や偏在，カビの繁殖などを防ぐことが可能になった。

②発根促進土

ピートモスには酸度調整機能や保水機能のほかに発育促進効果があり，当社開発の発根促進土は土とピートモスだけを使用し，植物の根を通常の2倍から9倍の大きさにすることができる（第6図）。

③造粒土

群馬県と共同で特許出願した造粒土は，自然栽培などで3年から5年かかる準備期間を2週間から1か月でセットできるようになった土で，土の粒の中にタンパク質を混練りしたものである。タンパク質を使用することで土由来の微生物が繁殖を始めるため，土壌の植物育成準備が菌を使用しなくてもすむ仕組みになっている。

第6図　土とピートモスを使用した発根促進土

また，この造粒土はアンモニアから硝酸イオンに変わるまでの期間が速く，何時間という単位でアンモニアを硝酸イオンまで分解することができるため，乳牛などの牧草の亜硝酸値を下げる作用もあわせ持つ。

④シバの土（吸着型，促進型）

土の粒子が潰れにくいので，シバを張るさいの大がかりな排水工事をせず，シバを活着させることができる。日当たりが悪くシバの活着がむずかしい場所でも活着しやすく，シバの根の発育環境を整えることでシバの細菌性の病気を防ぎ通常より速くシバを活着させることができる。

シバの根を細かく張らせることで雑草の発生を抑制でき，太陽光発電などの下に使用すれば，景観的にも綺麗に見え，山肌を削ったままの状態より周囲の温度を3℃下げられる。またシバを張ることでCO_2の削減にもつながる。学校のグランドや野球場などの人工シバでの気温差は5～10℃変わり，地球温暖化の抑制にもつながるのではないかと考える。

2018年，自然環境の視点から，これからの農業，漁業，畜産を考え，完全循環型による栽培試験を開始する予定である。

《問合わせ先》群馬県渋川市祖母島1697番地
有限会社ソルチ
TEL. 0279-24-2557
FAX. 0279-24-2517
E-mail. info@yaki-akatsuchi.com
URL. http://www.yaki-akatsuchi.com/

執筆　中村一女（有限会社ソルチ）

リンマックス――リン酸の利用効率が高い混合汚泥複合肥料

(1) 開発の経緯とねらい

肥料原料として未利用資源を活用することは循環型社会を推進するうえで重要な課題であり，各種未利用資源の利用が行なわれている。その一つであるし尿由来の肥料は，貴重な有機質肥料としてわが国において古くから農家に愛され，し尿を発酵処理し，発酵乾ぷん肥料として生産されてきた。エムシー・ファーティコム（株）では，これを化成肥料の有機原料として使用し，わが国で最初の有機入り化成肥料を製造・販売してきた。しかしながら，その後のし尿処理場の省力化などにより，発酵乾ぷん肥料の入手が困難となった。その後，肥料取締法の公定規格が改正され，2000年10月，汚泥発酵肥料や焼成汚泥肥料などの汚泥肥料が普通肥料となった。そこで，発酵乾ぷん肥料に代わる原料として，公共し尿処理場から発生するし尿汚泥に限る汚泥発酵肥料を使用した肥料について，各種試験を実施し，2003年に仮登録を申請，2004年5月「混合汚泥複合肥料（その他の制限事項ニ，汚泥発酵肥料は乾物として20％以下を使用すること。）」が公定規格化され，「混合汚泥複合肥料」が誕生した。

その後，農家の高齢化の進行や施肥の省力化要望などから，化成肥料や混合汚泥複合肥料と土つくりのための汚泥発酵肥料を併用し，好成績を得ている農家からも「混合汚泥複合肥料中の汚泥発酵肥料の含有量をもっと増やし，1回の施肥で肥料効果と土つくり効果の両方が期待でき，しかも汚泥発酵肥料の特徴でもある作物にゆっくり効く作用を兼ね備えた施肥の省力化が可能な肥料を提供してほしい」との強い要望が出た。そこで，混合汚泥複合肥料中の汚泥発酵肥料の含有量を35％や50％に高めた肥料について各種試験を実施し，2008年6月公定規格の一部改正を申請した。農林水産省消費安全技術センター，食品安全委員会，パブリックコメントなどの厳正な審議を経て2012年8月，公定規格が改正され，汚泥発酵肥料を乾物として40％まで混合汚泥複合肥料中に使用できることが定められた。

一方，土壌に施用したリン酸は，土壌中のアルミニウム，鉄やカルシウムによって固定化され難溶化しやすい。また，リン酸肥料の天然原料であるリン鉱石が，一説によればあと，130年程度で枯渇することが懸念されている。リン鉱石の供給元をすべて海外からの輸入に頼っているわが国にとっては，リン酸の有効利用技術は重要な課題とされている。したがって，施用リン酸を土壌に固定化させることなく作物に効率よく吸収させることが肥料にも求められる。

そこで，化成肥料中に汚泥発酵肥料を乾物で40％含有させ，作物への肥料養分供給と土つくりが同時にできて，とくにリン酸の作物による利用効率が高い混合汚泥複合肥料「リンマックス」を開発した（第1図）。

(2) 資材の製法と成分

原料として用いる汚泥発酵肥料は，各市町村のし尿処理施設において活性汚泥法で処理された汚泥を通気条件下で堆積・腐熟させる。

混合汚泥複合肥料リンマックスは，汚泥発酵肥料，硫安，尿素，石こうを含む窒素質肥料，リン酸一アンモニウム，リン酸二アンモニウム，過リン酸石灰，塩化カリ，硫酸カリなどの

第1図　有機入り複合肥料「リンマックス」

第1表 リンマックスの形状，成分保証値・分析例および包装形態

①形状	2.5mmペレット状	
②成分保証値および分析例（％）	保証値	分析例
窒素全量	8.0	8.81
うちアンモニア性窒素	6.8	7.26
リン酸全量	5.0	5.86
うちく溶性リン酸	4.6	5.72
うち水溶性リン酸	1.5	2.73
水溶性カリ	5.0	5.45
③包装	20kgポリ袋	

原料を計量・混合後，適宜加水しながら押し出し式造粒機でペレット状に造粒する。造粒物の乾燥は，汚泥発酵肥料由来の微生物群を温存するために高温では行なわない。なお，製造方法については，エムシー・ファーティコム（株）が特許を取得し（特許第5980474号），肥料登録および生産は，ときわ化研（株）が行なっている。肥料の形状，成分の保証値および分析例，包装形態を第1表に示した。

(3) 資材の特徴と効果

①施肥と土つくりが同時にできる

乾物で40％の汚泥発酵肥料を化成肥料60％と混合・成形するので，作物への養分供給のための施肥と作物栽培環境を整えるための土つくりが同時にできる。滋賀県立大学での肥効試験例を示す。

混合汚泥複合肥料中の汚泥発酵肥料の含有量を従来の20％から35％，50％に増量した肥料の肥効試験を実施した。汚泥発酵肥料，尿素，リン酸一アンモニウム，リン酸二アンモニウム，石こうを含む窒素質肥料，塩化カリを原料にして，汚泥発酵肥料を乾物で35％含有させた肥料（以下，OR-F83号と表示），汚泥発酵肥料を乾物で50％含有させた肥料（以下，OR-F85号と表示），汚泥発酵肥料を乾物で20％含有させた肥料（以下，C号と表示）を造粒・成形し，その粉砕物を用いた。各肥料の成分量は，窒素8％―リン酸8％―カリ8％で設計した。黒ボク土2,500gに窒素全量で500mg，1,000mgの各肥料を全層に混和施肥して1/5,000aワグネルポットに詰めて，標準量区，2倍量区とした。肥料を施用しない無肥料区も設けた。コマツナ（品種：あおい小松菜）の種子20粒を播種し，播種9日後に10本仕立てにした。ガラス温室内で34日間栽培した。2005年9月21日，9月30日，10月14日，10月25日にそれぞれ施肥・播種，間引き，中間調査，収穫調査を行ない，発芽率，葉長，生体重，乾物重を測定した。また，作物体中の窒素，リン酸，カリの含有量を分析し，それらの吸収量を算出した。発芽および生育調査成績，作物体による養分吸収結果をそれぞれ第2，3表に示した。

OR-F83号区およびOR-F85号区の発芽および生育は順調であり，対照肥料であるC号区と同等であった。また，収穫期における調査においても，生育状況，収穫物の生体重はOR-F83号区およびOR-F85号区とも対照肥料であるC号区と同等であった。OR-F83号区およびOR-

第2表 発芽および生育調査成績 （滋賀県立大学）

試験区		発芽調査成績		生育調査成績			
		9月26日	9月30日	10月14日	10月25日		
		発芽率（％）	発芽率（％）	葉長（cm）	葉長（cm）	生体重（g/ポット）	生体重指数
供試肥料 OR-F83号	標準量区	70	83	15.9	19.2	65.6	266
	2倍量区	68	87	15.9	19.4	77.0	312
供試肥料 OR-F85号	標準量区	58	88	13.8	18.0	59.2	240
	2倍量区	77	85	16.6	19.9	72.7	294
対照肥料 C号	標準量区	70	83	15.8	19.7	71.3	289
	2倍量区	78	93	13.9	16.2	51.6	209
無肥料区		83	90	12.9	13.0	24.7	(100)

第3表　作物体による養分吸収　　　　(滋賀県立大学)

試験区		供試肥料　OR-F83号		供試肥料　OR-F85号		対照肥料　C号		無肥料区
		標準量区	2倍量区	標準量区	2倍量区	標準量区	2倍量区	
乾物重（mg/ポット）		8,166	10,000	7,833	8,766	8,866	7,566	4,300
N	含有率（%）	3.83	4.71	3.94	4.97	4.33	4.27	1.44
	吸収量（mg）	312	471	308	435	383	323	61
	指　数	81	146	80	135	(100)	(100)	15 18
P_2O_5	含有率（%）	0.54	0.60	0.53	0.61	0.62	0.60	0.60
	吸収量（mg）	44	60	42	53	55	45	26
	指　数	80	133	76	118	(100)	(100)	47 58
K_2O	含有率（%）	8.35	9.00	8.60	9.00	8.43	8.81	4.70
	吸収量（mg）	681	900	673	789	747	666	202
	指　数	91	135	90	118	(100)	(100)	27 30

F85号区における収穫地上部への窒素，リン酸，カリの吸収は，いずれも対照区のC号区と同等，もしくはそれ以上であった。つまり，汚泥発酵肥料の含有量を乾物で35%，50%に増量した混合汚泥複合肥料の肥効は，汚泥発酵肥料を20%含有する従来の混合汚泥複合肥料の肥効と遜色ないことがわかった。

②生きた微生物が内在

製造過程で資材が高温にさらされないペレット成形製法なので，混合汚泥複合肥料リンマックス中には，生きた微生物が内在する。肉エキス培地を用いて28℃の恒温器内にて16日間培養した希釈平板法で細菌数を計数した。その結果，製造過程において高温乾燥されている有機化成肥料区では微生物が極端に少ないのに対し，混合汚泥複合肥料リンマックス区では細菌数が10^7CFU/g乾物のレベルで生存していた。寒天培地に析出した微生物の状態を第2図に示した。

③リン酸を効率よく作物に吸収させることができる

混合汚泥複合肥料リンマックス中には，汚泥発酵肥料由来の腐植が含まれているので，肥料中のリン酸を土壌に固定化されにくくし，効率よく作物に吸収させることができる。茨城大学での試験例を示す。

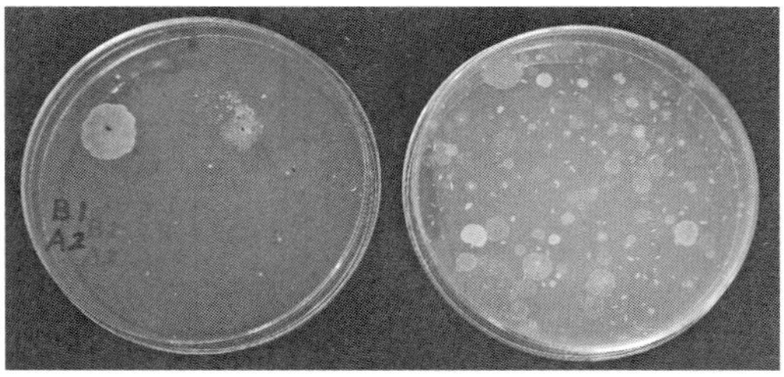

第2図　肉エキスでの細菌の析出状況
左：他社有機化成区，肉エキス培地　10^2希釈区
右：混合汚泥複合肥料リンマックス区，肉エキス培地　10^5希釈区

表層多腐植質多湿黒ボク土とバーミキュライトを4：1の容量比で混合し，その土壌（リン酸吸収係数1,889）2,500gを1/5,000aワグネルポットに充填した。混合汚泥複合肥料リンマックス（窒素8%―リン酸5%―カリ5%），対照区として菌体入り肥料A（窒素8%―リン酸5%―カリ5%），菌体入り肥料B（窒素8%―リン酸8%―カリ8%）を粉砕し，窒素全量で500mgを土壌に全層施肥した。3試験区および無施肥区の4処理区とした。1処理当たり3反復とした。混合汚泥複合肥料リンマックス区のリン酸の施肥量は，菌体入り肥料A区とほぼ同じで，菌体

入り肥料B区に比べると，ポット当たり164mg少ない。コマツナ‘みすぎ’の種子をポット当たり10粒播種し，間引き後5株とした。2013年7月9日，7月20日，8月1日にそれぞれ施肥・播種，間引き，収穫調査を行なった。雨よけハウス内で栽培を行ない，栽培期間中の灌水はドリップチューブによる自動灌水とし，菌体入り肥料B区のコマツナの平均葉長が26cmに達した日を収穫日とし一斉収穫した。地上部を刈り取り，株ごとに草丈，葉数，生体重，乾物重を測定した。続いて，通風乾燥後，5株を合わせて粉砕し，無機成分を分析した。収穫時のコマツナの生育状況の写真を第3図に，また収穫調査と養分吸収量の結果を第4表に示した。

全区の発芽率は播種1週間後で70～87％で，1ポット当たり5株に間引き後の生育は全区とも順調であった。混合汚泥複合肥料リンマックス区と菌体入り肥料A，B区は，草丈，葉数，地上部の生体重，乾物重，窒素吸収量，カリ吸収量で有意な差がなかった。混合汚泥複合肥料リンマックス区のリン酸吸収量は，リン酸施肥量が同じ菌体入り肥料Aより，さらにリン酸施肥量が1.5倍多いB区に比べて有意に多かった。このため，リン酸利用率も混合汚泥複合肥料区がもっとも高かった。

第3図　収穫調査時のコマツナの生育状況
左：菌体入り肥料B（8―8―8）区
右：混合汚泥複合肥料リンマックス（8―5―5）区

(4) 使用方法

資材の標準的な施用方法は，基肥として全層施用する。また，追肥として使用してもよい。標準的な作物と施肥量を第5表に示した。

(5) ナガネギでの使用事例――茨城県つくば市・相澤節子

表層腐植質黒ボク土でリン酸吸収係数が2,380と高い圃場に，化成肥料（窒素12％―リン酸12％―カリ12％）区と混合汚泥複合肥料リンマックス（窒素8％―リン酸5％―カリ5％）区を設け，2014年6月2日施肥・混合後，6月18日にネギ苗（品種：夏扇3号）を定植した。各区の施肥量は，第6表に示した。化成肥料区に比べ混合汚泥複合肥料リンマックス区はリン酸が0.54倍，カリが0.69倍と少ない。定植2か月後の8月20日，定植4か月後の10月29日に生育調査した。1試験区当たり1か所4本を5か所引き抜き，1本ごとに草丈，生体重を測定した。続いて，通風乾燥し乾物重を測定後，粉砕し無機成分を分析した。その結果を第4図，第7表に示した。

第4表　収穫調査結果と養分吸収量　（茨城大学）

試験区	調査株数（株）	草丈（cm）	葉数（枚）	地上部重（g/ポット）		乾物当たり含有量（g/kg）			吸収量（mg/ポット）			リン酸利用率（％）
				生体重	乾物重	N	P_2O_5	K_2O	N	P_2O_5	K_2O	
菌体入り肥料A区	15	25.8a	7.4a	89.0a	7.9a	40.7	9.2	66.5	321.7a	72.9a	525.7a	5.97
菌体入り肥料B区	15	26.8a	7.4a	94.5a	7.9a	42.5	9.5	77.8	336.1a	74.8a	614.8a	4.59
混合汚泥複合肥料区	15	26.8a	7.2a	93.0a	7.9a	42.7	14.9	71.4	337.2a	117.9b	563.8a	19.79
無施肥区	15	21.7b	6.6b	58.0b	6.4b	20.3	8.1	48.9	129.7b	52.0a	313.1b	

注　同一英文字間には，5％水準で有意差なし（Tukeyの多重検定による）
リン酸利用率（％）＝（処理区の吸収量－無施肥区の吸収量）/施肥量×100

第5表　リンマックスの施肥基準

	作　物	作　型	目標収量 (kg/10a)	施肥量（kg/10a）		合　計
				基　肥	追　肥	
果菜類	キュウリ	ハウス促成	18,000	360	40×5	560
		ハウス半促成	15,000	280	40×4	440
		ハウス抑制	5,000	200	40×4	360
		露地夏秋	10,000	200	50×4	400
	トマト	長期どり	18,000	280	40×5	480
		ハウス促成	16,000	260	40×4	420
		ハウス半促成	10,000	200	40×4	360
		ハウス抑制	5,000	100	50×2	200
		雨よけ	10,000	170	40×3	290
	ナ　ス	ハウス半促成	8,000	280	40×4	440
		露地	9,000	280	40×5	480
	イチゴ	ハウス促成	4,000	200	40×2	280
	カボチャ	露地	2,500	170	40×2	250
葉菜類	ホウレンソウ	秋まき露地	2,000	200	—	200
		ハウス夏まき	1,000	100	—	100
	ハクサイ	春・夏まき	8,000	170	60	230
		秋まき	8,000	250	60	310
	キャベツ		5,000～6,000	200	60	260
	ブロッコリー		1,000	200	40	240
	レタス		4,000	200	—	200
	ネ　ギ	秋まき夏どり	3,500	170	40×3	290
		春まき秋冬どり	4,000	200	40×3	320
	タマネギ		6,000	360	60	420
根菜類	ダイコン	秋まき	4,000	170	—	170
		春まき	4,000	120	—	120
	ニンジン		4,000	170	80	250
	カ　ブ		2,000	170	80	250
	ゴボウ		2,500	200	60×2	320
	ジャガイモ		1,000	120	40	160
	サツマイモ		2,000	40	—	40

注　サツマイモは硫酸カリを20kg加える

第6表　各試験区の施肥設計（相澤氏圃場）

試験区	基肥（g/m^2）				追肥（g/m^2）				合計（g/m^2）			
	窒　素	リン酸	カ　リ	苦　土	窒　素	リン酸	カ　リ	苦　土	窒　素	リン酸	カ　リ	苦　土
A：化成肥料区	7.2	7.2	7.2	4.2	22.8	28.8	21.0	12.3	30.0	36.0	28.2	16.5
B：混合汚泥複合肥料区	8.0	5.0	5.0	5.6	23.2	14.5	14.5	14.0	31.2	19.5	19.5	19.6
Aに対するBの比率									1.04	0.54	0.69	1.19

第4図　ナガネギの生育状況（10月29日）
左：化成肥料区，右：混合汚泥複合肥料リンマックス区

第7表　収穫調査結果と養分吸収量（相澤氏圃場）

調査時期	試験区	調査本数（本）	草　丈（cm）	生体重（g/本）	乾物重（g/本）	リン酸含有量（乾物%）	リン酸吸収量（mg/本）
8月20日	化成肥料区	20	63.7	40a	2.63a	0.39a	10.3a
	混合汚泥複合肥料区	20	64.9	42a	2.66a	0.46b	12.1a
10月29日	化成肥料区	20	93.7	178a	12.54a	0.33a	40.7a
	混合汚泥複合肥料区	20	97.7	182a	12.83a	0.33a	41.5a

注　同一アルファベット間に有意差なし（t検定）

化成肥料区と混合汚泥複合肥料リンマックス区は，生体重，乾物重，リン酸含有量，リン酸吸収量で有意な差がなかった。混合汚泥複合肥料リンマックス区のリン酸吸収量は，リン酸施肥量が化成肥料区より0.54倍で約1/2と少ないにもかかわらず，化成肥料区と有意差がなく，効率よく吸収されていた。

《問合わせ先》茨城県結城市大字上山川字備中
4102番地1
ときわ化研株式会社結城工場
TEL. 0296-32-6131

執筆　小林孝志（エムシー・ファーティコム株式会社）

微生物資材

アーゼロン・C――多種多様な有効清浄微生物群の特殊肥料

(1) 開発の経緯

アーゼロン・C（Cはcompost堆肥）は弊社の主力商品として40年の歴史がある（第1図）。アーゼロンとは細菌，放線菌，糸状菌，酵母菌など多種多様な有効清浄微生物群のことであり，好気性・嫌気性菌が共存共栄し，増殖と代謝できる組成になっている。アーゼロン・Cの特徴は多くの微生物が含まれていることと，原料の一つに高炉スラグが含まれていることがあげられる。鶏糞（採卵用レイヤー），高炉スラグ，製糖副産石灰などにアーゼロンを使用して熟成発酵して生産される特殊肥料である。

研究当初から微生物に関するさまざまな特許（「微生物を利用した肥料製造法の発明と工業化」特許1195812号，昭和58年など多数，第2図）を取得し，1980年には東京通産局から「バクテリアを利用した鉄鋼スラグ混合肥料の製造方法の研究」で1,200万円の補助金が交付された。

初代社長の門馬義芳は「バクテリア利用による有機肥料製造技術の開発育成」により科学技術庁長官賞（1982年），「有機肥料製造装置の考案改良」により黄綬褒章（1984年）を授与され，2013年には「地力増進対策の発展・強化に貢献した」ことにより，農林水産省生産局長から感謝状を授与された。

さらに，門馬義芳が初代部会長を務めた全国土壌改良資材協議会・微生物資材部会では（社）日本土壌肥料学会微生物資材専門委員会の提言を参考に検討を行ない，2009年に自主表示基準を日本で初めて設定した（第3図）。微生物資材を利用する農家が多くなっている現状を考えると，微生物資材に対する信頼が高まることを願うばかりである。

(2) 資材の特徴

微生物による土壌改良と土つくりに貢献するアーゼロン・Cについて，倉石衍先生（元東京農工大農学部教授）は次のように述べている（第1，2表）。

1）鶏糞，高炉スラグ，製糖副産石灰にアーゼロンを混入し，よく混ぜることにより，多数の有用バクテリアは相互作用により猛烈に繁殖する。増殖したバクテリアは植物にとって重要

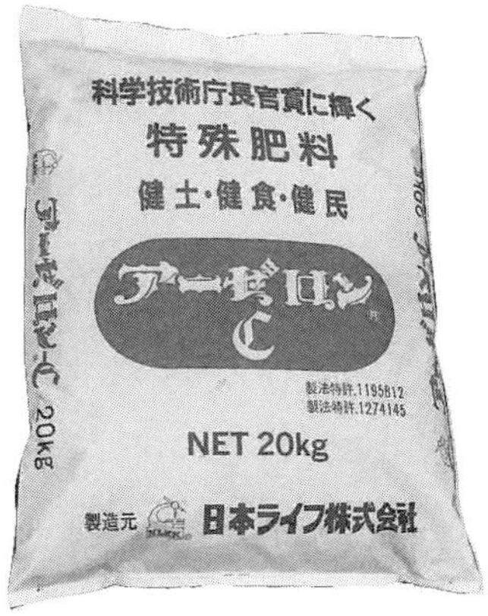

第1図　アーゼロン・C

特　許　証

特許第1195812号

昭和54年　特　許　願第142638号
昭和58年特許出願公告第029273号

発明の名称　肥料製造法

特許権者　東京都世田谷区成城4丁目10番22号
門馬義芳

発明者　門馬義芳

この発明は、特許するものと確定し、特許原簿に登録されたことを証する。

昭和59年　3月12日

特許庁長官　若杉和夫

第2図　「微生物を利用した肥料製造法の発明と工業化」特許証

全国土壌改良資材協議会	
微生物資材部会の自主表示	
微生物資材の名称	アーゼロン・C
表示者の名称及び住所	日本ライフ株式会社 東京都狛江市東野川１－３４－１４
重量又は容量	20 キログラム
原材料の内容	
含有微生物の種類	バチルス属他多数
菌数分析例（出荷時）	バチルス属 10^6/g　一般細菌 10^7/g
担体の種類	鶏糞
理化学的特長（分析例）	pH9.1　水分 18.2　窒素 1.6　リン酸 5.1 加里 1.4　石灰 16.0
用途	農作物の活力促進・有機物の分解促進
生産年月	別途表示
有効期間	冷暗所　室温で２年間有効
使用方法	
標準施用量	200kg（10 袋）～300kg（15 袋）
使用上の注意	播種、定植の７～14 日前に施し、直ちに覆土すると最も効果がある。
保管上の注意	直射日光が当らない冷暗所に保管

第3図　全国土壌改良資材協議会・微生物資材部会自主表示

なアミノ酸，核酸，ビタミン，植物ホルモンなどを分泌する。高温になると通常のバクテリアは死滅するが，バクテリア自身も菌体肥料化する。バクテリアの菌体には窒素，リン酸，カリ，その他の多くの微量要素も含んでいる。

2）高炉スラグが70℃以上に，そして50℃以上の温度が長時間にわたり，高温発酵することが，スラグ混合有機質肥料の決め手であり，必須条件であり，特長である。発酵前の可溶性39.14％のカルシウムが高温発酵することによって，96.5％に可溶化した。また，ケイ酸19.28％が29.6％に，マグネシウム57.68％が78.43％とそれぞれ可溶化している。その分だけ植物の吸収率がよくなる。このことは非常に重要なことで，昨今効かないケイカル肥料として騒がれて問題になっているのはここに起因しているからである。

3）市販されているケイカル肥料と比較して，次のような本質的な相違がある。ケイカル肥料

第2表　アーゼロン発酵による無機成分の可溶化

成　分	発酵前（％）	発酵後（％）
カルシウム（CaO）	39.1	96.5
ケイ酸（SiO^2）	19.3	29.6
マグネシウム（MgO）	57.7	78.4
水溶性マグネシウム	0.1	0.5

注　出典：(財) 日本肥糧検定協会

は同じ原材料の高炉スラグを使用し，単にそのスラグを粉砕したものである。ところがアーゼロン・Cには窒素，リン酸，カリ，その他多量の有機物を含んだ鶏糞と，石灰をはじめ多くのミネラル分を有するスラグと製糖副産石灰とを混合したものを発酵槽に入れ，数多くのバクテリアから選ばれた各種の優秀なバクテリア（アーゼロン）が共同作業で発酵中，鶏糞，スラグ，製糖副産石灰の有する長所を物理的，化学的に変化を与え，より有効なものに転換した。鶏糞の悪臭がなくなり，水分も20％前後のさらさらとしたすばらしい肥料ができあがる。発酵終了時には再度アーゼロンを混入するので，スラグの微細孔により多くの微生物が棲みつき，施肥したさいに有用バクテリア群が土中で再び活躍することが当然期待される。

(3) 資材の効果

アーゼロン・Cを使用することによって，次のような効果を得ることができる。1）堆肥の腐熟促進，2）土壌の改良，3）肥効の増進，4）残留農薬の無害化，5）病害微生物の抑制。その結果，次に述べる3点が期待できる。

①おいしくて日持ちのする栄養価のある野菜ができる

微生物の働きで，有機物の分解が促進されるので，その分，土の中で水に溶けやすくなり，

第1表　アーゼロン・Cの成分分析例

水　分	窒　素	リン酸	カ　リ	石　灰	苦　土	硫　黄	鉄	ケイ酸	マンガン	有機物	pH
18.2％	1.6	5.1	1.4	16.0	1.6	0.2	0.6	6.8	0.1	38.6	9.1

注　出典：(財) 日本肥糧検定協会

溶解した成分が作物に吸収され，野菜の日持ちをよくし，味もおいしくなる。

②連作障害を軽減

健全な微生物が活発に活動していれば，病害菌の増殖と活動は抑えられるので，連作障害がおきにくくなる。有機物が微生物によって分解される過程で，粘質物が分泌され，この粘質物によって，団粒構造が形成される。通気性，通水性，保水性など土壌が改良されるので，多種多様な微生物が増え，病害菌が増殖しにくくなる。

③冷害や猛暑に強い

微生物の力で，健全な土壌，健全な根が形つくられ，養分の供給も保障されるので，ある程度の冷害や猛暑に耐えられる。近年の異常気象に対処するには適切な資材といえる。

(4) 使用方法

アーゼロン・Cの標準的な施肥量（10aあたり）は，畑200～300kg，水田60～100kg，果樹園（成木1本につき）15～20kgである。

アーゼロン・Cは堆肥づくりに応用できる。堆肥づくりには堆積の初期から1tにつき100kgアーゼロン・Cを混合し，繰り返し切返しを行なうことによって，良質堆肥ができる。

アーゼロン・C施肥時の注意点は次の通りである。

1）圃場全面施肥を原則とするが，追肥として使用しても効果がある。

2）播種，定植の7～14日前に全面施肥し，耕すともっとも効果がでる。

3）石灰資材との混用，同時施肥は微生物の活性が低下するので避ける。

4）水稲の場合，稲わらの腐熟促進を兼ねて秋のうちにすき込むと良い。

5）堆肥など有機質資材とあわせて施用すれば，施用効果が高まる。

6）追肥をする場合には根に直接触れないように，溝施肥をする。

(5) 使用事例

紙面の都合上，ブランドスーパー成城石井（関東を中心に直営店だけで約130店舗）に収められている野菜を一部紹介する。店頭に並べられたアーゼロン野菜には「土づくりから丹精込めた自慢の野菜」「有効微生物群発酵肥料『アーゼロン・C』による良質な土壌で育てました」と書かれたシールが貼ってあり，他の野菜と差別化されている。

①レタス――長野県川上村・渡辺茂利さん

渡辺さんは次のように話される。「川上村は昔から腐葉土に恵まれた土地で，野菜づくりに適した土地柄でした。ところが，長年つくり続けたことで，土地もしだいに連作障害を起こすようになり，それを防ぐために土壌消毒を行なうようになって，土壌中の有効微生物が減ってしまったのです。最近では，それに加えて，根腐病の原因となるフザリウム菌がはびこるようになりました。このままでは，親から受け継いだ農地を，子供や孫の代にまで良い状態で継承できなくなるのではないか。そのように心配し始めていたころ（1999年），成城石井さんから，アーゼロン・Cを薦められたのです。さっそくアーゼロン・Cを使ってみたところ，2，3年目で根腐病が出なくなり，長雨，干ばつのときでも一定の収穫ができるようになりました。アーゼロン・Cを使うことで，畑もずいぶん肥えてきました。朝一番でとったレタスの切り口からは，みずみずしい水分があふれ出てきます。良い菌体からつくられたレタスは，シャリシャリ感があって，甘み，歯ざわり，香りとも最高なんです」

②ホウレンソウ――千葉県佐原市・岡澤健男さん

岡澤さんは25年前から化学肥料をやめ，アーゼロン・Cを使った野菜づくりに転換。効果を感じるようになったのは2シーズンを過ぎてから。根がしっかりと長く伸びるようになり，栄養の吸収が良くなり，丈夫においしく育つ。岡澤さんは「生で食べてみるとわかります。甘みがあって，ホウレンソウ独特のエグ味がほとんどありません。化学肥料で育てたホウレンソウは，ゆがくと濃い茶色になりますが，アーゼロン・Cで育てると，さっとゆがけて，しゃっきりしています。ゆがいたお湯もあまり汚れません。あくが少ないのです」と話される。

③キャベツ——千葉県銚子市・山口善治さん

山口さんのモットーは「消費者が次も買いたくなる野菜をつくる」である。「出荷先のお店の方が，うちのキャベツを30日間，糖度計で測って調べてくれたのです。すると，ほかのキャベツよりも糖度が高く，食味がいい，甘みがあると褒めてくれました」という。アーゼロン・Cを使うことによって，キャベツの食味が増し，みずみずしさを保ち，日持ちが良くなったのである。

④ダイコン——千葉県銚子市・常板正洋さん

常板さんは有機堆肥や油かす・カニがらを基肥にアーゼロン・Cを施すにことによって，農地を健康にし，作物を健康に育て，病気を防いでいる。害虫対策も「千葉エコ企画」に基づいて農薬の散布をしている。土つくりから丹精込めて育てたダイコンはエグ味が少なく，煮込み料理はもちろん，生でスティックなどもお薦めである。

⑤ニンジン，エダマメ，小玉スイカ——千葉県八街市・並木良友さん

並木さんはアーゼロン・Cを中心に土つくりをしている。おいしくて安全な野菜を栽培するために，「余分な物を入れすぎない！」というのも，土つくりへのこだわりである。農薬の使用も極力減らしている。

毎年土壌分析もしているから，ミネラルバランスも完璧である。農薬や化学肥料を極力減らして栽培する。さらにスイカでは日照時間と積算温度で収穫時期を決定し，試し割り→試食。数字上OKでも，“納得のいく味”でなければ，収穫はしない。

《問合わせ先》東京都狛江市東野川1—34—14
日本ライフ株式会社
TEL. 03-3488-8700
FAX. 03-3488-9921
執筆　門馬義幸（日本ライフ株式会社）

EM——有用微生物群と各種酵素＝生理活性物質・ビタミン

(1) 成分と特徴

EMとは，Effective Microorganisms＝有用微生物群という英語の略である。

EMシリーズは液状であり，働きの異なる数十種以上の微生物（おもなものは光合成細菌，乳酸菌，酵母菌，グラム陽性の放線菌，糸状菌）が，特殊な技法により同液中に共存している（第1図，第1表）。この多種多様な微生物が土壌中でお互いに共存共栄し，連動し合い，相乗効果を発揮する仕組みになっている。

また微生物によってつくりだされる各種の酵素＝生理活性物質・ビタミンなどが含まれ，植物の生長に直接的あるいは間接的にプラスの影響を与えている。

第1図　EMシリーズ

第1表　EMシリーズのおもな微生物の種類と働き

	特　徴	pH	働　き
EM・1	乳酸菌・酵母・光合成細菌	3.5以下	有機物発酵分解・有害菌の抑制
EM・2	酵素・生理活性物質	6.0前後	
EM・3	光合成細菌	6.0～7.5	糖類・生理活性物質の生成 根圏環境の改善 増収・品質向上

EM・1　乳酸菌，酵母，光合成細菌が混合培養した菌の集合体であり，EMシリーズのなかで基本的に使用する資材である。EM・1は発酵を促進する働きの微生物が多数存在しており，有機肥料（EMボカシ）を発酵したり，土壌中の有機物の分解の促進，病原微生物の抑制などの働きがある。pHは3.5以下。

EM・2　EM・1の微生物（乳酸菌・酵母・放線菌・糸状菌・光合成細菌）がつくり出すビタミン，生理活性物質，酵素が主体で，それらが作物の生育を促進する。

生菌は確認できない。pHは中性。

EM・3　光合成細菌が主体の液体で，pHは中性。

光合成細菌は，土壌中で有機物が分解するさいに生成する有機酸やアミノ酸を利用して糖類やアミノ酸，生理活性物質を生成する。つまり，根に障害を与える有機酸を利用するため根圏の環境を健全にし，生成した糖類やアミノ酸，生理活性物質を作物に与えることによって生育を改善し，増収や品質向上（糖度の上昇）などの効果が期待できる。

(2) 発酵資材の作製方法

① EMボカシ

EMボカシは，米ぬか，油かす，魚かす，など肥料成分を多く含む有機質材料を嫌気的に発酵し，アミノ酸などを生成させ，基肥や追肥のさいに肥料成分とともに微生物を供給するための資材である。

EMボカシのつくり方の手順は以下のとおりである。

第2表の材料を準備する。米ぬか，油かす，魚かすをよく混ぜる。次にEM・1と糖蜜の各

第2表　EMボカシの材料（100kgの配合）

材　料	EM・1，糖蜜	水	米ぬか	油かす	魚かす
使用割合	各50ml	25l	60kg	20kg	20kg

2％混合液をつくる。糖蜜を溶かすのに湯を使用し，糖蜜を溶かしたあとに水を入れ40℃以下になったらEM・1を混合する。できればボカシをつくる2～3日前にこの希釈液をつくっておき，EM内の菌を活性化させておく。

よく混ぜた材料に少しずつEMを添加し，よく沁み込ませる。添加する希釈液の量は，全体の水分含量が35～40％になるように調整する。その後プラスチックドラムや厚手のビニール袋などの密閉できる容器で嫌気的に発酵を進める。発酵期間は半年～1年おくのが良い。

そのほかに利用できる材料としては，稲わら，籾がら，くん炭，おから，ビールかす，カニがらなど，少量でも良いので多種類の有機物を添加することが望ましい。安価で入手しやすく新鮮で雑菌のない有機物であればなんでもかまわない。

添加される有機物は微生物のえさになるのと同時に，養分の供給資材となるので，作物や圃場ごとに適した材料や混合比率とする。

EMボカシのつくり方のポイントは，1）密閉（嫌気状態）に保つ，2）発酵初期に温度を確保する。

②EM活性液

EM活性液はEM・1内のおもに乳酸菌・酵母菌を優先的に増殖させた液体であり，土壌中の有機物の分解の促進を目的とする。つくり方の手順は次のとおりである（第3表）。

糖蜜を45～50℃の湯でよく溶かす。

水温が40℃以下になっていることを確認して，EM・1を入れる。

ペットボトルなどの密閉できるプラスチック容器に移し，しっかりとふたを閉めて風呂の残り湯に入れるなどして，できるだけ暖かいところに置く（35℃）。専用の培養装置を使って保温する。

3日目から2週間でガスが発生しはじめ，プラスチック容器が膨らむ。膨らんだらふたを緩めガスを抜き，ふたをしっかりと閉める。これを繰り返し，ガスの発生がなくなれば完成の目安である。

第3表　EM活性液の配合（10lの場合）

水	EM・1	糖　蜜	塩
9l	500ml	500ml	100g

仕上がりの良し悪しは，鼻にツンとくる甘酸っぱい芳香（エステル臭）の有無によって確認できる。もしくはpHを測定し3.5以下であることを確認する。

使用期間は仕上がってから2～3か月である。

保存場所は，納屋などの冷暗所で1日の温度変化が少ないところが適している。

③効果を高めるポイント

EMは微生物であるため，土壌で定着，活動，増殖させる必要がある。そのために食べ物になる堆肥や作物残渣および有機物肥料にあわせて，すみかになる籾がらくん炭，粉炭，ゼオライトなどと一緒に使用することがお勧めである。

また微生物は乾燥に弱いので，敷き草などで土壌表面を被覆して土壌の乾燥を防ぐ必要がある。

（3）発酵資材の使用方法

①水　田

秋処理　秋処理によって稲わらの分解を促進しながら微生物の生存密度を上げることが大切である。稲刈り後，比較的温度が高いうちに，貝化石などの有機質の石灰資材100kgとともにEMボカシを100～150kg入れる。その前後にEM活性液10l/10aを適度に希釈して動力噴霧器などで全面に散布する。

稲わらは，深くすき込まず，できるだけ浅くすき込む。また冬季間何度も耕起することも必要である。また籾がらくん炭やゼオライトを100kg/10a施用する。

春処理　入水前にEM・1原液1lもしくはEM活性液10l/10aを散布し耕起する。

春には基肥となる有機物はすき込まないほうが良い。

育苗　催芽過程で種籾をEM・1の1,000倍希釈液にハト胸状になるまで毎日浸ける。

希釈液は毎日更新する。育苗期間中はEM・

1の1,000～2,000倍希釈液を4～5回散布する。病気発生の予防として100倍程度の濃い濃度で散布することもお勧めである。

田植え前後の処理　入水時にEM活性液20lを入れ，荒代かきを行ない湛水状態とする。水温が確保できると雑草の種子が発芽するため，中代かきを行ない雑草の密度を低下させる。その後さらにEM活性液を20l/10a投入して湛水状態を維持し再度雑草の種子を発芽させ，植え代かきを行なう。田植え後にEMボカシを田面に50kg/10a散布し，トロトロ層の形成を促進する。

生育期　生育期間中1か月に1回，EM・1原液1l/10aを300～500倍希釈液にして散布および流し込みを行なう。

とくに最高分げつ期にEM活性液にあわせてEM・3を3l/10aを流し込む。出穂後EM・3を3l/10a，葉面散布で2回行なう。追肥に関しては，生育を見ながらEMボカシを30～50kg/10a施用する。施用時期は慣行農法より5～7日前に施用する。

②畑　作

土つくり　栽培品目にあわせて堆肥や作物残渣とともにEMボカシ100～300kg/10aを施用し，EM活性液10l/10aおよびEM・3の1l/10aを適度に希釈し，まんべんなく散布し耕起する。できれば耕起と同時にうね立てを行ない，マルチをして湿度を保ち微生物を定着させる。太陽熱処理のときにEM活性液10l/10aを施用するのも効果的である。

育苗　種子や種いもをEM・1の1,000倍希釈液に30分浸け，陰干しして播種する。稚苗への灌水には1万倍のEM・1希釈液を使用する。その後の育苗には1,000倍希釈液を散布する。

定植・播種　定植・播種の2週間前にEMボカシ30～50kg/10aをうね上に散布し軽く土と混ぜ合わせる。播種するさいには溝を切り，定植には植え穴にEM・1の100～500倍希釈液をたっぷりとまき，播種定植する。

生育期間　生育期間のEM希釈液の散布は作物により異なるが，1～2週間に1回，EM・1の500～1,000倍の希釈液を葉面より散布する。病害虫や病気のおそれがある場合は，300～500倍の濃いめのEM希釈液を散布する。

追肥　作物の生育状況を見て，EMボカシをうね間とか作物の地ぎわより少し離れたところの土壌表面に施肥する。また株間に穴を掘って施肥する。EMボカシの追肥は一度に大量には行なわない。

③果　樹

土つくり　EMボカシを土壌全面に施用し，浅く全面耕起する。また深さ15～20cmの穴を掘り，その中にEMボカシを入れる方法がある。EMボカシの年間の施用量の合計は100～300kg/10aくらいである。

葉面散布　EM・1の1,000倍希釈液の葉面散布を定期的に行なう。また開花期以降にはEM・3の葉面散布を行なう。

(4) イネでの活用事例――宮城県登米市・及川正樹

①地域と経営の概要

宮城県の北東部に位置する登米市は，西部が丘陵地帯，東北部が山間地帯で，その間は広大で平坦肥沃な登米耕土を形成，県内有数の穀倉地帯となっており，宮城米‘ササニシキ’‘ひとめぼれ’の主産地として有名。農業産出額は年間303億円となり，東北地方第2位を占めている。地域の気象条件は年平均気温11.1℃，年間降水量1,069mm，日照時間1,820時間，無霜期間は4月中旬～10月下旬である。

及川正樹さんの経営の概要を示す（2014年）。

栽培年数：自然農法実施14年（慣行農法0年）

耕作面積：自然農法実施面積808a（全耕作地917a）（圃場枚数40/45枚）

労働力：専業従事2人，臨時雇用90人・日/年（畔草刈り，稲刈り，脱穀）

農機類：トラクター32ps，田植え機6条，バインダー2条×3台，色彩選別機，動力噴霧機，自作揺動除草機，畔塗り機，プラウ

②育土（土つくり）の考え方と基本技術

N，P，Kといった土壌成分には，特段こだわっていない。作物の出来，（収量，品質）が

重要だと考えている。土つくりとして稲わらの圃場への還元は重要だと思うが，現在は天日干し（棒かけ）をした米にこだわって販売しているので，脱穀した稲わらは土壌に還元せず，有機畳の原料として販売している。

稲株は残っているので，収穫後に米ぬかを100〜120kg/10aを施用し，早めに耕起する。4月に2回ほど耕起してならし，未熟有機物を田植えまでに分解しておくことがポイントと考えている。

時期・作業別のEM活用実施方法を第4表に示す。

③病害虫の考え方と基本技術

病害については，ほとんど被害が発生していないので，対策はとっていない。虫害は，カメムシは，畦畔の草刈りを出穂の10日前くらいまでに終わらせ，その後は，草を刈らないようにしてカメムシの田んぼへの侵入を防いでいる。多少被害が出ても，色彩選別をかけてから出荷しているので，とくに問題になっていない。

イネツトムシは，以前発生したことがあったが，その年は，畦畔からEM活性液とともに，EMストチュウを散布し，被害が広がるのを防いだ。イネミズゾウムシやイネドロオイムシは見られるが，被害が少ないので，対策はとっていない。

EMストチュウ（EM5）は酢（1*l*）と焼酎（1*l*）にEM・1（1*l*）と糖蜜（1*l*）と水（10*l*）を加えて発酵させたものである。

④雑草の考え方と基本技術

自然農法を始めて，10年ほどは，雑草との戦いのようだった。2012年プラウ耕を入れたところでは，クログワイが多くなった。2013年は軽めにプラウの戻しを行ない圃場の均平を良くしたところ，深水が全体的にできるようになり，雑草の発生が若干減った。2014年から，早期入水し，EM活性も早期に投入，長期湛水，複数回代かきに切り替えたところ，湛水中の代かきで除草でき，田植え後のトロ土層も厚くなり，雑草は発芽しなくなり，収量も大幅に増収した（第2，3図）。翌年には，他の圃場でも同様の管理に切り替えて，約7割の水田で無除草が実現できた（第4，5図）。

抑草は，前述の育土と長期湛水複数回代かき，湛水田植え，深水管理で対応できていると思われるが，土壌によっては浅水で管理しても水が田面を少しでも覆っていればヒエ，コナギ，ホタルイなどは発生しにくく，地温の確保を考えれば深水の心配はないと思う。

また，前年雑草が発生しなかった圃場では，3日程度であれば田面を露出しても雑草は発生していない。砂地の圃場でも，ヒエの発生は2017年確認されておらず，湛水期間の短い圃場ではコナギが発生している。2017年度現在，植え付け39圃場中，ヒエ，コナギ，ホタルイの発生を確認している圃場（微量は除く）は5圃場だが，このほかの圃場でも長期にわたる田面の露出により，雑草が発生するかもしれず，ようすをみている。

なお，長期湛水複数回代かきを行なうようになって，ザリガニによる食害を受けるようになった。食害が見られた場合は，落水して田面を露出させ，ザリガニを鳥に食べてもらうことで対応できていたが，今年は発生が早く田植え後半月程度にもかかわらず，ほとんどの圃場でベタ落水を行なっている。

⑤出荷，流通に関して

味を重視して販売しているため，自然乾燥した米にこだわっている。とくに‘ササニシキ’は登熟がばらつくので，コンバインで一斉に脱穀し乾燥させるよりも，わらにつけた状態で自然乾燥させたほうが未熟米の追熟があり，よりいっそうおいしくなるので自然乾燥を重視している。お陰様で，震災後に一時的に売れなくなった米も，現在は販売する米が足りない状況となっている。ネットを通じて流通業者にも販売しているがインターネットでの個人への販売がほとんどである。個人販売は，関東エリアで7割，そのほかに，近畿，中部にも顧客がいる。多くの顧客は健康志向で購入してくださっているが，なかには重度のアレルギーで困っている方もいるため，アレルゲンとなりやすい畜糞堆肥を使っての土つくりは行なっていない。現在

第4表　及川正樹さんの稲作でのEM活用実施方法

時期・摘要	日　付	実施方法・その他
秋処理	 11月28日 12月8日	稲わらは全量持ち出し（天日干しして収穫しているため，稲わらは有機畳店へ販売している） 米ぬか150kg/10a 耕起（浅め）
春耕起	3月12日 4月20日 4月22日	耕起 EMボカシ60kg/10a，粗挽き天日塩12.5kg/10a施用 耕起
種もみ処理		無肥料土でプール平箱育苗。養分はオーガニックジャパンの水稲育苗 （N—5.4，P—7.3，K—2.4）（粒状）を4回（入水箱）に分けて追肥している 光合成細菌（EM・3）を自家製で培養したものを混合している
入　水	4月26日	入水。田植えまで水深3～5cmを維持する。入水可能期間：4月末～8月末
代かき	4月29日 5月12日	代かき時にEM活性液（以後，E活）10l/10a点滴 E活20l/10a
中代かき	5月14日	
植え代かき	5月25日	E活15l/10a，光合成細菌培養液（以後，光液）6l/10a。水深を8～10cmほどにし，雑草を浮かせる
田植え	5月28日	植え代かきから湛水状態を保ち，雑草を浮かせたまま，水を張ったままで田植えを行なう トロ土が多いことと揺動除草をかけるため，やや深植えにする 植付け本数：2～4本植え 栽植密度：条間30cm，株間20cm，坪50株植え（17箱/10a）
田面施用	5月31日 6月21日	田植え機の側条施肥機を改造してバイオノ有機27kg/10a（N7.2％）田植えと同時施用 E活50l/10a，光液3l/10a流し込み
水管理	 6月26日	田植え後は，活着まで水深を深くしたくないので，水深5cm程度。通常は，その後生長に合わせて10cm→15cmまで深くしていくが，ザリガニ対策のため浅水でそのまま落水する圃場が増えている ザリガニが大量に発生して，イネを食害するため，対策のため落水し，ザリガニをウミネコに食べてもらう
中干し	6月28日， 7月12日～ 21日	再入水し，E活24l/10a，光液，流し込み。土が固まるくらいしっかり行なう。本来は，やらないほうが良いと思うが，やらないと水が流入しなくなるため，自然と中干しはしなければならなくなる。自然落水で行なっている
出　穂		水が枯渇したさいに，登熟期にE活（70倍希釈液）と光合成細菌（100倍希釈液）を葉面散布したところ，登熟が上がった
追肥ほか	7月5日	バイオの有機S8.5kg/10a（天候，生育を見ながら調整している） E活10l/10a流し込み 粗びき天日塩10kg/10a散布
雑草対策		この圃場も含めて約7割の圃場は，長期湛水複数回代かき，湛水（無落水）田植え，深水で無除草である。トロ土形成のためにEM活性液の流し込みを継続して行なっている
病害虫対策	7月10日 7月23日 7月26日 7月30日	イネの草勢維持のため，EM活性液と光合成細菌を葉面散布しており，とくに被害はでていない ミックス液（E活3％，光液1.5％）15l/10a葉面散布 ミックス液（E活3％，光液1.5％）40l/10a葉面散布 ミックス液（E活3％，光液1.5％）25l/10a葉面散布
落　水	8月19日	水の流入が止まるため自然落水
刈取り		天日乾燥（棒かけ）しているので，手作業が多く，刈取り時期は長期にわたる。その対策として，品種を変えて作期をずらしている 脱穀は，雪が吹く前までに順次継続して行なっている
収　穫	 10月上旬	刈取り時期は穂軸の3分の1が黄変したときで，バインダーで刈り取り，棒かけを行なっている。また，新聞広告を出して人材を募ったこともある 目標は，8俵/10a。品質を落としたくないので，多収は目指していないが，抑草が十分できたところは2割増しで，ササニシキで約9俵/10aと目標収量に達した

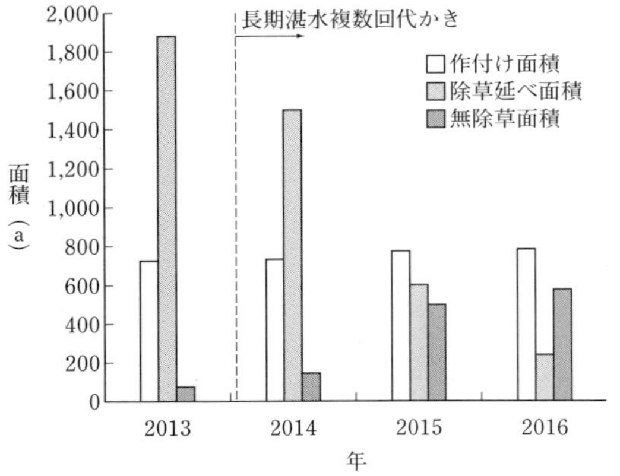

第2図　4年間の除草面積の推移

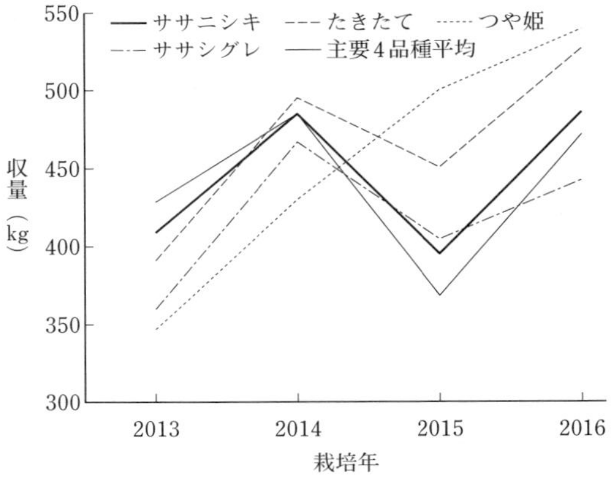

第3図　4年間の収量の変化

第4図　抑草による欠株の減少

以前は年5回除草機を入れたため欠株が多かったが（①），EM活性投入の翌年は抑草に成功し，除草機を入れずに栽培できたため欠株が少なくなり（②），増収した（③）

は，ベトナムにも出荷している（‘ササニシキ’‘あさむらさき’）。

(5) ミニトマトでの活用事例――静岡県伊豆の国市・阿部聖人

①地域と経営の概要

静岡県の東部に位置する伊豆の国市は，農業産出額は41億円である。東部が山間地帯となっており，中部に平野が広がっている。静岡県伊豆の国市農協は，ニューファーマーの制度があり，他業種からの就農の受け入れを行なっている。現在約50名の就農者がいる。

阿部聖人さんの経営の概要は次のとおりである。

第5図　抑草の方法と仕組み

水を張った湛水状態（無落水）で田植えし，EM活性液の田面施用も同時に行なう（①）。その結果，抑草作用のある表面のトロ土層が発達し，その厚みは3～4cmほどになった（②）。なお，抑草が困難な圃場では自家製の揺動除草機を用いる（③）

栽培年数：慣行農法12年

耕作面積：慣行栽培20a

栽培作目：ミニトマト（品種：'CF千果'）

労働力：専業従事7名（内パート6名）

農機類：トラクター（複数人共同で使用），マキタロウ（複数人共同で使用），動力噴霧機

出荷先：すべてJA

② EMによる土つくり

クロルピクリンによる土壌消毒を6作行なったが，病気が止まらなくなったため，消毒を止めた。もっとも病害がひどくでた年は，6月の収穫が終わる時期にほぼ半分株を抜いていたような状態だった。

そこで，EM活性液を使った太陽熱消毒に切り替え，EMで発酵させた堆肥や，EMボカシを使った土つくりを行なった（第5表，第6図）。

堆肥の量は，初年度は750kg/10aだったが，現在は，1.75t/10aに増やしている。堆肥の仕様も変わり，材料の原料がコーヒーかす，お茶かすが主流だったもの（カエルの堆肥）から，コーヒーかす，お茶に昆布がプラスされた匠の昆布堆肥（(株) サンシン製）を使用している。

③実施による病気の減少

EM実施の結果，病気の発生が少なくなった（第7図）。

おもな病気は，青枯病と萎凋病，黄化葉巻病だが，EMを使った太陽熱消毒を行なうようになって，青枯病の病害に関しては，その年によって変動するが，植付け約2,000本中10本/10a程度，萎凋病の病害に関しては，50本/10a程度で推移しており，収量に影響するほど発生していない。黄化葉巻病の病害に関しては，薬剤を使って対策を行なっているが，10～70本ほどで収まっていることから，それほど，収量に影響していない。

2013年は，病気が多発した年で収穫時期が終わる6月には，株の約半数を抜いてしまっているため，収量が少ないが，2014～2016年にかけて，EM活性液を使った太陽熱処理に変えて，収量が増加した。2016年は2013年の収量と比較すると6.5t/10aの増収となった（第8，9図）。

ミニトマトの品種は，葉かび病の抵抗性品種である'CF千果'を使っている。台木は，以

第5表　阿部聖人さんのミニトマト栽培でのEM活用実施方法（2014年）

日　付	作業内容	使用資材	数　量
6月中旬	収穫期収量		
6月下旬	ミニトマト残渣片付け		
7月2日	耕起		
7月4日	EM活性液灌注	10％ EM活性液	500*l*/10a
7月5日	透明ビニールシートを表層に張り湛水開始		
	太陽熱消毒を行なう		
7月25日	湛水期間終了		
	乾燥		
8月5日	EMボカシ施用	EMボカシⅡ型施用	300kg/10a
	カニがら		200kg/10a
	耕起		
8月8日	堆肥施用	EM発酵堆肥	750kg/10a[1)]
	耕起		
	EM活性液散布		20*l*/10a
8月28日	ミニトマトの定植		
8月29日	ミニトマトの定植		
10月中旬	追肥　有機トマト用肥料施用		400kg/10a
10月18日	EM-7葉面散布	EM-7を5,000倍希釈液で葉面散布	0.125*l*/10a
3月20日	灌水　10％ EM活性液	500 ～ 1,000倍希釈液灌水	10*l*/10a
4月中旬	灌水		

注　1）現在は1.75t/10a

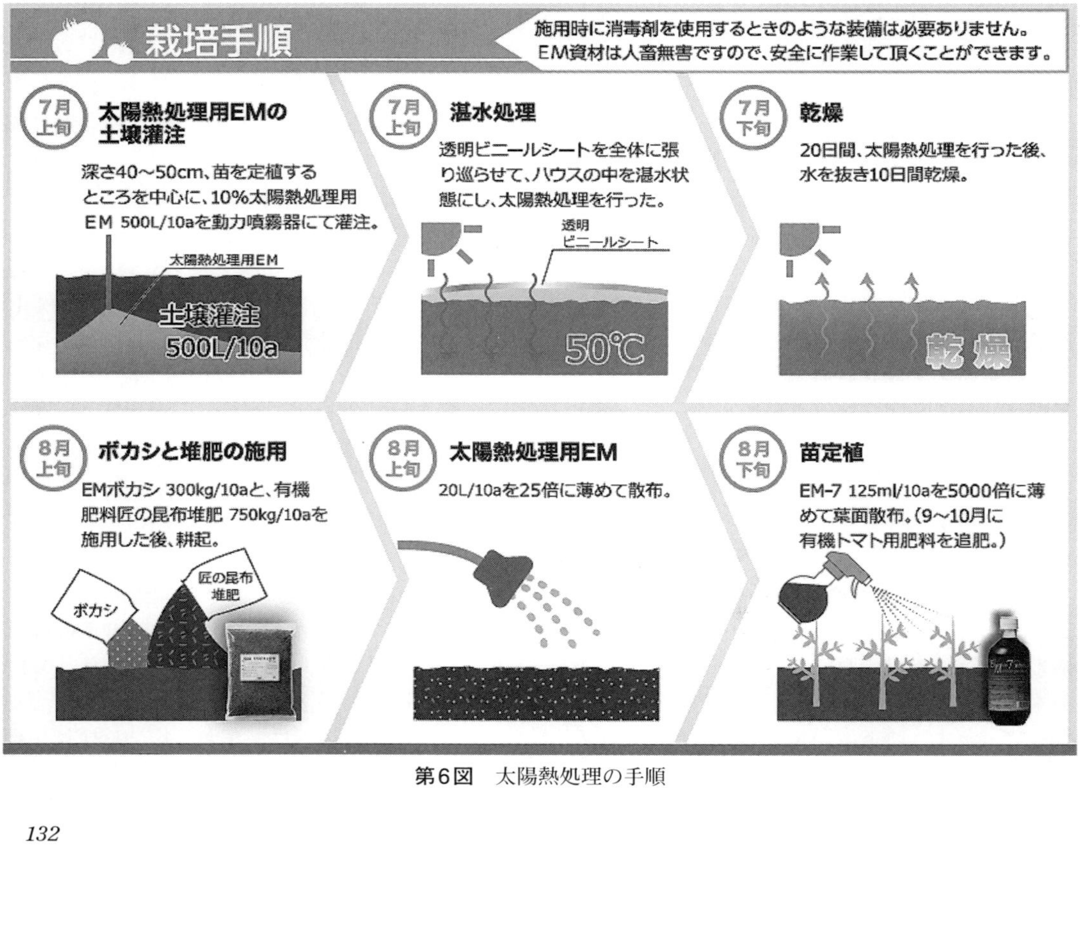

第6図　太陽熱処理の手順

前は青枯病対策として，“がんばる根ベクト”を使っていたが，土つくりの方法を変えることで，“がんばる根”を使った栽培を行なっても，病気が出なかったことから，樹勢が強く育てやすい“がんばる根”に切り替えた。

そのほか，光合成細菌の資材を葉面散布しているが，トマトの熟成が早くなった（第10図）。

④土壌微生物の活性

土の分析結果を第6表に示す。2017年になって腐植の数値が上がり，苦土が少なくなってきている。

また，土壌の微生物活性を調査した（第11図）。これはNASAの技術を応用した95種類の異なった有機物（糖類や有機酸，アミノ酸，アルコール，アミンなどの基質）を入れた試験プレートを使用し，土壌の抽出液を入れ，それぞれの基質が微生物のつくる酵素に分解されると赤く反応する。つまり，より良く分解されると赤く反応する。赤い色が，より多くの穴に濃く染まると多くの微生物がいて活性が高いという評価となる。DGCテクノロジー社によると土壌病害が発生しにくい土壌は，微生物が多様で活性値が高いという結果が出ている。

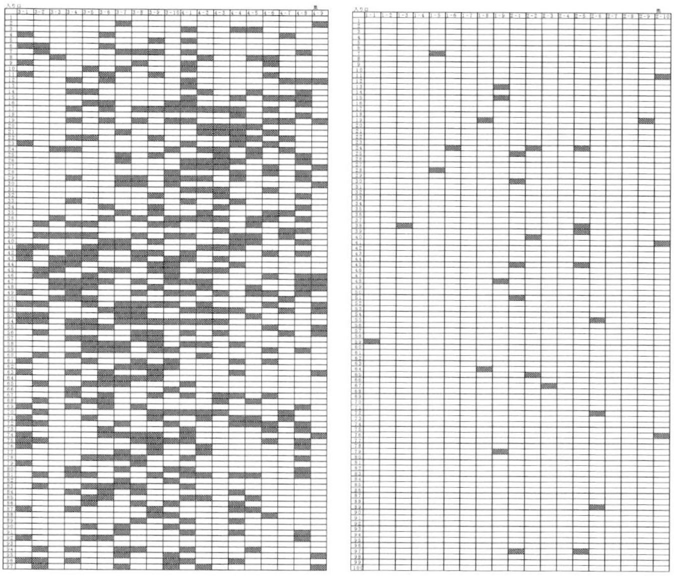

第7図　病気の被害マップ
青枯病がひどかった2013年3月（左）とEMで太陽熱処理を行なった2014年3月（右）。塗りつぶされているマスは，病気で抜き取ったミニトマトの苗

調査の結果，阿部さんの圃場の土は，クロルピクリン消毒を行なっている圃場と比較すると，微生物が多様になっており，微生物の活性が上がっていることがわかる。その結果，病害が減ったと考えている。

(6) 果樹への活用事例――山梨県笛吹市・鮫谷陸雄

①地域と経営の概要

甲府盆地の笛吹川流域に位置し，河川氾濫に

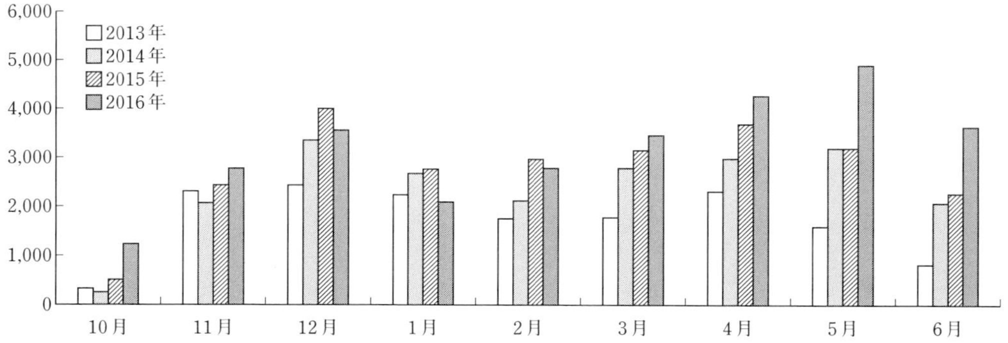

第8図　4年間の月ごとのミニトマトの収量の推移

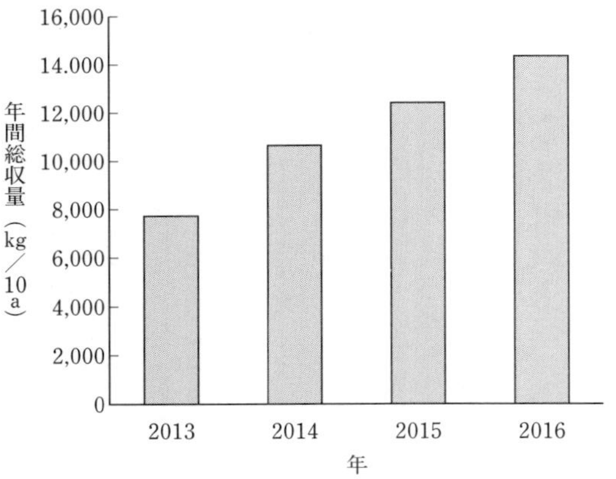

第9図　4年間の総合収量の推移

第6表　土壌分析のデータ

		分析値		適正上限	適正下限
		2017年	2012年		
pH	H_2O	6.1	5	6.5	5.5
EC	ms/cm	0.4	0.5	1	0.2
リン	mg/100g	96	54	100	40
石灰	mg/100g	445	411	600	350
苦土	mg/100g	75	137.7	140	75
カリ	mg/100g	57	67	80	30
腐植	%	5.2	3.0	10	0
石灰／苦土		4.2	2.1	6	0
苦土／カリ		3.1	4.6	0	2

第10図　順調な生育のミニトマト

よる沖積砂土壌。古くは水田，桑畑が中心であったが，現在では，良好な排水土壌，年間を通じて少雨という条件を利用し，モモ，ブドウの栽培が主となっている。自園は甲府市に通ずる国道沿いにあり，観光園としてモモ，ブドウを直売している。

1978年に東京での教諭の職業から一大転身をして，果樹栽培を始めた。慣行の栽培に疑問をもちながら，少しでも安全でおいしい果実が栽培できるように有機低農薬栽培を目指していた折，比嘉照夫教授の著書『地球を救う大変革』に出合い，EMを導入することとなった。

経営は観光園での直販である。長年の顧客と口コミによる販路増に対し，新鮮なモモ，ブドウの“旬の味”を直販し，来園者には，さわやかさとうるおいを提供している。経営の概要は次のとおりである。

栽培品目：モモ：‘浅間白桃’ほか15品種，ブドウ：‘巨峰’‘ピオーネ’‘シャインマスカット’ほか

経営面積：110a（うちモモ70a）

労働力：3人

EM導入：1994年（平成6年）

② EM活用の方法と効果

時期・作業別のEM活用実施方法を第7，8表に示す。

EMボカシは密閉ポリ容器にて1年間以上熟成する。材料は米ぬか60kg，油かす20kg，魚かす20kg（骨粉20kg），カニがら5kg，海藻粉末5kg，くん炭5kg，EMセラミックス1kgの組合わせである。

EMセラミックスは初年度に30kg/10a，以降10kg/10aを土壌施用している。また，EM活性液に対して5,000分の1の紛体を混入し，それを50倍に希釈してSS（スピードスプレーヤー）で年十数回，葉面散布している。

EM活用の結果，糖度の向上，抗酸化力の向上，土壌微生物の定着，病虫害の低減（低農薬栽培）といった効果が得られた（第12～14図，

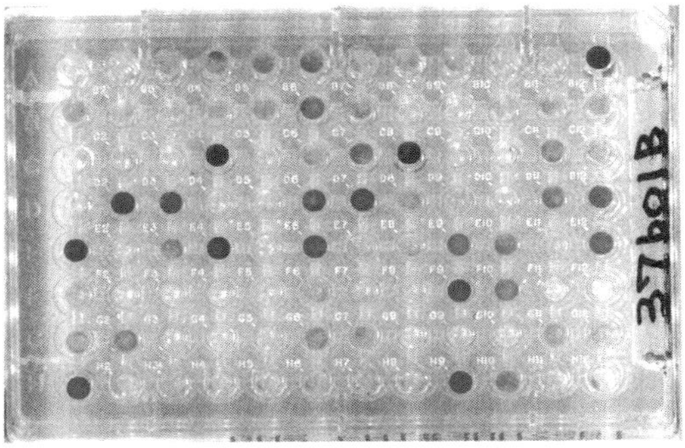

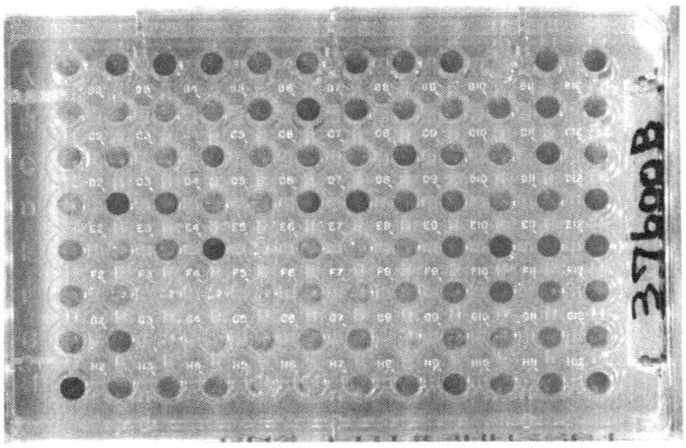

第11図　土壌微生物活性試験（48時間後のプレート発色状態）

左：クロルピクリンで消毒している圃場の土。土壌微生物多様性・活性値：360,908（偏差値：38.3）

右：阿部さんの圃場の土。土壌微生物多様性・活性値：491,131（偏差値：41.9）

第7表　モモの栽培管理（EM散布，病虫害防除，肥培管理）

施用時期	種　類	施用量	施用方法
発芽前（12月～2月上旬）	越冬病虫害防除	機械油乳剤か石灰硫黄合剤（カイガラムシなど） チオノックスフロアブル（縮葉病）	葉面散布
落花期前 （3月上旬～4月上旬）	EM活性液	・EM百倍活性液×50倍希釈 百倍利器200*l*培養（EM・1：2*l*，EM・2：1*l*，EM・3：1*l*，ニガリ：2*l*，糖蜜：4*l*，発酵C：20g，EMX-Gold：200m*l*，食塩6kg） ・木酢液×500倍希釈 ・EM7×5,000倍希釈 ・発酵C×5,000倍 ・ピーチビネガー，アップルビネガーなど	葉面散布（5～8回）
	EM活性液	二千倍活性液　3～5t／10a・年（1tタンク2基：百倍活性液50*l*，糖蜜22kg，食塩10kg）	土壌散布（灌水時）
落花期（4月中旬）	病虫害防除	果実腐敗病防除剤（灰星病） ハモグリガ（モスピラン） 防除時常時：EM7×5,000倍，木酢液×500倍添加 これ以降チャンスがあればEM散布（10回以上）	葉面散布
萼割後（5月上旬）	病虫害防除	黒星病防除剤（イオウフロアブル） カイガラムシ（アプロードフロアブル）	葉面散布
幼果期（5月中旬～下旬）	病虫害防除	黒星病防除（イオウフロアブル） ハモグリガ（カスケード乳剤） ナシマルカイガラムシ発生にとくに注意	葉面散布
防袋・着色・収穫期 （6月下旬～8月下旬）	EM活性液	EMの徹底散布	葉面散布
9月上旬	害虫防除	カイガラムシ（スプラサイド）	葉面散布
肥培管理（9月中旬）	EMボカシ	200～300kg／10a EM処理堆肥3t／10a 二千倍活性液灌水散布	土壌施用，土壌散布（灌水時）

注　百倍利器はEM活性液製造装置である

第8表　ブドウの栽培管理（EM散布，病虫害防除，肥培管理）

施用時期	種　類	施用量	施用方法
休眠期 (2月中旬～3月上旬)	越冬病虫害防除	黒とう病，つる割病，カイガラムシ（EM百倍活性液×100倍希釈）	機械による粗皮むき（バークストリッパー），表面塗布
	EM活性液	・EM百倍活性液×50倍希釈 百倍利器200l培養（EM・1：2l，EM・2：1l，EM・3：1l，ニガリ：2l，糖蜜：4l，発酵C：20g，EMX-Gold：200ml，食塩6kg） ・木酢液×500倍希釈 ・EM7×5,000倍希釈 ・発酵C×5,000倍 ・アップルビネガー×300倍希釈	葉面散布（3月下旬以降チャンスがあるときに）
		二千倍活性液3～5t/10a・年 (1tタンク2基：百倍活性液50l，糖蜜22kg，食塩10kg)	土壌散布（灌水時）
発芽前（4月下旬）	越冬病菌害防除	黒とう病，つる割病，晩腐病（ベンレート水和剤） デラウェア，巨峰，マスカット・ベーリーAをのぞく	葉面散布
開花期前後 (5月中旬～6月中旬)	ブドウ無核化	ジベレリン2回処理 1回目ジベ処理後摘粒作業開始 2回目ジベ処理後ただちに袋かけ	
落花直後	病菌防除	べと病，灰色かび病，黒とう病（ホライズンドライフロアブル）	葉面散布
7月上旬	病菌防除	べと病，さび病，晩腐病，灰色かび病（ICボルドー66D×40倍希釈）	葉面散布
7月下旬	病菌防除	べと病，さび病，晩腐病，灰色かび病（ICボルドー66D×40倍希釈）	葉面散布
肥培管理（10月中旬）	EMボカシ	5kg/10a EM処理堆肥2t/10a 樹周り3～5mの範囲に散布	土壌施用

第12図　モモでのEM活用の効果

左：2000年，右：2017年の状態

第13図　鮫谷さんのブドウ（品種：シャインマスカット）

サンプル名	Brix糖度（%）	抗酸化力（TEmg/100g）	ビタミンC（mg/100g）	硝酸イオン（mg/l）	味（1～5）
サンプル（N＝20）	17.8	155.8	13.2	＜5	5
全国平均値	12.9	61.7	11.9	＜5	4
食品成分表	—	—	8.0	0	—
官能評価	甘味：2，旨味：2，酸味：0，食感：0，香り：1				

注　官能評価はサンプルを評価したもので，0を基準として－2～＋2で評価

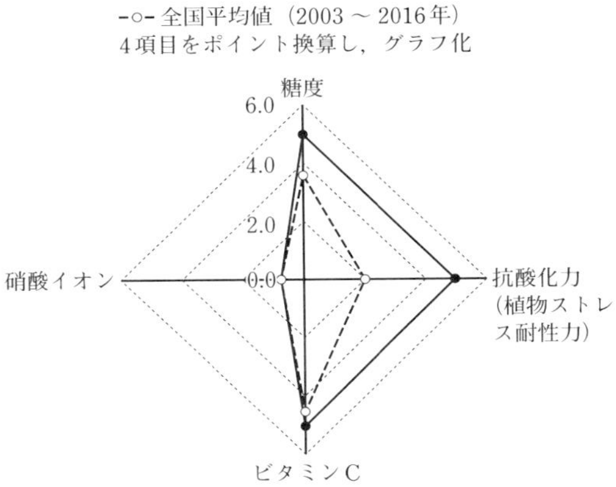

第14図　モモの成分値による品質評価

全国平均値は2003～2016年の値
官能評価：0を基準として－2～＋2で評価

第9表　モモ各品種の平均糖度の推移

品　種	2007年	2008年	2009年	2010年	2011年	2012年	2013年	2014年	2015年	2016年	2017年	品種別平均値
日川白鳳	—	14.9	15.2	15.1	14.8	15.8	13.8	14.0	14.3	15.7	14.5	14.8
一宮白鳳	—	14.9	15.9	15.3	13.8	17.1	15.0	16.7	15.3	15.7	15.3	15.5
早生白鳳	—	14.9	15.9	16.5	15.3	—	16.1	16.2	17.2	16.9	15.2	16.0
紅国見	—	15.8	16.4	16.8	16.9	17.8	17.6	17.8	16.3	17.4	15.8	16.9
白　鳳	14.8	16.7	18.0	18.5	16.8	18.0	17.2	16.8	—	—	16.7	17.1
浅間白桃	16.1	18.8	17.1	18.9	18.1	16.6	18.8	—	—	17.0	16.8	17.6
夏　娘	—	—	—	17.5	16.6	16.7	19.4	22.8	17.7	—	—	18.5
一宮白桃	16.6	17.8	17.7	17.4	16.8	17.6	17.7	17.4	15.5	15.4	15.6	16.9
一宮水蜜	16.7	18.5	17.1	18.8	16.4	—	17.5	16.0	16.6	15.1	15.3	16.8
川中島白桃	19.6	16.8	17.9	16.5	17.9	18.0	17.2	—	—	15.3	15.9	17.2
絹代白桃	17.7	17.9	17.7	—	16.3	16.6	—	—	—	—	15.5	17.0
幸　茜	—	15.7	21.0	19.6	17.0	17.6	—	—	—	—	—	18.2
全品種平均値												16.9

注　全国平均値：12.9（2003～2016年）。デザイナーフーズ株式会社のデータベースより

第9表）。

今後は，より効果的なEM活用法とその効果の検証，生育ステージに合わせた効果的な肥培管理，無農薬栽培の確立をはかりたいと考えている。

《問合わせ先》静岡県静岡市葵区吉津666
株式会社EM研究所
TEL. 054-277-0221
FAX. 054-277-0099
URL. http://emlabo.co.jp/

執筆　黒田達男（株式会社EM研究所）

Mリンカリン（MリンPK）——リン酸の吸収率を飛躍的に高める酵素微生物資材

(1) リン酸の作用と吸収特性

リン酸の植物体内での働きは大変重要で，光合成や生長時に必要なエネルギーATP（アデノシン三リン酸），種子の結実時に必要なフィチン酸（イノシトール六リン酸），細胞分裂時の遺伝情報物質DNA（デオキシリボ核酸）とRNA（リボ核酸），細胞膜やミトコンドリア膜などの生体膜構成に関与し各種の代謝機能への関与が知られているリン脂質などは，すべて吸収したリン酸を植物が合成してつくり出す物質である。また，根でつくられるアブサイシン酸（枝の徒長を抑制）やサイトカイニン（花芽形成を促進）などの重要なホルモンの生成にもリン酸の肥効は影響を与えている。

作物栽培上でのリン酸の作用は，1）光合成機能の促進，2）着花（着果）・結実の促進，3）細胞の強化，4）発根の促進などがあり，結果として，日照不足に強くなる，糖度などの品質が高くなる，硬くなる，耐病性が強くなる，高温障害や低温障害に強くなる，稔実歩合が高まるなどの品質と収量をともに高める成果となって表われる。

とくに「光合成機能の促進」は重要で，収量や品質や耐病性に絶対的な影響を与えることになる。

近年の天候は不順なことが多く，日照不足，多雨，干ばつ，異常低温，異常高温などは作物の生育を大きく乱す障害の原因となることもある。これら異常気象の障害は，炭水化物の生産能力が低下することや，エネルギー源としての炭水化物の消費量が増加することで発生することが多い。したがって，光合成機能を促進できれば炭水化物の生産能力が増加され，気象被害の軽減は可能になるのだ。

また，土壌中の各種養分は水溶性成分とク溶性成分に大別できる。この中でカルシウムやマグネシウムなどのク溶性成分は根から排出される根酸（炭水化物）が少なければ土壌溶液に溶けだすことがむずかしくなる。したがって，根酸の排出量不足はク溶性成分の欠乏症の原因に繋がることになる。根酸の排出量が減少する大きな原因として，1）日照不足などにより炭水化物の生産能力が減少すること，2）窒素過多の生育で窒素の消化のために多くの炭水化物が消費されること，などがある。なお，根酸は土壌中の病原菌の侵入を防御する機能もあるので，根酸の排出量の不足は土壌病害に侵されやすい状況でもあるといえる。

そこで，リン酸の吸収効率を高めることで光合成機能を促進させることが重要になる。リン酸が十分に吸収され炭水化物の生産能力が高まれば，多くのブドウ糖や根酸を増産することが可能となり，根量を増やすための炭水化物の供給や，土壌中のク溶性成分の吸収促進とともに土壌病害の対策に有効な根酸の供給能力も強化される。

水分と炭水化物が主要成分である農産物の「多収穫をねらう」ためにも，「品質を高める」ためにも，「気象被害を低減する」ためにも，リン酸の肥効を高める技術が不可欠となるのだ。

ところが三要素のなかでは，窒素成分の吸収利用率に比べ，リン酸の吸収利用率は極端に低く，一般的な施肥ではほとんどの場合「窒素過剰・リン酸不足」の状態で生育し，これが病気や障害の発生，品質の低下，および収量減少につながってしまうことが多い。

土壌水に溶け，陽イオンとなった金属イオン（肥料成分）は，同じ溶液中に存在するリン酸イオン（陰イオン）と結合し，難溶性のリン酸金属結合物質となってしまう（第1表）。これがリン酸の肥効を著しく低下させている原因であり「リン酸の固定化」とよぶ。

同時にリン酸と結合した金属イオンの大半は，作物の必須栄養素でもあるため，リン酸と土壌中の金属の結合は，リン酸欠乏の原因となっていること以外に，カルシウム欠乏の原因，マグネシウム欠乏の原因，鉄欠乏の原因など各

第1表　土壌中のリン酸と金属の結合（リン酸の固定化）

リン酸とカリウムの結合	
$K^+ + PO_4^{3-} \rightarrow KH_2PO_4$	（水に溶ける）
$2K^+ + PO_4^{3-} \rightarrow K_2HPO_4$	（水に溶ける）
$3K^+ + PO_4^{3-} \rightarrow K_3PO_4$	（水に溶ける）
リン酸とカルシウムの結合	
$Ca^{2+} + PO_4^{3-} \rightarrow CaHPO_4$	（水に溶けにくい）
$3Ca^{2+} + 2PO_4^{3-} \rightarrow Ca_3(PO_4)_2$	（水に溶けない）
リン酸とマグネシウムの結合	
$Mg^{2+} + PO_4^{3-} \rightarrow MgHPO_4$	（水に溶けにくい）
$3Mg^{2+} + 2PO_4^{3-} \rightarrow Mg_3(PO_4)_2$	（水に溶けない）
リン酸とマンガンの結合	
$Mn^{3+} + PO_4^{3-} \rightarrow MgPO_4$	（水に溶けない）
$3Mn^{2+} + 2PO_4^{3-} \rightarrow Mn_3(PO_4)_2$	（水に溶けない）
リン酸と鉄の結合	
$Fe^{3+} + PO_4^{3-} \rightarrow FePO_4$	（水に溶けない）
$3Fe^{2+} + 2PO_4^{3-} \rightarrow Fe_3(PO_4)_2$	（水に溶けない）
リン酸とアルミニウムの結合	
$Al^{3+} + PO_4^{3-} \rightarrow AlPO_4$	（水に溶けない）

種微量要素欠乏の原因にもなっている。

リン酸はPO_4^{3-}（3価の陰イオン）として土壌溶液に溶けるが，陽イオン肥料成分のカリウム（K^+），カルシウム（Ca^{2+}），マグネシウム（Mg^{2+}），マンガン（Mn^{2+}），鉄（Fe^{3+}）などや，火山灰土壌に多いアルミニウム（Al^{3+}）とイオン結合による化合物をつくる。このリン酸化合物のなかでリン酸カリウムは水に溶け，リン酸カルシウムおよびリン酸マグネシウムは酸性土壌で水に溶け，中性に近づくにつれ難溶性となる。リン酸鉄とリン酸アルミニウムにいたっては，植物が生育できない強酸性土壌以外ではほとんど溶けないという特徴がある。

リン酸の吸収利用率は，火山灰土壌で3～10％，比較的リン酸の吸収利用率の高い腐植質に富んだ土壌でも10～20％程度しか吸収されないのが現実であろう。

(2) 開発のねらいと成分

リン酸の肥効を高める篤農技術として，堆肥製造時に過リン酸石灰などのリン酸肥料を混合し発酵処理してから施す方法がある。この方法によって，堆肥原料中の有機物によりリン酸が包み込まれ，堆肥発酵の過程で増殖する微生物の作用によりリン酸の金属との結合を防ぐことができる。同時に，堆肥原料を発酵処理する微生物の栄養素として，過リン酸石灰中のリン酸とカルシウムおよび硫黄が利用された側面もある。

植物や動物は，生きるためのエネルギーの伝達物質として，必須栄養素であるリン酸（リン）を体内に吸収しなければならないが，微生物も例外ではない。リン酸（リン）を吸収することで生物としての営みが可能になるのである。

微生物は，リン酸（リン）や他の栄養素を吸収しやすくするためにさまざまな酵素や有機酸を産出し，大きな化合物を低分子化したり，溶かしたりする働きがある。一例をあげると，われわれの歯はリン酸カルシウムが主成分となった硬い化合物である。中性の口の中ではリン酸カルシウムが強固に結合しているため，水にはほとんど溶けない。ところがこの硬い歯でも溶かされることがある。虫歯である。虫歯は，俗名「虫歯菌（ミュータンス菌）」という微生物が産出する酵素や有機酸によってリン酸カルシウムが溶かされた跡である。もちろん，虫歯菌は溶かしたリン酸とカルシウムを生きるために吸収する。虫歯菌以外にも，自然界にはリン酸を特異的に吸収したり溶かす働きのある微生物や酵素が存在する。

これらリン酸に作用する微生物や酵素のなかから，リン酸化合物への作用の強い微生物群と酵素を選び出し，リン酸発酵能力を高める特殊な方法で培養したものが「Mリンカリン」である。（第1図）

Mリンカリンは，リン酸，カルシウム，硫黄，カリウム，塩素，有機栄養源（おもに米ぬか）の存在下で，活発にリン酸に作用するように培養された微生物酵素資材である（第2表）。

(3) MリンPK（発酵リン酸肥料）の製造の特徴

①原料と配合割合

Mリンカリンを使って，リン酸の肥効を高めた発酵リン酸肥料（発酵リン酸カルシウム肥料とよぶこともある）をMリンPKとよぶ（第3

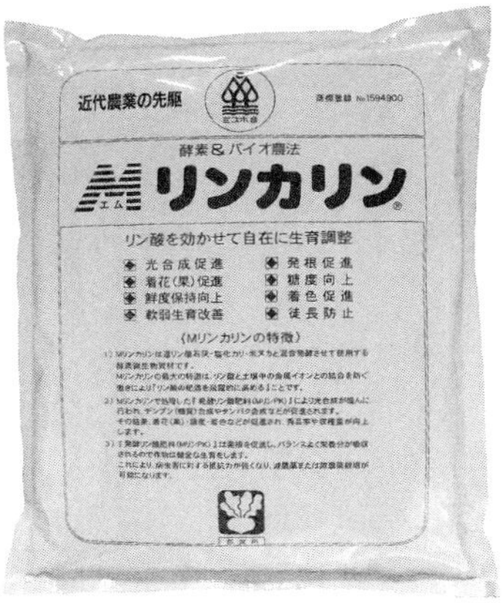

第1図　Mリンカリン

表)。

Mリンカリン1袋（2kg）のリン酸処理能力は，水溶性リン酸成分量では12～15kg，可溶性リン酸成分量では15～21kgの範囲でもっとも高い。ク溶性リン酸成分の処理は，Mリンカリン中の微生物と酵素でも発酵期間が長期間必要となるため，水溶性成分および可溶性成分を含む肥料を原料とする。

標準型のMリンPK（5：1）の1セット当たりの原料と配合割合は，Mリンカリン1袋（2kg）に対して，過リン酸石灰100kg（5袋），塩化カリ20kg（1袋）と米ぬか5kgとなり，合計127kgのMリンPKができる。カリ要求量の少ない作物やカリ過剰圃場では塩化カリを2～10kgに減じた配合にし，カリ要求量の多い作物は塩化カリの配合量を30kgに増量する。また，苦土要求量の高い作物や苦土欠乏の可能性のある圃場では，硫酸苦土肥料（硫酸マグネシウム）を10～30kg混合する配合方法もある。糖度上昇などの食味向上を主目的にするのであ

第2表　ミズホの微生物資材・土壌改良資材一覧

資材名	成分など	特徴と使用法など
Mリンカリン（2kg）	好気性菌 リン酸作用特異性菌	リン酸の固定化防止。カルシウム（マグネシウム）および微量要素の肥効も向上 本品1袋に，過石（100kg），塩化カリ（2～20kg），米ぬか（5kg）を混合し熟成された物をMリンPKと呼ぶ。基肥や追肥で施用。MリンPKは，過剰吸収窒素の消化，着果促進，糖度向上，発根促進，耐病性強化などを目的にして施肥する
バクヤーゼ（1kg）	複合微生物資材 細菌，放線菌 酵母，糸状菌	有機質資材の発酵菌。高温発酵菌で繊維質分解力は高い 本品1袋は，堆肥原料2tの発酵処理に利用（良質堆肥が短期間に作製可能） 本品1袋は，ボカシ肥原料500～1,000kgの発酵処理に利用
Mイーシー（10kg）	複合微生物資材 乳酸菌，放線菌	土壌の連作障害（高塩基障害，土壌病害）の対策資材。定植前に1～2袋/10a施用 高ECを下げ，pHを調整する能力と，乳酸菌・放線菌による病原菌の抑制
サンレッド（300ml）	通性嫌気性菌 光合成細菌	メタンガスや硫化水素ガスなどの有害ガスによる根腐れの軽減 未熟有機物害の改善。低温，日照不足，生育遅れの改善
キトチンキ（3l）	キトサン10% ＋有機酸	根の保護と発根性強化および土壌病害軽減→苗の定植前100倍液のドブ付け 葉面保護と病害虫忌避→300～500倍液の葉面散布
バイオ根助（20l）	高品質木酢液 有機酸強化	土壌病害の対策（土壌静菌作用）→症状により20～500倍液を灌水施用 作物活性化と病害虫忌避→300～500倍液の葉面散布
バクヤーゼK（15kg）	作物残渣分解促進剤 ボカシ肥料	稲わらなどの分解促進→3～5袋/10a。緑肥や作物残渣の分解促進→3～10袋/10a 畑作のボカシ肥料として基肥施用→10～20袋/10a
バイオ健太クン（12kg）	硬質炭資材 ココナッツヤシがら炭	土壌の透水性改善。有害ガスや有害成分の吸着除去。酸欠改善による発根性向上 有効菌増殖による微生物相の改善。定植前に10～20袋/10a施用

第3表　MリンPKの配合割合

配合タイプ	標準型			カリ減量型			カリ増量型			苦土配合型		
通称（呼び名）	MリンPK　5対1			MリンPK　10対1			MリンPK　8対3			苦土入りMリンPK		
Mリンカリン 過リン酸石灰 塩化カリ 米ぬか 硫酸マグネシウム	2kg（1袋） 100kg（5袋） 20kg（1袋） 5kg			2kg（1袋） 100kg（5袋） 10kg（半袋） 5kg			2kg（1袋） 80kg（4袋） 30kg（1.5袋） 5kg			2kg（1袋） 80kg（4袋） 10kg（1袋） 5kg 20kg（1袋）		
出来上がり重量	127kg			117kg			117kg			117kg		
概算成分量（%）	P	K	Mg	P	K	Mg	P	K	Mg	P	K	Mg
	14.1	9.4	0	15.3	5.1	0	12.3	15.3	0	12.3	5.1	4.2

注　過リン酸石灰のP成分は18%，塩化カリのK成分は60%，硫酸マグネシウムのMg成分は25%で計算

れば，硫酸苦土肥料を追加した，リン酸・カリ・カルシウム・マグネシウムを含む「苦土入りMリンPK」が最適となる。

②原料選択の根拠

原料に過リン酸石灰を用いるのは，リン酸肥料のなかでもっともリン酸効率の高い肥料であり，なおかつ安価であり，全国どこでも入手できるからである。水溶性リン酸と可溶性リン酸以外にも硫酸カルシウムが豊富に含有されていることも見逃せない理由となる。また，Mリンカリンによりリン酸とカルシウムの結合を防ぐことで，過リン酸石灰中のリン酸とカルシウムの吸収効率を高めることができるため，過リン酸石灰単独で施用したときに比べて大幅にリン酸とカルシウムの吸収を促進させることができるようになる。

塩化カリを配合するのは次のような理由からである。露地畑やハウス栽培では，EC（塩類濃度）を高め根いたみの原因になるとか，塩素の弊害を意識するため塩化カリを使わずに硫酸カリを使うケースが多い。しかし，規定量のMリンPKの施肥では，EC上昇による根いたみや塩素の害はほとんど発生しない。塩化カリの長所は，硫酸カリに比べ安価なのにカリ成分含量は1.2倍であるというコスト的メリット，Mリンカリンの栄養源としてカリウムと同時に微量の塩素が必要であること，Mリンカリンが活動するために必要な水分を大気中から吸収してくれる吸湿性があること，カルシウムの肥効を高める塩素と，リン酸の肥効を高めるカリウムの働き，どこでも入手できる肥料であるといった点である。そのため，硫酸カリではなく塩化カリを原料にして配合する。

手持ちの硫酸カリを利用したい場合や塩化カリが十分に入手できない場合でも，1セット当たり塩化カリを最低2kg以上添加し，不足分は硫酸カリを代用していただきたい。

すなわち，「MリンPK」は，リン酸，カリ，カルシウムが配合された肥料で，とくにリン酸とカルシウムの肥効の高い「発酵リン酸（カルシウム）肥料」であるといえる。

過リン酸石灰と塩化カリには，粒状と粉状がある。機械散布用には粒状配合，流水施肥や液肥にして利用する場合は粉状配合が適している。粉状配合の場合，塩化カリの粉状を入手できない場合は粒状の塩化カリでも差し支えない。

③自家配合時の注意点

MリンPKの自家配合は簡単である。Mリンカリンと過リン酸石灰と塩化カリと米ぬかを混合して放置・熟成するだけでよいのだが，MリンPKの肥効を高めるために，1）積算温度と発酵期間，2）酸素の供給，3）水分の供給が必要になる。

積算温度と発酵期間　MリンPKを製造するための積算温度は，粉状では最低でも200度以上，粒状では300度以上を確保する。MリンPKの発酵は室温より2～3℃高い温度で進行するが，積算温度の計算は室温×日数とする。

粉状MリンPKでたとえると，室温10℃のと

き，20日間で積算温度200度となり使用可能となるが，発酵期間は20日間より数か月経過したもののほうが肥効は高くなる傾向にあるため，長期間の発酵熟成をお勧めする。また，MリンPKは長期間放置しても経時変化で固まらないという特徴もある。

酸素の供給　Mリンカリンに含まれる微生物の活動には酸素が必要である。しかし，混合したあとに切返しをする必要はない。混合したMリンPKを発酵（熟成）させるときは，空袋に入れ密閉せずにおく方法と，密閉するときは空袋に数か所の穴をあけて入れる方法，土嚢袋やフレコンバックなどのような通気性の有る網袋に入れる方法などがある。

水分の供給　MリンPKの発酵に必要な水分は塩化カリの吸湿性を利用するので，配合時に水を加えることはほとんどない。しかし，湿度の低い乾燥期に混合するときや，混合して20～30日後に施肥するMリンPKを配合するときは，1セットに対して2～3lの水をジョロや噴霧器などで散水混合するとよい。

その他の注意点　MリンPKの発酵熟成および保存時は，雨と直射日光を避けて行なう。また，Mリンカリンと米ぬかだけを混合したものを長期間放置すると米ぬかを分解する微生物が優先的に増殖し，リン酸の固定化を防ぐ微生物群が劣勢となる。このため，Mリンカリンと米ぬかを先に混合した場合は，最高でも7日以内に過リン酸石灰と塩化カリと再混合してもらいたい。

(4) MリンPKの使用方法

①施肥時期のポイント

作物の生育を育苗期，栄養生長期，分化期，生殖生長期，登熟期に分けたとすると，次のような時期にリン酸を多く必要とする。

発根期（基肥）　初期の発根能力を高め，根張りをよくする目的（育苗期，作付け前，基肥時）。

分化期（追肥）　花芽分化，着花，結実の促進目的（イネは出穂30～40日前，畑作は開花7～10日前）。

登熟期（追肥）　食味・着色・保存性を高める目的（収穫30～10日前）。

収穫後（お礼肥）　炭素率を高めて霜害や凍結の軽減，翌年の花芽の充実（果樹などの永年作物）。

雨天時（追肥）　軟弱徒長を抑え，耐病性を高める目的（梅雨期，長雨時に随時）。

日照不足時（追肥）　光合成能力を高め，炭水化物の増産（曇雨天が連続するとき）。

窒素過多時（追肥）　光合成能力を高め，未消化態窒素の消化を促進（軟弱徒長などのとき）。

②施肥量

一般的な露地作物の施肥は，基肥20～50kg/10a，追肥15～30kg/10aである（第4表）。基肥は全層施肥または層状施肥で，追肥は表層施肥が主体である。

ハウス栽培の施肥は，地温が高く窒素成分が

第4表　MリンPKの施肥量の目安（10a当たり）

作物種類	基　肥	分化期	追肥（イネは穂肥）	収穫前	多雨時および日照不足時
イネ・麦	20～30kg	10～30kg	20kg×2回		10～30kg
果菜類	30～60kg	20～30kg	10～20kg（7～10日おき）	20～30kg	20～30kg
葉菜類	20～30kg	15～20kg			20～30kg
根菜類	20～30kg	20～30kg		20～30kg	20～30kg
果樹類	40～60kg	30～40kg	30～40kg	30～50kg	20～40kg
花卉類	20～40kg	20～30kg		20～30kg	20～30kg
茶	30～40kg		20～40kg		20～30kg

第5表　液肥の原料と配合割合

液肥名	通称（その意味）	原　料	分量（水100l当たり）
アミビタ液肥	A液肥（A：アクセル）	アミビタゴールド サンレッド（光合成細菌） 尿素	20kg 200ml 0 ～ 20kg
MリンPK液肥	B液肥（B：ブレーキ）	MリンPK 硫酸マグネシウム	30kg 0 ～ 10kg

効きやすい環境にあるので基肥30 ～ 60kg/10aになり，追肥は，7 ～ 10日おきに15 ～ 20kgを表層施肥する方法と，4 ～ 10日おきに4 ～ 10kgの上澄み液を灌水施肥する方法がある。

③液肥による生育促進と生育調整

ハウスなどの施設園芸では，灌水や灌注による液肥の追肥が主体となる。その他の畑作でも灌注施肥で追肥を行なうことも多い。そこで，作物の生長や実の肥大を促進させる目的で，アミノ酸が豊富に含まれるアミビタ液肥を使い，徒長を抑えたり花芽分化の促進および品質向上の目的でMリンPK液肥を使う方法がある（第5表）。

アミビタゴールドとは，魚タンパク質を酵素分解によりアミノ酸化した有機液肥で，アミノ酸類，ビタミン類，ミネラルが豊富に含まれる100％動物有機原料の液肥である。

尿素の添加量は作物の窒素成分要求量により加減する。メロン，スイカ，イチゴ，果樹など糖度が品質の決め手になる作物は尿素を0 ～ 10kgと少なめにする。逆に，ナス，ピーマン，キュウリ，セロリなど多肥性の作物は尿素を15 ～ 20kgと多めに加える。

硫酸マグネシウムは，ナス科やウリ科など苦土欠が発生しやすい作物栽培で加えることになる。

MリンPKなどを水に投入し，十分に混合したあと，静置すると過リン酸石灰や硫酸マグネシウムのかすが沈澱するので上澄み液を利用する。なお，沈澱物に含まれるリン酸やカリおよびマグネシウムは低濃度であるが，カルシウム含量は高いので乾燥させて土つくり時に施用することもできる。

両液肥ともに灌水施肥は10 ～ 20l/回を，初期は7 ～ 15日おき，最盛期には4 ～ 7日おきに施肥する。

灌注施肥は30 ～ 40l/回を初期は30 ～ 40日おき，最盛期には20 ～ 30日おきに行なう。

＊

以降，生産現場での使用事例を生産者ご本人におまとめいただいた。

(5) イネでの使用事例——福島県只見町・三瓶民哉さん

私はヤンマーアグリジャパン（株）に勤めながら，週末は農業をしております。圃場は福島県只見町の標高400 ～ 420mの寒冷地に位置しており，そこでコシヒカリなど食味の良い品種を栽培しています。

私が大きな衝撃を受けたのが1993年の大冷害の年です。私の地域も低温日照不足でほとんどの稲穂に実が入らず，スカスカの「しいな」ばかりの年になりました。私はそれまでまったく栽培には関心がなかったのですが，『現代農業』や業界紙で冷害の年にもかかわらずリン酸を上手に効かせて平年並みの収量を上げている栽培方法があることを知りました。それが「Mリン農法」や「MリンPK」との出合いだったのです。倒伏させずに多収穫可能な技術，そして日照不足や冷害にも強い栽培方法がMリン農法で実現できるのではないかと考えました。そして農機具でお世話になる農家の方々にも，Mリン農法による安定多収穫の米づくりを体験してもらい喜んでもらえると思ったのです（現在は福島県内だけでも大多数の方にMリンPKを使っていただいております）。

①リン酸優先のイネは初期がみすぼらしい

翌年の1994年から，まずは自分の田で実践しました。それもわが家のすべての田へMリン農法を導入したのです。窒素過多（茎数過剰の穂数型稲作）の初期生育に慣れていた家族や近隣農家の方々は，初期生育が見劣りするリン酸優先の栽培方法を今まで見たことがなかったようです。私はまったく気にならなかったのですが，両親は長年見てきたイネとはまったく違う光景に心配をし，母に怒られたこともありました。

父は，6月中旬まで稲作を任せた息子（私）への怒りを押し殺していましたが，6月下旬の調節肥を流水施肥で行ない，そのあとに肥料のかすが白く残っていることを見るや，大変な剣幕で怒りだしたのです。

Mリン農法の稲作では，追肥（調節肥や穂肥料など）を水口からの流水施肥で行ないます（第2図）。入水しながらMリンPKを先に施肥し硫安や尿素をあとから施肥します。MリンPKのかすが水口付近に残ることで，水口付近の土壌が硫安や尿素の窒素分を吸着しないようにするのですが，MリンPK中の硫酸カルシウムは全量溶けないため，どうしても白く残るのです。この白く残ったかすが父親の逆鱗に触れたのでした。両親以外にも近所中，村中の人々が，三瓶家のイネの初期生育が寂しすぎることと水口付近に白いかすが残っていることを心配しながら忠告してくれました。そのせいで，三瓶家での私の立場はますます悪くなりました。

周りのイネはすでに過繁茂になっているため積極的な追肥ができません。せいぜい調節肥に塩化カリやNK化成を10kgまく程度です。砂状土の多い私の地域は，秋に入ると早々に葉色がさめる町内でも有名な秋落ち地域でした。

②中盤から逆転した穂重型稲作

三瓶家の混乱をよそに，6月下旬に調節肥を行なったわが家のイネは，日に日に葉色も濃くなり，太い分げつがたくさん発生し，葉先は天を突くようにピン立ち，手を入れると手のあちこちに切り傷ができるほど硬いイネの姿に生長していきます。まるで，カヤのような開張型の多収穫を予感させるイネの姿です。

私のイネは調節肥のあと，あきらかに地域のイネを逆転しながら生長を続けています。その後7月下旬にMリンPKと硫安の穂肥を再度流水施肥で行ないました。中盤以後の三瓶家のイネは近隣のどの田んぼより元気な穂重型稲作の姿になっています。村中の人々が羨むようなイネの姿になってきたのでした。

第2図　流水施肥後の水稲

お盆には大きな手のひらサイズの稲穂が出てきました。あれほど心配しながら怒っていた父が親戚をわざわざわが家の圃場まで案内して自慢していたそうです。

9月のイネ刈り前，地元の農協では，組合長が「三瓶民哉のコシヒカリがスゴイので，みんなで見に行ってこい」と話されたそうです。

多収穫を狙いたいが，倒伏が恐いし，病気も恐い。また冷害対策にリン酸を効かせたいが，なかなか効いてくれない。これらの問題を解決してくれたのがMリンPKだと確信しました。

MリンPKの施肥で，根量は多くなり，葉はピンと立ってくる。また，リン酸とカルシウムを効かせながら育てると，窒素の消化も促進され，食味を落とす原因となる未消化窒素も少なくなり，デンプンの多いおいしい米になります。また，私の説明でMリンPKを使い始めた方々からは「倒伏対策や多収穫だけではなく，MリンPKを使うとどんな作物でもおいしくなる」とお褒めの言葉を頂戴します。

③土つくりとリン酸肥効で安定多収穫を実現

私の施肥体系は第6表のとおりです。土つくりで用いるバクヤーゼKは，稲わらなどの分解微生物入りのボカシ肥料です。米ぬかはバクヤ

第6表　三瓶さんの稲作肥培管理

期　日	項　目	肥料など	施肥量	備　考
前年の秋	土つくり	バクヤーゼK 米ぬか	45kg（3袋） 約60kg	機械散布 機械散布
5月15日ころ	基肥	MリンPK 硫安	20kg 5kg	機械散布 機械散布
7月5日ころ	調節肥	MリンPK 硫安	10～20kg 0～5kg	流水施肥 流水施肥
7月20日ころ	穂肥	MリンPK 硫安（または尿素）	20kg 10～12kg （5～6kg）	流水施肥 流水施肥
7月30日ころ	穂肥	MリンPK	20kg	流水施肥
8月10～20日	実肥	MリンPK	0～20kg （悪天候時）	流水施肥
8月15～30日	稔実促進	Pフォスタ500倍液	80～100l×1～2回	葉面散布

注　品種：コシヒカリ，田植え：5月25～30日，50～70株/坪
出穂：8月10日前後，収穫：10月10～20日
施肥量は10a当たり，平均収量660kg，全量1等米

ーゼ菌のえさとイネの肥料としての両面があります。このバクヤーゼKと米ぬかを秋の収穫後に散布します。秋耕をしたほうがわらの分解は進むのですが，豪雪地帯に住む私は秋耕をしないでそのまま雪の下に置きます。すると春の耕うん時にはわらがボロボロに分解され，田植え時の浮きわらも大幅に少なくなります。たくさんの生わらがすき込まれないため，根腐れの原因である有害ガスの発生が少なくなり，根張りが良くなっているのを実感できます。

基肥と追肥は，MリンPKと硫安を利用します。追肥はMリンPKも硫安もすべて流水施肥ができるので，合理的かつ省力的な施肥となります。肥料代も以前より安くなり，イネが倒れなくなり，安定した多収穫栽培もできるようになりました。おまけに食味も良くなり，農薬も大幅に軽減できるようになりました。

気象被害の発生頻度は今後ますます高くなるでしょう。日照不足や低温など異常気象に負けないで，安全でおいしいお米を多収穫するために，私はMリン農法とMリンPKを活用していきたいと思っています。

(6) ミニトマトでの使用事例――長崎県・益本さん

①高栄養状態を最後まで維持

Mリン農法は，高品質と増収の両方を狙うことができると私は思います。とくに連続して収穫する果菜類では，効果が大きく出ます。

私の住む長崎県北部は，日本海側の気候の影響を受け，とくに冬季は日照量が不足する地域です。

私はもともとイチゴ栽培を行なっていましたが，4年前にミニトマトの生産に切り替えました。そして2012年度は13t/10aの収量を確保することができました。秀品率も80%以上と良好な結果となっています。私はミニトマトに取り組み始めて数年ですが，生育途中の大きな障害やトラブルもなく収穫終了の翌年6月まで安定した収量を確保することができております。切上げ時のトマトの株は，片付けるのがもったいないほどの生き生きとした状態となっています。

果菜類の栽培は，高栄養状態を生育初期から最後まで維持することが課題となります。つまり，気温の高い8～9月の定植時期，12～2月の厳寒期，そして4月以後の温暖期まで，一定の草勢と着果量のバランスを崩さないことがポイントになると思っています（第3図）。

この高栄養状態を実現させるには，リン酸とアミノ酸を主体にした肥培管理が有効であると考えています。生育ステージによっては，吸収する養分の種類や必要量も変わるでしょうし，作物自身の吸収力も異なります。その変化を見越した総合的な肥培管理が重要となるはずです。

②増収を狙うための基本条件

約9か月にわたる栽培期間中の障害などを回避するためには，1）根がしっかりと張れてい

第3図　益本さんのミニトマト圃場

第4図　ミニトマトの根

第7表　益本さんの栽培管理概要

期　日	項　目	肥料などの名称	施用量	備　考
7～8月	土つくり〈土壌丸ごと発酵法〉	牛糞もみがら堆肥 バクヤーゼ Mイーシー 米ぬか 鶏糞	2,000kg 1kg（1袋） 20kg（2袋） 100～150kg 150～200kg	中熟状態 発酵菌（総合微生物資材） 発酵菌（乳酸菌，放線菌資材） Mイーシーと混合施用 堆肥の腐熟度により増減
8月中旬	基肥	MB有機シリーズ	75kg（5袋）	ボカシ肥料
		MリンPK	60kg（3袋）	発酵リン酸カルシウム肥料
		硫酸マグネシウム	30kg（1.5袋）	水溶性苦土肥料
8月下旬	定植			一条植え
追肥は天候や草勢を見ながら生育調整を兼ねて行なう	追肥（置肥）	MB有機シリーズ MリンPK	60kg（4袋） 40kg（2袋）	3段目開花ころより約30日間隔 3段目開花ころより約30日間隔
	追肥（灌水施肥）	アミビタゴールド MリンPK液肥の素 サンレッド	40～100kg/月 4～10kg/月 1～2本/月	生育状況に合わせて加減 生育状況に合わせて加減 生育状況に合わせて加減
	追肥（葉面散布）	リーフA液材 Pフォスタ 硫酸マグネシウム	500～800倍液 500～1,000倍液 1,000倍液	生育を促進するため 生育を抑制するため 苦土欠の対策

注　品種：ミニトマト，定植：8月下旬，収穫：11月から翌年5月，施用量：10a当たり

ること，かつ2）活力を維持できる土壌ができあがっていることが必要です。そのために私は第7表にあるような土壌を丸ごと発酵させる土つくりを実践しています。

Mリン農法による土壌丸ごと発酵法は，地元で入手する堆肥の良質化とともに乳酸菌や放線菌などの有効菌を繁殖させることで土壌からの障害要因を大幅に減らすことを目的に行ないます。この土つくりは生産性を確保するための第一条件になるのかもしれません。

③常に「根」を意識する

有効菌を増殖させた土つくりで，必然的に根量は増えてきます。そして，次に毛細根を増やすためにMリンPKを利用するのです。

適量（50～60kg）のMリンPKを基肥で施用することで根量が増え，とくに毛細根の増加は顕著に表われます（第4図）。

さらに，根域を確保するため一条植えにしています。根量を確保することを意識しながら実行することが，草勢の維持に絶対的に必要になるからです

慣行農法に比べて，Mリン農法での着果数はリン酸の肥効が高いため間違いなく多くなります。そのため株への負担も大きくなり，草勢低

下を見越した早めの肥培管理とともに根量の確保が必要になるのです。

生産性をあげるには「水」も大切な養分です。しかし，厳寒期の土壌水分の過剰は，根をいためたり地温を下げることもあり注意が必要です。私はその対策にサンレッドを積極的に利用します。水の弊害を軽減するためですが，冬季の日照不足の対策にもサンレッドは効果を発揮してくれているようです。

根の活力維持と日照不足対策の両方の効果を狙ったサンレッドの施用も収量に結び付いているように思います。

④リン酸とアミノ酸で草勢をさらに高める

根量確保で草勢を維持できれば次は，より多くの収量を得るための積極的な肥培管理がポイントになります。MリンPKでリン酸の効果が高くなるため，窒素も思い切って施肥できます。また，草勢が強くなりすぎたときは，MリンPKの根系施肥とともにPフォスタの葉面散布も併用し，窒素過多を防ぐ施肥管理を行ないます。

窒素の補給は，アミノ酸態窒素を主役にします。日照量の多いときはアミビタA液（アミビタゴールド＋尿素少量＋サンレッド少量）が主体となり，日照量が少ない12月から2月ごろまでは100％アミノ酸肥料であるアミビタゴールドを使います。アミノ酸は窒素と炭水化物が結合した窒素肥料ですから日照不足時の窒素の補給には非常に有効な窒素肥料です。

また，厳寒期の栄養補給では，イチゴ栽培時から使っているリーフA液材（アミノ酸100％の液肥）の葉面散布も利用しています。

⑤長期間，品質の高いミニトマトを多収穫

草勢の強弱によって，窒素とリン酸を使い分けることが長期間の安定した収量を確保するためには必要でしょう。草勢が弱くなる前にアミビタゴールドやリーフA液材で元気をつけて，草勢が強すぎるときにはMリンPKやPフォスタで草勢を抑えてやることが大切だと思います。

このように，根量を確保できる土壌に，多くの根があり，季節や草勢に応じた肥培管理が可能になれば，収穫終了までの長期間，品質の高いミニトマトを多収穫する栽培方法が確立できると思います。なお，この根量確保と生育調整により，病気や障害も大幅に減少し，農薬代の減少や安全な農産物に仕上げることもできるようになりました。

《問合わせ先》愛知県名古屋市昭和区山花町64―1
株式会社ミズホ
TEL. 052-763-4171
FAX. 052-761-3771
E-mail. bio@mizuho.to
執筆　高田義彦（株式会社ミズホ）

オーレスPSB，育苗用G2――光合成細菌が有害物質を除去

わが社は「微生物のちから」を活用し，私たち人類が未来にわたり，地球上のあらゆる生命と共存，共栄しながら，快適な生活を送ることができる持続型社会の構築をめざしている。1980年の創立以来，農業，緑化，環境改善，水産，畜産など幅広い分野での微生物活用技術の研究開発，微生物商品の製造，販売に携わってきた。

土壌中の微生物同士の拮抗作用に着目し，有用菌を接種してその増殖をはかり，病原菌を抑えるのがオーレス資材である。根圏微生物相の改善をベースに，堆肥づくりから葉面散布まで応用できる。数あるオーレス資材のうち，ここではオーレスPSB，育苗用G2について紹介する。（第1図，第1表）

（1）オーレスPSB

①成分と特徴

オーレスPSBに配合されている微生物はロドバクター・カプシュラータ（光合成細菌），クロマチウムsp.（光合成細菌），バチルス・ズブチルス（光合成細菌の共生菌＝枯草菌）である。

土づくり資材として水田に施用される堆肥や稲わらなどの有機物は，地温が上昇するにつれてイネの根圏を嫌気状態にし，硫化水素や有機酸・アミン類を蓄積させて根腐れを引き起こす。

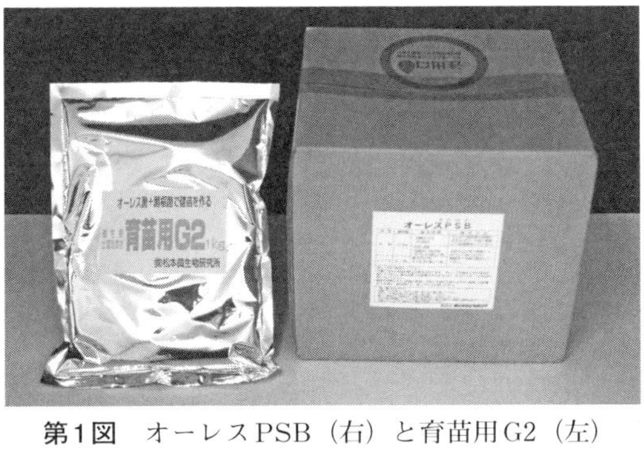

第1図　オーレスPSB（右）と育苗用G2（左）

オーレスPSBに配合されている光合成細菌は，イネやレンコンにとって有害なこれらの物質を，えさとして利用することにより取り除く働きがある。オーレスPSBにはこの光合成細菌が製品1mlℓ当たり10億以上含まれており，さらに光合成細菌の活性を高めるためにバチルス属の細菌を組み合わせてあるのが大きな特徴である。

使い方も苗箱への散布，水口からの流し込み，動噴などでの全面散布と，どんな時期でも簡便に施用できるのが特徴のひとつである。根腐れ防止による増収に加えて，菌体成分（核酸，アミノ酸，ビタミン類，色素成分）による品質向上の効果も期待できる。

②使用方法

1回の使用量は10a当たり原液で1ℓである。

苗箱処理では，移植直前に原液のままか，4倍前後に希釈してジョロなどで散布する。

本圃処理では，代かき時か，ガスわきの激しくなる直前に10倍以上に希釈して水口から流し込むか，動噴などで水田全面に散布する。

除草剤，殺菌・殺虫剤を使用する場合は，薬剤の使用前後3日以上の間隔をおいてオーレスPSBを使用する。

第2表にオーレスPSBの使用効果を示した。この試験では，1回処理も2回処理と同等の効果が得られたが，苗箱1回処理と，苗箱処理＋本田処理を組み合わせた体系処理とでは，あきらかに体系処理のほうが効果は確実である。

③イネでの使用事例――山形県・油井辰雄さん

経営内容は‘ササニシキ’‘コシヒカリ’1.2haである。

油井さんは，永年にわたる「ポット苗による薄まき疎植」を栽培の基礎として，「土づくり」「光合成細菌で活力ある根の確保」「核酸，アミノ酸の適期施用」など小林微生物農法の研究成果を実圃場でみごとに証明している。1996年産の‘ササニシキ’は，坪刈り調査で反収がじつに1,012kgという多収穫を達成した。

油井さんの栽培技術の基本は，イネが本来もっている能力・生命力を100％発揮できる環

第1表　オーレス資材の成分と用途

商品名	成　分	用　途
育苗用G2	オーレス菌群，VA菌根菌，動物性有機物，ミネラル	野菜・花・果樹の健苗づくり
オーレスG	オーレス菌群（細菌，放線菌，有用糸状菌），動物性有機物，ミネラル	生育促進，病害抑制，ボカシづくり
光オーレス	光合成細菌，色素産生菌，動植物性有機物，ミネラル	着色促進，糖度増加，日持ち向上
パナオーレス	光合成細菌，酵母，ウラシル，プロリン，微量要素	花芽形成促進，果実の肥大
オーレスC	繊維素分解菌，動植物性有機物	堆肥の発酵促進，生わら，緑肥の圃場への還元
育苗用オーレスG	オーレス菌群（細菌，放線菌，有用糸状菌），動植物性有機物，ミネラル	イネの健苗づくり
オーレスPSB	光合成細菌，枯草菌，ミネラル	根腐れ防止，ガスわき予防
ハイミネコン	貝，海草，粘土鉱物の化石化したコロイドケイ酸主体の天然ミネラル	微量要素の補給，団粒化の促進
浄土源	麹菌体エキス，核酸，アミノ酸，有機酸	塩類障害の改善，ミネラルの可給化
萬養集	肉かす，米ぬか，魚かす，骨粉，血液，内臓，皮粉，フェザーミール，蹄角	有機栽培，環境保全栽培に適した100％有機ボカシ

第2表　オーレスPSBのイネでの使用効果（収量調査結果：kg/a）
（長野県北安曇農業改良普及センター）

	全　重	わら重	籾　重	粗玄米重	粗玄米重指数
移植直前苗箱処理＋6月本田処理	145	49.9	96.1	77.2	115
移植直前苗箱1回処理	151	50.7	98.2	78.6	117
対照区	134	48.1	84.3	66.9	100

注　品種：美山錦，播種：4月10日，移植：5月2日
長野県北安曇野郡池田町，1996年

境づくりである。催芽籾の低温処理，良品堆肥（SSボーン）による土づくり，光合成細菌による根腐れ防止，ウラシル（核酸）・プロリン（アミノ酸）の生殖生長期の補給（パナオーレス），適期に施される各種の肥料などすべての技術がイネの潜在能力を引き出す働きをし，安定多収穫を支えている。もちろん，これは，定期的な葉齢調査のうえに成り立つ成果だということも忘れてはならない。

油井さんは，オーレスPSBを4回施用している。代かき時，6月下旬（栄養生長から生殖生長への転換点，水田土壌の還元状態が進む時期），7月上旬，7月下旬と，生育の転換点から出穂までの間に活力ある根を確保することがいかに重要と考えているかがわかる。中干しは行なわず，溝切りをしてから3回目のオーレスPSBを流し込み，あとは飽水管理とする。

溝切りのときもドブ臭い腐敗臭（硫化水素臭）はまったくせず，第2図のように出穂以降も活力のある根が十分に確保されている。1999年も疎植（41株/坪）で十分に開張し，太く丈夫に育った茎（1株当たりの穂数36本）には平均120粒の籾がつき969kgの多収穫であった（第3図）。

小林微生物農法を基本にしたオーレス米を検査したところ，玄米食味値81（クボタ食味計）で，良食味と多収穫の両立が不可能でないことも実証されている（同一条件で計測した福島県会津産‘コシヒカリ’は80，同じく新潟県北魚沼産‘コシヒカリ’は87）。

④イネでの使用事例――長野県・（有）高山の里

経営内容はイネ20ha，ダイズ28ha，ムギ6ha，作業受託約50haである。

（有）高山の里は，高山孝芳さんと高山邦彦さんの二人が1994年に設立した農業法人である。収穫した米の半量以上を近隣の食堂や消費者に直販しており，“安心とおいしさ”を最優先させた米づくりに取り組んでいる。

この地域では，圃場のわらは畜産農家が引き取り，交換に堆肥が圃場へ還元されるシステムになっている。そのため，地力のある圃場にな

第2図　オーレスPSBを使用したイネの根（7月19日）

第3図　オーレスPSBを使用したイネの刈取り前の姿

ってきたが，堆肥の量と品質は畜産農家まかせのため，ガスわき，根腐れなど根の障害で収量が安定しなかった。そのうえさらにムギ，ダイズ作付けの田畑輪換が肥培管理をむずかしくさせている。八十数枚の圃場は土壌条件が種々雑多である。有機質を主体とした栽培と大型経営にありがちな悩みをオーレスPSBで解消できないか。これが光合成細菌を使用したきっかけである。その結果，ガスわきや根腐れが減ったので，中干しはせず水は張りっぱなしで，水管理は楽になった。根の活力が高まって肥料の吸収が良くなったせいか，基肥で使うボカシの量も年々減少し，食味も安定してきた。あとは穂肥のタイミングで安定した収量を確保するのが目標である。

（有）高山の里は，田植え直前にオーレスPSBを苗箱の上からジョロで散布している。圃場によっては数日後，田面水全体に光合成細菌が増殖して赤褐色に変化することもある。また，水温の低い（夏場でも14～15℃）安曇野では珍しいホウネンエビの発生が見られる。これも有機物に富んだ微生物活性の高い圃場ならではの光景である。

(2)　育苗用G2

①成分と特徴

育苗用G2に配合されている微生物はバチルス，シュードモナス（細菌），ストレプトマイセス（放線菌），アスペルギルス（有用糸状菌），ピキア（酵母）からなるオーレス菌群と，VA菌根菌である。

育苗用G2は細菌，放線菌，有用糸状菌を主体としたオーレス菌群とVA菌根菌を配合した，野菜，花，果樹専用の微生物資材である。オーレス菌群はおもに根圏生息型の菌種で，根面や根圏で植物と共生関係を保ち，生育促進と病害抵抗性を高める効果が確認されており，長野県の普及技術として環境保全型農業やハウス土壌の土づくり資材として利用されている。一方，VA菌根菌は地力増進法で微生物資材として政令指定されている。そのなかでもとくに植物への共生能力の優れた菌種を配合し，リン酸やミネラルの吸収促進をはかることで根の内部と外部の両面から植物の生育を支える働きをもたせたのが育苗用G2の特徴である。

本圃への微生物資材の利用効果は，圃場条件に左右されることが多い。その点，育苗段階での利用は培土などの環境要因がコントロールしやすい。そして，より生育初期の定着しやすい時期に有益菌を確実に共生させることで，根張りと活着を良くし，環境ストレスや病害に強い健苗づくりが可能となる（第3表）。そのうえ，本圃処理経費の削減にもつながる。

②使用方法

セルトレイなどへの播種・仮植時には，用土1l当たり育苗用G2を20～30g均一に混合する。

鉢上げポット移植時には，用土1l当たり10gを均一に混合する。

定植時には，根に接触するように植え穴へ2

第3表 イチゴ（品種：章姫）への育苗用G2施用効果

〈定植時調査（8月26日）10株平均〉

			草丈(cm)	茎数(本)	根重(g)	地上重(g)	クラウン径(mm)	葉長(mm)	葉柄長(mm)	葉色
育苗用G2	10g/培土1l	処理区	18.6	3.1	3.30	8.79	9.6	61.7	60.6	32.8
		無処理区	20.6	3.4	2.78	10.09	9.3	65.3	88.9	33.4

〈定植1か月後調査（9月24日）20株平均〉

			草丈(cm)	茎数(本)
育苗用G2	処理苗	定植区	19.9	6.6
	無処理苗	定植区	18.9	4.5

注　長野県長野市，1999年

～3g振りかけて定植する。苗の根に直接まぶしてから定植してもよい。

根に確実に共生させるためには，用土に混合してから2週間以内に播種・仮植する。地温は15℃以上を確保する。

③セルリーでの使用事例――長野県・横山光雄さん

横山さんはセルリー栽培歴25年のベテランである（ハウス面積43a）。松本市・安曇野市は全国有数のセルリー生産地であるが，萎黄病をはじめとする土壌病害克服が課題となっている。土壌消毒，土壌改良などの対策が講じられており，健苗づくりもその一つである。

当地のセルリーハウス栽培は晩秋まき春作と，初夏まき秋作の2作が一般的である。横山さんは播種時（播種箱ばらまき，11月・5月），仮植時（セルトレイ，12月・6月）に用土（メトロミックス主体に，ゼオライト，ソイルミックス，中国産腐植土をEC0.4～0.6ms/cmを目安に配合）に育苗用G2を用土1l当たり20gそれぞれ混合している。育苗用G2施用で，育苗段階での根腐れが減り，根張りが良くなり，根量も多く，より良い苗づくりを実現している。

横山さんは「市販用土は十分に消毒されているが，無菌状態で苗づくりをするのはかえって危険ではないか。有用菌と共生した苗のほうが，本圃での病害菌に対する抵抗力もあり，健全な生長にもつながる」と考えている。

本圃の土づくりの基本姿勢は正確な土壌分析（化学性，物理性，生物性）に基づいた細かな施肥設計を行ない，土壌病害を誘発する一因ともなる余分な肥料は施用しないよう心がけている。

春作は，前年秋収穫後に稲わら100束，堆肥1.5t，オーレスG60kg，カニがら80kgを，秋作は堆肥1t，オーレスG60kg，カニがら80kgを施用し，有用微生物に富んだ土づくりを行なっている。

有用微生物をどう生かすかがセルリー栽培のポイントの一つであると考える横山さんは，当地区のセルリーハウス栽培で一般化しているクロールピクリンによる土壌消毒も，病害の出た部分のみ“手間をかけ”“植え穴処理”しているだけである。育苗用G2によって，苗づくりから収穫まで，有用微生物と共生した栽培を目指している（第4表，第4，5図）。

なお，松本地区の有力農産物であるスイカの育苗でも，育苗用G2の効果が確認されている。

第4表 セルリー（品種：コーネル619）への育苗用G2施用効果

			地上部重(kg/株)	根新鮮重(g/株)
育苗用G2	10g/培土1l処理苗	定植区	2.84（113）	229（165）
	無処理苗	定植区	2.52（100）	139（100）

注　収穫時調査，各区20株調査
長野県松本市，1998年

④シクラメンでの使用事例——長野県・信州雪香園　湯口康章さん

経営内容は施設面積1,500坪，シクラメン，ボロニア，山野草である。シクラメン栽培の概要は播種が11月（箱まき），仮植えが2月下旬，鉢上げが5月下旬，出荷が10月下旬～12月である。

仮植用土は輸入人工培土，籾がらくん炭，ヤシがらチップに育苗用G2を用土1l当たり10gを攪拌機で混合し，2.5寸ポットへ詰め，2～3葉期の苗を仮植する。

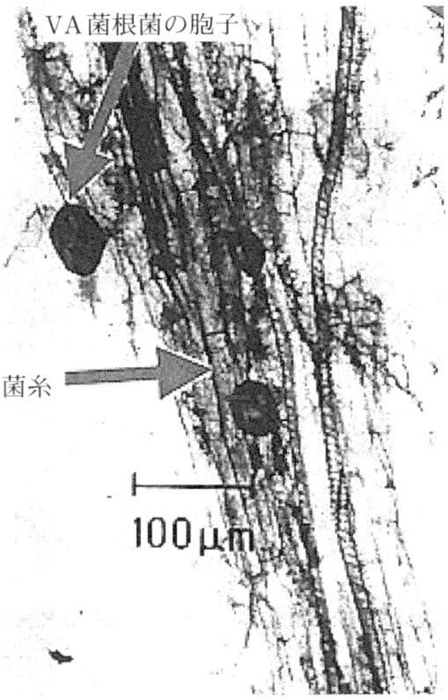

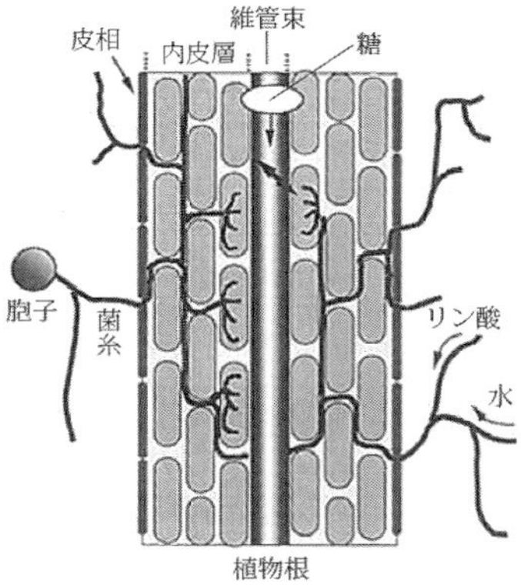

第4図　育苗用G2の根への共生のようす

育苗用G2を使用する一番のメリットは，根張りがよく仮植後の“落ちもの”が少ないことであり，根量の違いは，植替えを担当するパートの女性が一番よくわかっているようである。

湯口さんは，ポット用土の選択には非常に慎重で，育苗用G2の使用に当たっては，初年度は数十ポットから始め，翌年は600ポット，1998年は1万ポットと数を増やしてきた。また，添加量も1l当たり30～10gを3年間繰り返し試験したうえで，現在の1l当たり10gで十分効果が出ることを確認した。

シクラメンは肥料に敏感なうえ，常に乾燥と過湿を繰り返す苛酷な土壌環境にさらされているので，根圏と根内の微生物活性が高まることで養水分の供給が促進され，根の周りの緩衝作用も高まり，結果的に歩留りが改善されたと考えられる。

第5図　セルリー（品種：コーネル619）の根部の姿
上：慣行苗定植区，下：育苗用G2使用苗定植区

⑤ブドウでの使用事例——長野県・飯塚果樹園　飯塚芳幸さん

経営内容は施設50a（加温，無加温），露地50aである。栽培の概要は品種が‘シャインマスカット’‘ナガノパープル’‘真沙果’ほか，剪定が12月中旬～下旬，出荷が8～10月である。

長野県果樹研究会ブドウ部会長を務める上田市の飯塚芳幸さんは土壌微生物にこだわった土

第6図　ブドウ苗木の発根状態

づくりをしている。VA菌根菌の生育促進と連作障害予防効果を期待して「エコバイオティクス根健『果樹用』」を苗木の定植に使用している。

4月6日ころにブドウ苗10本の定植に使った。5月22日の時点で，2週間前に定植した無施用区の幼木よりも新梢の伸びが良く，効果を実感した。発根が旺盛で，養水分吸収が促進したとみている。

飯塚さんは毎年，品種育成中の実生苗などに「エコバイオティクス根健『果樹用』」を施用して定植している。苗の根量が多くなり，成育も早く，品種の特性を早く確認でき，早期成園化が期待できると考えている（第6図）。

《問合わせ先》長野県松本市新村2904
株式会社松本微生物研究所
TEL. 0263-47-2078

執筆　猿田年保・山田直樹（松本微生物研究所）

キレーゲン

執筆　山脇岳士（清和肥料工業株式会社）

（1）成分と特徴

キレーゲンには，1g中に3～10億ほどの好気性，通性，嫌気性の有効菌群（KOSEI菌群。第1表）が休眠状態で天然有機質基材にブレンドされている。植物根圏の土壌微生物活性を高め，細根拡張を活発にして，細根の先端部の根圏をガードするとともに，アミノ酸，核酸，ビタミン，ミネラル成分などの活性と肥効の促進をはかり，生長点，細根先端部でのホルモン物質の代謝を活性化して健全な植生を促す。

そして，果樹の白紋羽病やバラの根頭がんしゅ病，ナスの半身萎凋病・青枯病，イチゴや根菜類の萎黄病，葉根菜類の軟腐病や心腐れ・縁腐れ症，葉タバコの立枯病などに対して症状の軽減・予防効果を発揮する。また，最近になって，魚沼産コシヒカリの食味を向上させたとの報告もある。

なお，キレーゲンには化学物質や肥料は一切添加されていない。培養基材もすべて天然有機物を使用している（第2表）。当然のことながら，重金物質に対する心配も一切ない。

（2）使用方法

①本圃での施用方法

一般の畑での標準施用量を第3表に示した。

キレーゲンは元肥とともに，全層または畝に施用する。施用直後の降雨やアミノ酸液などの灌水は，KOSEI菌群の増殖を促す。

施用後，最低7～10日（可能なら20～30日）以上の静菌期間をおいてから播種または定植する。追肥との併用や緊急に樹勢を回復したいときには穴施用が卓効がある。生育遅れをカバーしたり，早取りを目的に生育促進をさせるときには，10a当たり200kg施用するとよい。

未熟堆肥や有害物質を含むおがくず系物質と併用したり，土壌消毒後のガス抜きが不十分だと効果がなくなることがあるので注意する。

②培土での施用方法

親床：播種床土に1～2％（10kgの用土には100～200g）混和する（pH5.5。水稲ではpH4.5）。

子床：移植床土に2～3％混入する。

培土で利用する場合は土壌pHに注意する。pHが高すぎると発芽不良はまたムレ苗の原因になる（pH5.5～6.0）。

③果樹での使用方法

日本国内の樹園地の多くは桑園跡地と水田転作によるものが大半で，ここ数年来それら新興園での衰弱樹や白紋羽病の大発生と蔓延は旧樹園地をもおびやかし始めている。試験場や農業改良普及センターをはじめとする指導機関がやっきになって対策を検討する一方で，各農薬製造メーカーも新薬とその使用基準づくりに奔走し発売するが，その効果が持続した例は耳にし

第1表　キレーゲンに含まれる微生物群（KOSEI菌群）

Aspergillus
Chaetomium
Penicillium
枯草菌および色素生産菌
Storeptomyces ほか

第2表　キレーゲンの社内定量分析例
（1999＝平成11年11月25日製造分）

分析項目	分析値
pH（1：5　水懸濁液）	7.1
水分	12.3　％
窒素全量（N）	1.63　％
リン酸全量（P_2O_5）	4.52　％
カリ全量（K_2O）	0.81　％

注　培養基材もブレンド基材もすべて天然有機で，肥料的な成分は非常に低い資材

第3表　キレーゲンの一般の畑での施用例
（10a当たり標準施用量）（kg）

連年施用のとき	障害が激しい畑	普通の畑（予防区）
初回施用	100	50
2回目施用時	80	40
3回目施用時以降	60	30

注　根頭がんしゅ・白紋羽病にも卓効がある

ない。

そこでわれわれは，化学的防除より生態的防除がまさるとの信念で，全国各地の樹園地の種々の果樹に当研究所で開発した土壌微生物調整材キレーゲンをこれら衰弱樹対策に，より効果をだすように年々改良を加え，過年農水省果樹試験場での「白紋羽病に対する効果確認」を戴くことができた。

第4表　キレーゲンの果樹の紋羽病での施用例（樹1本当たり標準施用量）（kg）

		重障害区	軽障害区	予防区
成木	株もと	3	2	1
	通　路	7	5	3
幼木	株もと	2	1.5	1.0
	通　路	5	3	2
新植・改植		5	4	3

そのほか，青森県のリンゴの根少病，大阪府のブドウの白紋羽病，和歌山県のウメの衰弱樹対策や樹脂病，鳥取県の二十世紀ナシの老木の若返り，静岡県の茶樹の白紋羽病や山梨県のモモ，福岡県のキウイの白紋羽病など，その効果実績は各地に波及している。

果樹の紋羽病対策での標準施用量を第4表に示した。

株もとを掘り起こし，キレーゲンを2～3kg施用して灌水する。また，樹冠下に施用するときは，キレーゲン3～5kg施用して土と混和し，アミノ酸と微量要素液を散水する（第1図）。

（3）使用事例

●ナシ・大平豊務さん

①大平さんの経営概況

立地　飯田駅の東約6.5km，天竜川右岸2.5kmの標高500mの丘陵地に位置する。昭和49年秋に桑園跡地に二十世紀ナシと新水を新植した。土質は洪積埴壌土地域ながら，単粒微粉塵化した細粒赤色土であるためにカキさえ白紋羽病になる極悪の環境条件である。

経営の概要　大平さんは現在ナシ16a（幸水6a，二十世紀10a），プルーン10a，ハウスピーマン5aを栽培している。昭和58年ごろまではナシを23aも作付けしていたが，そのうち43％の園（新水園10a）を白紋羽病で駄目にしてしまった。大平さんはこの大きな代償をきっかけに，「土つくり」こそが白紋羽病に強いナシづくりへの近道との信念で努力を続け，今では

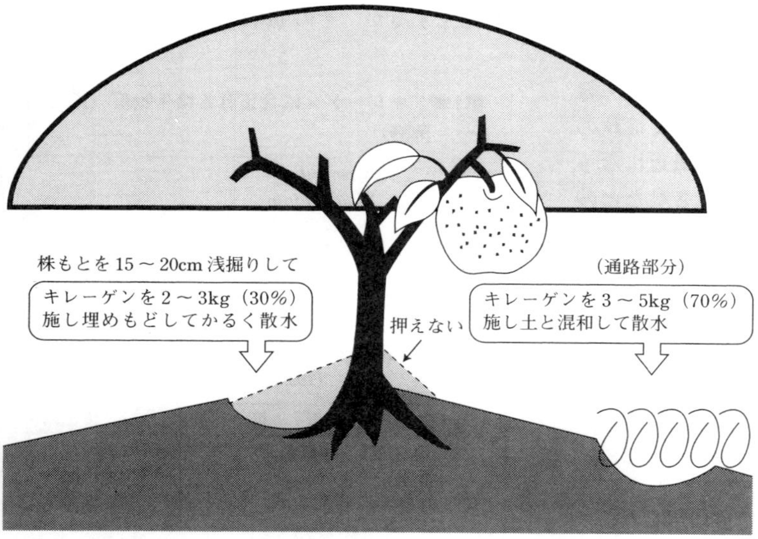

果樹に対する「キレーゲン」の施用めやす量

	対象樹	株もと	通　路	合　計
一樹当たり施用の目安	根少病の樹	3～5kg	5～10kg	8～15kg
	かいよう病の樹	3～5	5～10	8～15
	樹脂病の樹	3～5	5～10	8～15
	白紋羽病の樹	2.5～3.5	3.5～5.5	6～9
	老木の若返り	2～3	3～5	5～8
	改植時	1.5～2.5	2.5～3	4～5.5
	新植時	1～2	2～3	3～5
	着色・糖度増進	1	2	3

第1図　果樹でのキレーゲンの施用法と施用目安量

長果枝剪定技術との併用で着々と秀品・多収園に復活させている。

②キレーゲンとの出会い

しかし，もともと桑園跡地で白紋羽病の激発地だったために，まだまだ泣きどころがあった。

それは何本かの罹病株が枯死したのち，いくら新しい苗木を植え替えてもすぐ枯れてしまうことである。そのようなとき，地元のある肥料商の紹介でキレーゲンを知り，最初は成木罹病樹で使ってみた。ところがその成木は，白紋羽病の進行がかなり末期的症状であったために，「仮に回復したところで生産効率に見合わぬ」と判断したので伐採し，その後にキレーゲンを5kg混和して新しい苗木を改植した。

③利用法と成果

結論からいうと改植当初は全然効果がなかったように思われたが，翌年の夏以降になってその成果が見られた。

圃場は桑園跡地で白紋羽病枯死株跡である。土壌消毒はまったく行なわず，枯死株を焼却した。堆厩肥はおがくず入りの牛豚糞を連年多投した。苗木は2年生の幸水を秋に植え付けた。

植付け1か月前に前作跡の植込み穴にキレーゲンを5kg混和した。根圏をキレーゲンの有効微生物（KOSEI菌）の溶菌・抗菌作用で病害から根をまもる。樹勢が回復しても気をゆるめず追施用を継続した。

土壌は，少しずつ団粒化が促進され，若さをとりもどし始めているようである。生育は，処理後7か月くらいは何の変化もなく「やはりだめか」と思われたのが，8か月目からすばらしい勢いで新梢が伸長し始め，色つやもよくなり始めた。活着はもちろんのこと，地下部での新根の拡張が著しいことをうかがわせた。ふつう，このような条件下では，活着しても生育が悪い。これまでの常識では，白紋羽病跡に植えれば必ず枯れるのに，今回はキレーゲンの効果ですばらしい成果を得ることができた。

気をゆるめず白紋羽病菌から根圏をまもるべく，定期的な追施用が必要である。キレーゲンはいつでも使える。幼木1樹当たりの追施用量は，改植翌年春に2kg，秋に3kgである。そして翌々春に1.5kg，秋に2kg入れる。さらに次年度以降は秋に3kgを元肥と一緒に施す。

大平さんは，活着を促進するために，やまわき式盛り土置き植え法を取り入れている。従来はタコツボ式植え穴を掘り，地表面より下に根を埋め込んでいたが，今回の方法は逆に，地表45～60cmも高く土を逆すり鉢型に盛り上げ，苗をその上に置いて土寄せしている。

このままでは雨や灌水で盛り土が崩され根が洗われるので，しっかりと生籾がらでマルチする。培土にも生籾がらを混和する。

④タブー7か条

1）未熟な堆厩肥や生の家庭残渣や当年剪定枝などは絶対に入れない。
2）とくに常緑樹のおがくずは決して入れない（落ち葉や生籾がらを利用する）。
なお，鋸屑（のこくず，おがくずの意）に関する害については，「農業および園芸」第50巻・第2号の55ページ「オガクズ堆肥施与による作物の生育障害とその発生原因」（吉田重方）に記述されている。
3）家畜糞の多投入をしない。
4）白絹病，紋羽病を殖やすので，株もとには絶対に生わらなど有機物を置かない（生籾がらはよい）。
5）停滞水を園に入れない（家庭雑排水や隣接水田水の浸入は危険）。
6）深耕により排水のさまたげをしないように川下部分を破砕して，完全排水をする（深耕は毎年，縦・横を交互に行なう）。
7）白紋羽罹病樹には実をつけない。

要は基本に立ち帰って，害のない資材を正しい方法で適量を適所適材させることである。それには土壌分析に基づいたpH矯正や養分要素のバランスをとることも大切である。

（長野県下伊那郡喬木村帰牛原）

≪問合せ先≫　大阪市中央区備後町4丁目3番4号
清和肥料工業株式会社
TEL　06-6231-3771
FAX　06-6231-1988

2000年記

コフナ――複合微生物資材

(1) 特徴と資材紹介

コフナはフランス語の「COMPAGNIE（仲間・会社）」「FUMURES（腐植・堆肥）」「NATURELLES（自然・天然）」の頭文字を取ってつくった造語である。かつて農薬や化学肥料を多用し品質や収量の低下に悩まされたフランスで，「生きた土つくり」のために「腐植と微生物」を研究していたパスツール研究所のアンドレ・プレボー教授によって開発された資材である。1950年以来，世界的な微生物肥料のリーダーである。微生物肥料とは豊富な有機ベースに有効な特定微生物を植え付けたものである。

「生物学的側面」「物理的側面」「化学的側面」これら3つの側面に対応したのがコフナである。コフナは有機物を豊富に含むだけでなく，有機物を腐植に変え，土壌生態を活性化するために必要な微生物も含んでいる。コフナは，「NPK（窒素，リン，カリ）」を直接もたらすものではむろんないが，コフナの微生物活性を通して，これら物質の吸収を促す。

化学肥料，堆肥，低価格の大量生産品と違い，コフナには土壌へのマイナスの副作用が一切ない。微生物が大気中の窒素固定，有機残留物の腐植土への変換，根への栄養補給，病原微生物への対抗，栄養吸収の促進など，土壌に継続的に働きかける。腐植の原料が土の中で腐植に変わるためには，微生物が必要である。これら微生物がなければ，腐植はできない。そして，腐植や微生物がなければ，肥沃な土地にならない。

コフナは嫌気発酵を主として生産されているが，嫌気下のみで働くということではなく，好気・嫌気両方の性質を兼ね備えている微生物資材であり，酸素がない状態でも最大に能力を発揮し得る資材だとご理解いただきたい（第1図）。

①主幹となる微生物（一部）

コフナに含まれる微生物群は嫌気性微生物を主体にしており，高温に強くセルロースの分解能力の高いものが科学的に選択されている。微生物は多数に及ぶが，そのなかでも主幹となっている微生物は次の通りである（一部抜粋）。

・クロストリジウム サーモセラス：セルロースを分解して糖類を発酵生産

・クロストリジウム パストリアナム：空気中の窒素固定。グルコース・ガラクトースなども分解

・バチルス セルローゼ デイゾルブンス：セルロースをゆっくり分解

・シュードモナス属・アグロバクテリウム属・フラボバクテリウム属などのリン分解菌など

・フィチンを分解してリン酸を生成する放線菌や糸状菌

②資材の効果と特徴

コフナには次のような特徴・効果がある。

1）含まれる微生物群は土壌中の酸素の有無（好嫌気性）や高温低温にかかわらず，乾燥を除く土壌中のあらゆる条件下で活動できるので，太陽熱/土壌還元処理・不耕起栽培・降雪前の秋耕起などにおいて効果を発揮する。

2）微生物群は活性度が高く，有機物のなかでもとくに繊維素分解能力に優れているため，わらなど炭素率の高い有機物の分解には高い効果を発揮する。

3）残根・残渣を含む土壌中の未分解有機物

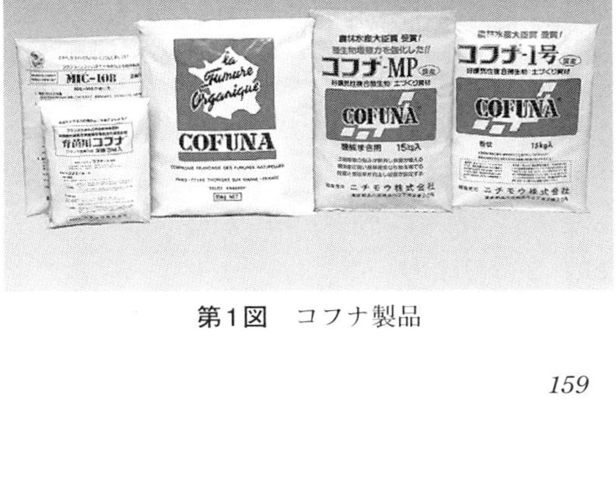

第1図　コフナ製品

第1表　コフナ・シリーズとその特徴

商品名	特　徴
フランスコフナ（粉状）	ブドウかすを原料としたフランス直輸入の微生物資材。腐植そのもののため直接根に触れても障害を起こさない。少量土耕栽培や育苗培土に施用されているほか，根の保護や活着促進のため定植の植え穴処理でも施用。有機栽培での利用実績あり
コフナ1号（粉状）	フランス・コフナ社の技術を利用し，鶏糞と製紙汚泥を主原料にコフナ原菌を培養した国産の微生物資材。通常，圃場全般で施用。有機JAS栽培の使用不可
コフナMP・MPSS（ペレット状）	コフナ1号にカニがら・海藻・木炭粉を添加しペレット化した製品。1号と同様に圃場全般で施用され，機械での散布も可能。有機JAS栽培の使用不可
MIC-108（粉状）	植物繊維分解能力の高いコフナの特性を活かした堆肥づくり専用資材。米ぬかやふすまなどで増量して堆肥原料に添加し，有機物分解を促進し良質な堆肥をつくる。堆肥づくりのほか，わらや分解しづらい残渣の圃場すき込みにも利用。有機JAS栽培の使用不可
育苗用コフナ（粉状）	フランスコフナにゼオライトと炭を加えた育苗用の製品。育苗用土に添加することで根張りが良くなり健苗を育成

を腐植化し団粒化を促進する。土壌の硬盤を改善し，水持ち・水はけの良い土壌をつくる。

4）腐植と微生物が増えることで，土壌の物理性と化学性を改善するとともに，冬場の地温を上げる効果が期待できる。

5）土壌の微生物相を多様化させ，バランスを保つことにより，連作障害など土壌病原菌による病害抑制に寄与する。

6）土の機能を高め，根が生育する環境を整えることにより，根張りや根の伸長が促進される。とくに微量要素などが吸収される毛細根の発達に寄与する。

③資材紹介

コフナ・シリーズは使用目的に合わせた製品を揃えている（第1表）。

(2) 施用方法

①施用パターン

1）収穫後すぐに

季節や土壌深度を問わず，有機物を分解・腐植化し微生物相を豊かにする能力があるので，前作収穫後ただちにコフナを施用して，前作作物の残渣や残根を分解させる。

2）作付け前に（基肥などとともに）

作付け前に土壌微生物の活性化・多様化をはかるため，定植・播種の10～14日前に土壌混和する。根圏の静菌作用が高まり，活着の促進・肥料の効果を促進する。

3）生育期間中に

うねの両肩や中耕時の通路に有機肥料などと一緒に散布する。毛細根の発根を促す。

4）太陽熱処理・土壌還元消毒時に

高温・嫌気条件下でも微生物が活動できるため，有機物と一緒に土壌混和し，しっかりと土壌に水分を含ませ，圃場を被覆する。有機物分解を促進するとともに，高い地温確保や還元状態をより安定させる（別の段落で詳細記載）。

石灰窒素や薬剤との併用は不可。

5）土壌消毒後に

薬剤消毒などで無菌状態になった土壌の微生物相を回復させる。

6）緑肥や堆肥の圃場すき込み時に

次作までに分解促進し，腐植化する。

7）堆肥の発酵促進に

籾がらや剪定枝など難分解性有機物の分解・発酵を促進する。

②参考施用量（10a当たり）

第2表に示す。土壌条件や作型，生育状況などにより適宜加減する。継続的な施用こそが最大限に効果を発揮する。

③施用注意点

とくに未熟有機物と一緒に施用した場合は急激な分解によりガス障害のおそれがあるため，最大限作付けまでの期間を設ける。薬剤，強酸性（過リン酸石灰）や塩基性肥料（消石灰・石灰窒素など），スラグとの同時施用も微生物に

第2表　コフナの参考施用量（10a当たり）

作　物	施用の時期と方法	施用量
水　稲	稲刈り後もしくは春耕起前に，全層に生わらおよび根株と一緒にすき込み	4～5袋
施設野菜	収穫直後～播種・定植前までにできるだけ早くすき込み	15～30袋
露地野菜	収穫直後～播種・定植前までにできるだけ早くすき込み	5～15袋
果　樹	春（4～6月）・秋（10～11月）に根の伸長部分に肥料や堆肥と一緒に散布	10～15袋
花　卉	採花後～播種・定植前までにできるだけ早くすき込み	10～20袋

影響を与えるため，約10日の間隔を置いて施用する。

④施用効果を高めるポイント

コフナは微生物資材であるため，使用にあたり若干の注意が必要である。施用するうえで重要なことは微生物が生息するための土壌環境が必要で，微生物が増殖しやすい環境を圃場につくってやるということである。

微生物は生き物であるためえさが必要で，そのえさとは有機物である。堆肥など有機物や有機質肥料のほかに，作物の残根や残滓も有機物であるためえさとなり分解される。微生物の種類は多種多様で，えさとする有機物も微生物の種類によって異なる。圃場には量だけでなく，できるだけ多くの種類の有機物を投入することが大事である。土壌に腐植を増やしたいのであれば，動物由来のものよりも植物由来のものを一緒に使う。また，微生物には適当なすみかも必要なので，腐植のほか炭などの多孔質との組合わせも効果的である。乾燥条件下では微生物活動が鈍るため，コフナ施用のさいには適当な水分が必要となる。

⑤コフナ・ソーラー法

一般的に行なわれている太陽熱消毒法を発展させ，太陽熱土壌処理のさいにコフナを同時に施用する方法である。コフナに含まれる微生物の特徴を活かしたもので，通常の太陽熱処理に加え，発酵熱を加えることになる。併せて土の中に残っている残根・残渣が分解腐植化し，物理性の改善も期待できる。その他，土中を還元状態にすることにより，還元化した土壌環境下では嫌気性菌に産生される有機酸により病原菌の抑制効果が高まる。これらのメカニズムにより土つくりを短期間で実施することができる。

第2図　コフナ・ソーラー法

基本的な実施方法として，収穫終了後，堆肥などの有機物とコフナを土中に混和し，十分な水分を与え，フィルムにて1か月以上被覆をする。実施方法については，作物，作型，季節，地域により変化するが，北海道から沖縄まで日本各地で実施されている（第2図）。

(3) 各地の使用事例

①タマネギ――北海道夕張郡栗山町・西田農園

タマネギを8.6ha栽培しており，なかには連作70年にもなる畑がある。栗山町の土質は粒子が細かく，硬くなりやすいため「作業がしやすい畑づくりが重要」と考え，タマネギ収穫後に後作緑肥を導入し，秋の緑肥すき込みにコフナを150kg/10a使用している。緑肥とコフナによる分解促進・腐植化で耕盤（硬盤）層が改善され，春先の畑は水はけが良く，極早生品種から移植も順調に行なえる。干ばつや多雨など異常気象が続くなか，周りの畑では水焼けする農家もあるが，西田農園の畑は根腐れすることもなく，タマネギは順調に肥大し，毎年安定して10a当たり5.5t以上のタマネギを収穫している。

②ホウレンソウ――岩手県八幡平市・吉田和芳，工藤勝弘，佐々木和男

ホウレンソウ産地で名高い岩手県八幡平市。旧西根地域でホウレンソウを栽培している吉田さんは永年コフナを使用している。土に弾力が出て，病気もほとんどなくなり，害虫の被害もなくなった。土壌消毒は行なっていない。寒締めホウレンソウを除き，秋終了後にもコフナを投入し，残根の分解・腐植化，地力の回復をはかっている。

工藤さんは収穫後の残根で以前は病原菌密度が高かったこともあり，コフナを10年以上使用している。土が柔らかくなり，収量も安定している。ホウレンソウ栽培で気をつけている点は堆肥・水管理・菌バランス。堆肥の腐熟促進のために堆肥1tに対してコフナ1袋を混和。また土壌消毒後には60坪あたりコフナ1袋を投入している。品質が安定しており，長く続けられる一番の秘訣である。

佐々木さんは60坪ハウス×35棟×平均4回転でホウレンソウを栽培。毎年の薬剤消毒が煩わしく感じて，長い目で見ると土つくりのほうが土にもホウレンソウにも良いのではと思い立ち，7年前よりコフナを導入。自家製コフナ堆肥とコフナを組み入れている。回転よりも1回あたりの収量安定を大事にしており，4～12月の収穫期間，真夏も収量を落とさずに出荷している。近年は15棟分でコフナの太陽熱処理も実施している。

③レタス・キャベツ――茨城県坂東市・さしま農場

地域の土質は火山灰を多く含み粘着性が強く，降雨によって比較的簡単に締まりやすい傾向がある。耕盤（硬盤）もできやすく，年に1回はサブソイラーなどで破壊する。葉物（キャベツ・レタス）は年2回収穫し，収穫後は毎作10aにコフナ10袋と収穫残渣をすき込む。収穫後の根は地上部にもましてどれも根張りがよく，収穫残渣の葉は緑肥となり，これら有機物を効果的な腐植にするためにコフナを使用している。堆肥は投入していないが，微生物が有機物を分解するさいに分泌する物質が団粒化を促進してくれるため，土がきなこになることもなくなった。さしま農場ではさらなる安定出荷のために，育苗培土にコフナを混和して健苗をつくっている。

④トマト――栃木県鹿沼市・丸山高司

40年以上春トマトを栽培している。定植は10月中旬，収穫は1月上旬～7月上旬である。立枯系の病気をきっかけに25年以上前に土壌還元消毒を取り入れたが悩みは解消しきれず。10年前より半信半疑でコフナ＋太陽熱処理を試してみたら病気が抑えられた。収穫終了後も根は白くしっかり張っている。残渣はすべて持ち出し，7月下旬にコフナ15袋＋籾がら2t＋米ぬか0.5t＋鶏糞0.5tを投入し一度代かき。8月上旬より1か月間被覆しコフナ・ソーラー法を実施している。

⑤黒豆（エダマメ）――岡山県勝央町・水田周二

品質向上（粒の肥大）や安定収穫を目的に，収穫終了後に残渣とともにコフナをすき込む。堆肥など有機物の施用だけでは収量の回復がみられない場合，コフナをともに施用することで収量の改善がはかられ，近年では根粒菌が増加したとの報告もあった（第3図）。

⑥イチゴ――愛知県幸田町・伊藤今一

‘とちおとめ’を中心に20年イチゴを栽培。当地で導入されている一度立てたうねを崩さずに連続して数年利用する「連続うね利用栽培」に，コフナを併用した太陽熱処理を組み合わせて，うね立て作業の省力化と萎黄病発生の予防

第3図　黒豆

をはかっている。収穫終了後，うねはそのままで茎葉をクラウンごと片付けて除塩。うね上中央部にコフナと堆肥を混和して手直ししたあと，全面被覆して7～8月に太陽熱消毒を実施して定植を迎え，毎年安定した収量を維持している。

⑦アスパラガス——長野県坂城町・瀧澤民雄

アスパラガスを栽培し約10年になる。雨よけハウス，露地で栽培を行なっている。コフナ導入のきっかけとしては，アスパラガス栽培で課題としてあげられる茎枯れ病を多発させ，そこから土つくりに対して取り組みを行なったことである。使用方法としては，冬場全刈りを行なったあとに堆肥とともにコフナを散布し，春芽が出るころまでには微生物の繁殖を行なうという方法である。

その他の使用方法として，長崎，佐賀などでは改植を行なうときに，コフナ・ソーラー法を実施している例もある。

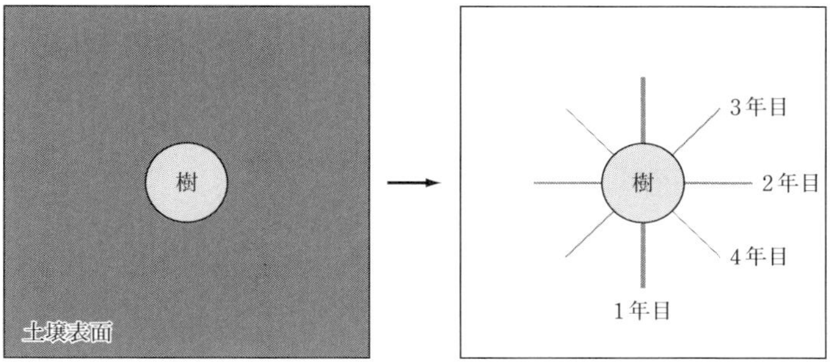

第4図　収穫後コフナ投入場所イメージ
圃場を上から見たようす

第5図　剪定枝

第6図　堆肥化

⑧ブドウ——山梨県笛吹市・丹沢民雄

笛吹市地域は，山梨県のほぼ中央，甲府盆地の南東部に位置し，地形は御坂山系に続く丘陵地帯および渓谷と笛吹川沿いの平坦地からなり，変化に富む肥沃な農地で内陸性の寒暖の差が大きい気象条件である。ハウスと露地で栽培をしており，コフナは30年以上施用している。通常の秋施用に加え，ハウスでの改植時にコフナ・ソーラー法を実施している。改植先で病原菌がまん延していたために病気にかかったり，樹勢が弱ったりしたからである。また剪定枝の堆肥化にもコフナを利用している。ブドウ収穫終了後の秋施肥時に圃場全体にコフナを10袋表面施用し中耕する。樹冠を中心に放射状に施肥溝を掘り，肥料・剪定枝堆肥と一緒にコフナを5～10袋投入する（第4図）。

剪定枝堆肥は4月に仕込む。コフナ＋米ぬか＋鶏糞を剪定枝に散布し，たっぷり水分を含ませ，9月下旬ころにはできあがる（第5，6図）。

ハウスでは改植前（8月ころ）に深さ50cm四方の穴を掘り，コフナと有機物を投入したっぷり水分を加え透明マルチで被覆する。地温50℃以上を目安に実施している（第7，8図）。

⑨セロリ——福岡県みやま市・坂田幸雄

福岡県瀬高は秋冬のセロリの産地として全国有数の規模となる。セロリ栽培のうえで課題となってくることとして，萎黄病と冬場の活着があげられる。萎黄病に関しては薬剤による土壌

第7図　ソーラー法前

第8図　ソーラー法中

第9図　セロリ

消毒でも十分対応は可能なもののコフナ・ソーラー法を実施することでも克服は可能ということで，実施をされている。併せて，土つくりも同時にできることで，2期作目の定植のさいにもコフナを追加投入し，さらに冬場の活着率を上げるようにしている（第9図）。

⑩キュウリ――群馬県館林市・恩田和明

生産量が全国第二位の生産地にて通年栽培を実施している。コフナを使用して5年以上となり毎年，収量，品質とも安定した収穫を行なっている。使用方法は，基肥施用にて10a当たり15袋を使用し，とくに冬場の促成栽培では地温の確保を目的に使用している。この結果，初期の根の活着を促進させることができる。コフナを使用することで，根の発根力との相乗効果で年々作土を深く耕していくので，毎年使用することで安定した根張りを期待することができる。

⑪花卉――千葉県館山市・伊東成幸

太平洋に近い千葉県南部で古くは水田地であったため，下層部は粘土～上層部は砂地という条件下にて金魚草を中心に約20品目の花卉を栽培している。さまざまな作型で長期間にわたる出荷をしており，施肥はジシアン入り有機化成と微量要素資材にバークと落ち葉を原料とした堆肥を使用している。採花終了後，除草対策に毎年7月にバスアミド粒剤による土壌消毒を実施しているが，消毒後の微生物相改善にコフナを10a当たり10袋程度，土壌へ混和し土つくりを行なっている。

《問合わせ先》東京都品川区東品川2―2―20
天王洲郵船ビル
ニチモウ株式会社
TEL. 03-3458-4369
FAX. 03-3458-4329
URL. http://www.cofuna.jp/
E-mail. info@cofuna.jp
執筆　ニチモウ株式会社アグリビジネスチーム

コロボクル

執筆　木田幸男（東邦レオ株式会社）

（1）成分と特徴

①開発のねらい

コロボクルとは，鶏糞とバーク（木片）を主原料とし，微生物の力をかりて有機物のエネルギーをあますところなく利用することに成功した堆肥である。

これまでの堆肥，特にバーク堆肥の多くは，未熟有機物が土中に入ることにより，土壌病害を引き起こしたり，窒素飢餓による窒素不足をまねく危険性があった。また，使用する原料の一つである鶏糞の混入量が少ないために，養鶏農家では乾燥鶏糞や発酵鶏糞以外の鶏糞の処理に困っている状態であった。一般に堆肥は好気発酵のみで製造されるが，このような堆肥は有機物のエネルギーを無駄に消費し，肥料効果が期待できないばかりではなく，好気発酵過程で大気中に放出されるCO_2により地球温暖化現象にも荷担していた。

そこで，上記の問題を解決し，さらに安定した品質および肥料効果を示すとともに，CO_2の放出量を最小限に抑えた堆肥，コロボクルを開発した。

②資材の成分と特徴

コロボクルは，鶏糞とバーク（木片）を主原料とし，好気発酵と嫌気発酵を組み合わせて堆肥化を行なっている。好気発酵の段階では，バチルス属などの微生物の働きで有機物の分解が一気に進み，木片に含まれるフェノール類やヤニ成分などの有害物質が分解され，発酵熱により寄生虫などが死滅する。

次に嫌気状態にすることにより，嫌気性微生物の働きで好気発酵とは異なる有機物分解が進み，肥料成分が蓄積する。また，1）嫌気状態で発生する腐敗菌の増殖を抑えるため，2）コロボクルのpHが強アルカリ性にならないようにするため，さらには，3）土壌に混合しても植物に悪い影響を与えないために，意識的に有用な（通性）嫌気性微生物を投入している。投入している微生物はラクトバチルス属やビフィドバクテリウム属が主体である。

好気発酵のみで堆肥を製造すると，大気中に放出されるCO_2が地球温暖化を増長することにもなるが，嫌気状態にすることによって，CO_2やNH_3の発生を抑えることができる。さらに，硝化細菌を加えることによりアンモニア臭を除去すると同時に，窒素分の硝酸態への移行を促進するため肥料成分が蓄積され，非常に中味の濃い堆肥となる（第2図）。

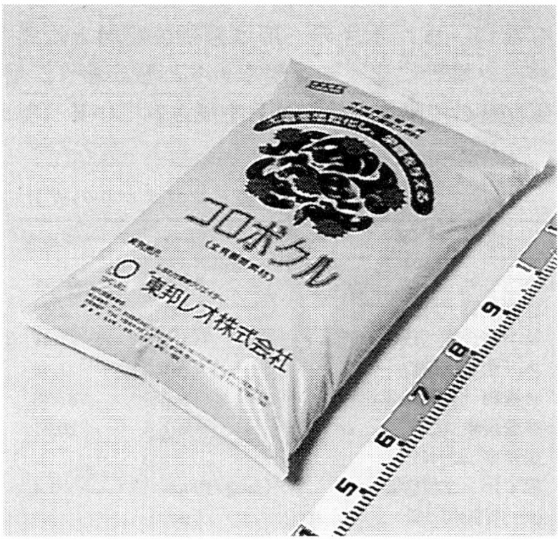

第1図　コロボクルの荷姿

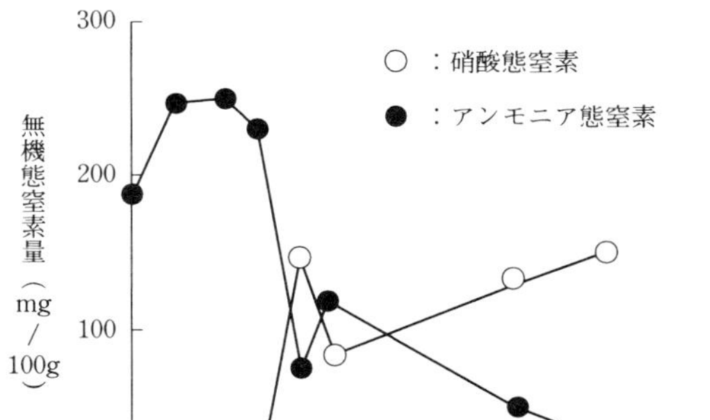

第2図　コロボクルの無機態窒素の推移

コロボクルの成分は第1表のとおりである。その特徴は，鶏糞を原料として使用しているのでリン酸の量が多いこと，好気発酵のみで製造した堆肥とちがって，pHが強アルカリ性を示さないことである。

コロボクルは黒い色をしている。木片の一部が原形をとどめるが，製品段階でふるいを通しており，極端に大きいものはない。アンモニア臭はほとんどしない。

③使用効果

肥料としての働き　鶏糞は比較的分解しやすく，一部は無機態となり即効性の肥料として存在する。コロボクルは鶏糞を多く用いているため，未分解有機物があっても，土壌に施した場合に心配される窒素飢餓による窒素不足は起こらない。また木片の一部は遅効性肥料となる。バーク堆肥に比べリン酸やカリの量が多く，好気発酵の段階では腐植酸も生成されている（第3図）。水分も一般的なバーク堆肥よりも少ないので，同量のバーク堆肥に比べてより肥効が高い。

肥料成分を豊富に含んでいるため，施用量が少なくてすみ経済的である。10%（v/v）の施用で効果が現われる。

土壌改良の働き　最後まで好気発酵を行なったものに比べ，木片が多く残っているため土壌の物理性および微生物性改善に効果を現わす。ピートモス，ゼオライトやイソライトよりも土壌水分の保持能力は高く，土壌微生物のフローラをよりよい方向に導くため，より良好な土壌環境をつくり，結果として植物の生育によい効果をもたらす。

マサ土にコロボクルとバーク堆肥をそれぞれ10%混合し，一年後の土壌の微生物数を測定した結果によると，よい土壌の指標微生物ともいわれる蛍光性シュードモナスがコロボクルを加えた土壌のみに出現していたことから，土壌の微生物性はマサ土のみやバーク堆肥を混合した場合よりも改善されていたといえる（第2表）。

土壌の健全化　好気発酵過程で寄生虫や有害菌は死滅している。また，有用菌の密度を高めているので，土壌病害を引き起こさない。また好気発酵と嫌気発酵を併用しているために，発酵の過程で生じる微生物代謝産物が多種多様で，それらが土壌の緩衝能を高め，外部要因に影響されにくい健全な土壌を育む。

安全性　コロボクルは下水道汚泥や食品汚泥のような汚泥の類をいっさい使用していない。そのため，有害物質や重金属を含んでいる危険性はない。微生物の働きにより，窒素をアンモニア態として揮散させずに硝酸態として堆肥中にとどめるため，アンモニア臭が抑えられ，臭いが気にならない。

第1表　コロボクルの成分

項　目	(単位)	分析成績	乾物当たり値
水　分	(%)	37.16	—
窒素全量（N）	(%)	1.83	2.91
リン酸全量（P_2O_5）	(%)	3.44	5.47
カリ全量（K_2O）	(%)	1.45	2.31
有機物（強熱減量法）	(%)	37.38	59.48
有機炭素（C）	(%)	20.81	33.12
炭素率（C/N）	—	11.4	
陽イオン交換容量	(meg/100g)	31.4	50.0
pH（乾物相当量　1：10，22℃）	—	7.5	

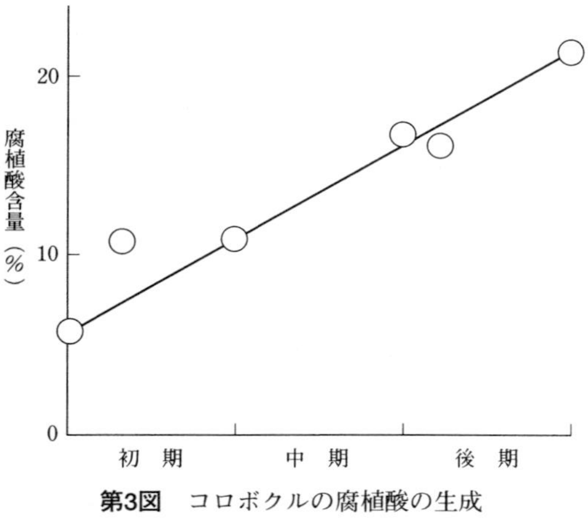

第3図　コロボクルの腐植酸の生成

(2) 使用方法

①基本的な使用方法

コロボクルは元来緑化用の資材として開発された堆肥であるが，作物の栽培に用いても問題はない。

施用量は従来の堆肥と同程度とし，土壌への混合を原則とする。均一に混合できる方法であれば，方法は問わない。土壌1m²・20cm厚当たり10～20kgを施用する。

樹木や一般的な花類の栽培の場合は10～20%（VOL）を土壌に混合する。ただし，窒素要求量の少ない品種では施用量を減らす。芝や葉物の栽培のときには20%以上に混合割合を上げてもよい。

②効果を高めるポイント

コロボクルは未分解の有機物を含んでおり，長い間袋のまま放置すると，コロボクルの中に含まれている微生物がコロボクルの養分を消費してしまうため，1年以内に使用する。また，極端に水はけの悪い土壌に施用すると，満足のいく効果が得られない場合がある。

コロボクルは，発酵時の分解生成物や肥料成分により植物の生育を促すだけではなく，コロボクル自体に含まれる有機物や微生物が土壌に働きかけることによって，土壌の物理性，化学性および微生物性を改善する。したがって，殺菌剤など抗生物質を含んだ微生物の活動を妨げる薬剤との併用は行なわない。

第2表 コロボクルの使用と土壌の微生物数（CFU/g）

	糸状菌	放線菌	細菌総数	グラム陰性菌	蛍光性シュードモナス
マサ土のみ	N.D.	3.3×10^4	7.0×10^5	1.4×10^5	N.D.
バーク堆肥（10%混合）	N.D.	1.3×10^5	5.8×10^5	2.4×10^6	N.D.
コロボクル（10%混合）	N.D.	9.0×10^4	4.8×10^5	1.7×10^6	1.6×10^4

≪問合せ先≫　大阪市中央区上町1－1－28
東邦レオ株式会社
TEL　06－6767－1110
http://www.toho－leo.com/

2000年記

参考文献

藤崎ら．1999．各種土壌改良資材の保水特性とトールフェスク生育の比較．日本芝草学会大会誌．P82.

小杉ら．1996．クスノキポット苗の生長に及ぼす有機質改良材の影響に関する実験的研究（I）－光合成量及び生長量－．日本緑化工学会研究発表会要旨集．P102.

見村ら．1996．クスノキポット苗の生長に及ぼす有機質改良材の影響に関する実験的研究（II）－土壌の物理・化学及び微生物的特性－．日本緑化工学会研究発表会要旨集．P106.

宮林ら．1998．各種土壌改良資材混合砂によるトールフェスクの生育の差異．日本緑化工学会研究発表会要旨集．P218.

さんさくん――好気性菌体群を添加した有機肥料（複合肥料）

（1）成分と特徴

①開発のねらい

さんさくんは主として畑作，とくにハウス栽培での地力消耗により起こる土壌病害などを抑止し，地力を高め，連作でも常に安定した良品多収を実現するために開発した有機肥料である（第1図）。当初は土壌改良材として発売されたが，現在は土壌機能調整力を強化する有機肥料として，好気性菌体群を添加した複合肥料（農林水産大臣肥料登録番号　生第84866号）となっている。

保証成分は，窒素全量0.30％，リン酸全量0.50％，カリ全量0.40％，ク溶性苦土0.02％である。

②資材の成分

さんさくんの主原料は，カキ殻，好気性菌体群，放線菌のえさとなるカニ殻（キチン質），海藻繊維，米ぬか，ヤシ焼成灰，バーミキュライトなど，7つの原料から成り立っている（第1表）。

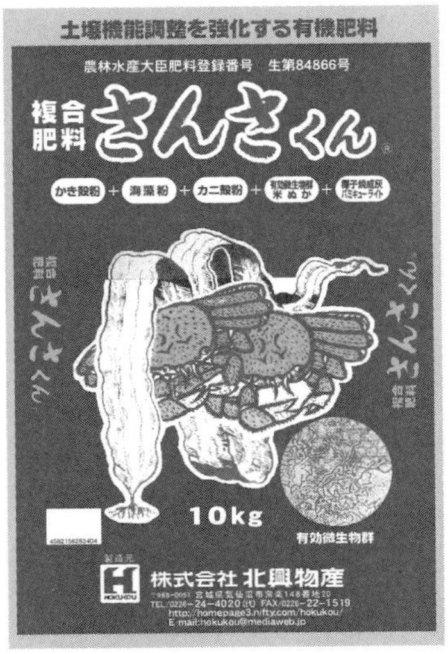

第1図　さんさくん

宮城県気仙沼市周辺の三陸地方は，古くからカキの養殖産地であり，カキ殻は指定された場所に大量に堆積している。カキ殻が大量に堆積すると，からに付着した有機物と，からにとり残された貝柱などのタンパク質が培養基となり，それに温度（太陽熱），水分（雨水）が加わり自然発酵を始める。4～5年以上も発酵を続けると，下層はボロボロになって土に還る条件のすべてが整う。この間雨水，雪などの作用を受けて，海水に由来する塩分はみごとに洗い流され，カキ殻は土壌機能調整強化材としての内容を完備する。これをさらに粉砕して表面積を拡大することにより，菌体が吸着しやすくなるとともに，土壌の粒子間に馴染んで，おだやかに継続的な分解ができるようになる。

カキ殻の乾燥はこの製品の品質を大きく左右するので，太陽熱を利用して自然に時間をかけて絶乾状態（水分を含む割合が非常に少ない状態）にすることが好ましい。火力で乾燥するときは，石油基であるイオウ分が付着して微生物の増殖を阻害しないように乾燥方法を工夫する（石油基のイオウは強酸性のため一般の微生物の増殖を阻害する）。

③好気性菌体群の働き

さんさくんに添加されているVS有効菌は，農業上の有効微生物で，そのすべてが好気性菌で，克明に検査をすると50種をはるかに超える。好気性菌体群の添加には地力の高い畑地に近づけたいとする願いが込められている。

放線菌　放線菌のうち病原性をもたず，抗生物質を生産する菌体も数種添加されている。放線菌は土壌の酸性を嫌い，もっとも好ましい酸度はpH7.5である。培養基（えさ）はキチン質，海藻繊維，パラフィン，植物繊維（セルロース）などである。

さんさくんには，有効微生物を胞子の状態で添加してある。これが圃場に施されたとき，添加された微生物の胞子が発芽し，活発に活動するようにしなければならない。そのためには，水分，えさ，pH，温度，空気，時間が必要であり，微生物資材を土壌に施しても，添加された微生物が活性化する土壌条件がなければその

第1表　さんさくんの成分内容（混合単品規格）

〈カキ殻粉〉	〈海草粉〉	フコイダン10％	高温性放線菌1.1×10^{7}g
窒素全量0.14％	リン酸1,000mg/kg	多糖類ほか52～73％	糸状菌9.0×10^{6}g
リン酸全量0.16％	カリウム30,000mg/kg	アミノ酸アルギニンほか16種	酵母2.6×10^{6}g
炭酸カルシウム89.15％	カルシウム20,000mg/kg	ビタミンC，Eほか2種	その他菌5種類
可溶性苦土0.32％	イオウ30,000mg/kg	〈カニ殻粉〉	〈米ぬか〉
イオウ0.15％	鉄1,000mg/kg	窒素全量2.4％	窒素全量2.20％
鉄0.07％	ホウ素100mg/kg	リン酸全量2.7％	リン酸全量5.30％
ホウ素全量0.02％	マンガン50mg/kg	粗キチン16.42％	カリ全量2.27％
マンガン全量0.005％	銅10mg/kg	タンパク質34.40％	〈バーミキュライト〉
銅2mg/kg	亜鉛2,000mg/kg	カルシウムほか	カルシウム1.46％
亜鉛12mg/kg	塩素15,000mg/kg	〈農業上有効微生物群〉	鉄19.31％
塩素0.05％	モリブデン1mg/kg	好気性細菌3.3×10^{7}g	ケイ酸41.72％
モリブデン0.6mg/kg	ニッケル2～5mg/kg	高温性細菌1.1×10^{7}g	チタン3.04％
ケイ酸全量0.90％	ナトリウム15,000mg/kg	耐熱性芽胞4.5×10^{4}g	アルミニウム16.56％
可溶性石灰49.95％	マグネシウム5,000mg/kg	蛍光性シュードモナス3.0×10^{4}g	マグネシウム8.70％
アルカリ分50.40％	ヨウ素1,200mg/kg	乳酸菌1.4×10^{5}g	カリウム5.50％
	アルギン酸22～30％	中温性放線菌4.7×10^{6}g	ナトリウム0.56％

注　分析：（財）日本肥糧検定協会ほか

資材は有効には活動しない。

蛍光性シュードモナス　さんさくんに添加されている根圏微生物のおもなものは蛍光性シュードモナスである。植物の根は水や養分の吸収のほかに，呼吸や有機酸類の排出なども行なっている。植物の根が排出するおもな有機酸類は，ブドウ糖，アミノ酸，ビタミン，核酸，クエン酸などである。これらの有機酸類は，土の中の微生物にとって最高のえさである。そのため，植物の根まわり（根圏）には，微生物が群がって生活している。蛍光性シュードモナスは，根から排出されるわずかなアミノ酸をえさとしている。蛍光性シュードモナスは，植物の根圏での生活中にカビなどの増殖を許さないピロールニトリン（抗生物質）を生産している。

畑作の連作障害のなかで，もっとも厄介なものは土壌病害である。土壌病害を引き起こす病原菌はカビ（糸状菌）が多く，フザリウム，バーティシリウム，ピシウム，リゾクトニアなどである。根圏に蛍光性シュードモナスのような，病原菌に対して強い拮抗作用をもつ微生物が生存すれば，病原菌は根に侵入できない。土壌にこのような機能を強化することを一般に土壌静菌力という。

センチュウ天敵ムコールなど　土壌病害を引き起こすときのおもな引き金となるものは植物有害センチュウである。センチュウの生態系は複雑であるが，土壌微生物の内容が豊かであれば，そこにはセンチュウの天敵ムコールが多く棲みついている。ムコールはセンチュウを捕捉するさまざまな機能をもっている。輪の中にセンチュウ（第二期幼虫）を捕えるもの，粘液でセンチュウを吸着するものなどである。

ペニシリウム，アスペルギルス　これらのカビ（糸状菌）は，すでに抗生物質を生産する菌として知られている。抗生物質などを生産する農業上有効な菌体を圃場に増殖させれば，そこには病原菌などは棲めないであろう。

＊

さんさくんに培養添加されている菌体群は，特別な技術で混合培養されている。吸着させるキャリアーはバーミキュライトなどの粉末に等しい細粒で，この表面積は広く，微生物の培養キャリアーには最適である。

肉眼で見えるほどの発達した微生物のコロニー（集落）を時間をかけて静かに乾燥すると，絶乾に近い状態で胞子の塊が得られる。これらが好気性菌体群である。

組成均一促進材，カキ殻粉末，バーミキュライトに発酵米ぬか（好気性菌と米ぬかを混合して発酵させたもの）と，放線菌のえさとなるキチン質（カニ殻など）や海藻の粉末と，さらにヤシ焼成灰を混ぜて，添加物が平均に混ざるまで何度もミキサーで撹拌を繰り返して，さんさくんがつくられる（第2図）。

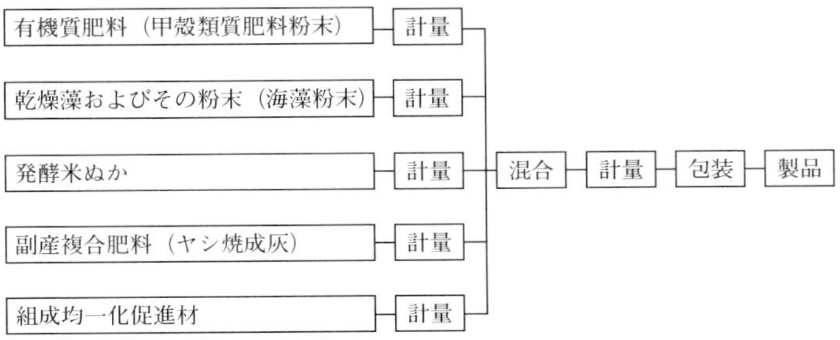

（備考）1. 乾燥藻およびその粉末は神奈川県届出第13－3号の特殊肥料である
2. 発酵米ぬかは，自社製のものを使用し，その生産工程は以下のとおりである

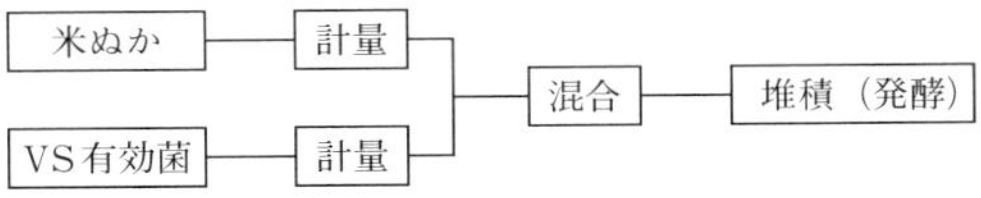

材料の種類	名　称	使用量
組成均一化促進材	副産石灰肥料（カキ殻粉末）	65.0％以下
組成均一化促進材	バーミキュライト	12.0％以下

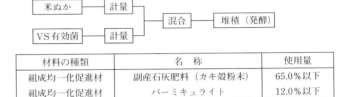

第2図　さんさくんの生産工程と材料

④使用目的と効果

火山灰土壌の生産性向上

一般的にpHは水で6.5，塩化カリ（KCl）で5.5ぐらいが作物がよく生育できる条件である。火山灰土壌の黒ボク土壌などは有機物の含有も多く，腐食が10％を超えたり，置換容量が40mg当量もあるような地力を秘めたものが多い。日本の国土は大半が火山灰土壌であるが，火山灰土壌は低生産性土壌といわれ，その評価は高くはない。火山灰土壌に秘められた地力を上手に引き出して，畑作の生産性を高めていきたい。これが，さんさくんの願いなのである。

火山灰土壌の塩基置換容量が大きいといっても，それは変異荷電である。pHが低くなると土は働かない。火山灰土壌（日本は火山国）では，そのもっている地力を引き出すためpH7を超えない限度で上げたほうがよい。

pHの調整，酸度矯正のために苦土石灰を用いる方法では，ハウス土壌の養分バランスがくずれる。炭酸カルシウムではもはや日本の畑地の酸度矯正はむずかしくなった。土の検査をして，一般的にカルシウムが300～350mgぐらい，pHが6.5ぐらいを目安とすればよい。pHは，EC（電気伝導度）が高くて硝酸態の窒素が多いときは，カルシウムが400mgを超えてもなお酸性を示す。

さんさくんは，天然の炭酸カルシウムを89.15％もち，これがおだやかに分離され，火山灰土壌の酸性を中和し，火山灰土壌の微生物相を細菌型に改良する。

微量要素の供給　植物が生育するとき，健全な細胞をつくりあげるために必要とされる元素（養分）は17種類に及ぶ。そのなかに微量ではあるが，植物が生理的にどうしても必要とする養分である微量要素がある。しかし，この微量要素を施肥することは困難である。現代では微量要素はすべて商品として販売されていて入手は容易であるが，微量要素の施用は微量で適正でなければならない。微量要素は栽培される作物により吸収量が違う。微量要素の施肥は過剰障害が出やすいので，良質の堆肥の連年施用と，微量要素を総合的に含有しているさんさくんの連年適正使用がもっとも好ましい。

土壌消毒対策　10aの土壌で耕土15cmなら，そこにはセンチュウを除く750kg以上の微生物が生存している。作物を育てる土壌機能のうちもっとも重要なものは，この生物的な機能である。連作をすると，この機能に生態的な乱れが生じて問題が起きる。有害な微生物だけを選択して殺すような薬はない。土壌消毒を行なうと，微生物をはじめ，土壌中に生存する生物は皆殺しとなり，後遺症が残る。10aで750kgもの生物が死滅したとき，その死体はつぎつぎに

第2表　各種土壌へのさんさくん施肥の目安（NET10kgビニール袋入り，10a当たり）

土　質	土壌pH（H_2O浸出）			
	6.0 〜	〜 5.5 〜	〜 5.0 〜	〜 4.5
砂土（ほぼ砂だけを感じる）	6袋	7袋	8袋	10袋
砂壌土（粘土より砂を感じる）	7袋	8袋	10袋	12袋
壌土（粘土と砂がほぼ半々に感じる）	8袋	10袋	12袋	14袋
埴壌土（かなりの粘土でわずかに砂を感じる）	10袋	12袋	15袋	17袋

注　製品中の水分が15％以上になると好気性菌体が活動するので保管に留意する
　pH測定値のみから施用量を算出しているので，2〜3か月後に再びpHを測定し，必要があれば追肥を行なう
　湿気により自然発酵するおそれがあるので，製造日から6か月以内に使用する（ただし，乾燥状態で保管すればこの限りでない）

他の微生物により分解を受ける。生物体はタンパク質で構成されており，アミノ酸―アンモニア―亜硝酸―硝酸と分解が進み，植物体に吸収される。

消毒後は，硝酸化成菌は土壌中にしばらく復活しない。死滅した生物体はアンモニア態の窒素として土壌中にたまる（土壌生物の総重量から水分を差し引き，残ったタンパク質から窒素の量を求めると8〜12kgほどになろう）。

土壌消毒後に定植された植物は，結果としてアンモニア態の窒素を吸収することになる。アンモニア態窒素の過剰吸収は，必ずカルシウム欠乏症を伴う。イチゴのチップバーン，トマトのしり腐れ，キャベツの心腐れなどはこれが原因である。対策としては消毒後ただちにさんさくんを施用することである。土の消毒後しばらくは無菌状態となる。もしそこに土壌病原菌が侵入すれば，病原菌は何の抵抗も受けず増殖して作物を冒すことになる。事実，土壌消毒後の圃場で土壌病害が激しく発生した例は枚挙にいとまがない。この場合も，消毒後ただちにさんさくんを施用する。土壌の静菌力を高めるための有力な手段となるからである。

(2) 使用方法

さんさくんは具体的にどれくらい使用すればよいのだろうか。土には酸化やアルカリ化に対する緩衝能があり，さんさくんを施用しても，その反応にはそれぞれの圃場で違いがある。沖積土壌で腐植が多く耕土が深いところでは多めに，火山灰土壌でpHの低い土壌では多めにする。砂地土壌は緩衝能にとぼしく，さんさくんを施用すると反応が大きい。したがって，さんさくんは少なめに施しても十分な効果が期待できる。第2表に各種の土質とさんさくんの施用量を具体的に示した。

(3) 使用事例と効果

栃木県・上三川イチゴ栽培研究会（上野忠男ほか60名）が創立されて約30年となった。必ず1年に3回「正しい土つくり研究会」を開いている。研究会では土の検査をしてその結果表を持ち寄り，pH値からEC濃度，カルシウム，苦土，カリの塩基バランス，リン酸対策を練ってきた（上三川地区は火山灰土壌の典型をみるような土壌である）。ここでは従来からリン酸を多投してきた。リン酸吸収係数は2,200ぐらいと高く，リン酸が効きにくい土の見本のような土壌であった。リン酸が効きにくいから多投する。多投し続けられた多量のリン酸が，土の中の鉄やアルミと結合し不溶化して蓄積される。しかし，リン酸はむしろ，苗づくりのときに十分に吸収させ，イチゴの植物体内に貯蔵させるとイチゴの強い生命力につながっていくようだ。土壌中に多量に蓄積されたリン酸は，菌根菌の働きを害して炭疽病や萎黄病への抵抗力を失わせる。リン酸過剰は亜鉛の欠乏につながる。亜鉛の欠乏はイチゴが吸収した窒素の代謝（消化）を妨げる。土の検査をして，有効態リン酸の適正量は100mgまでであることをこの研

究会は主張している。上三川の上野忠男さんらの土壌は，良質の堆肥とさんさくんの連年施用を行ない，適正な施肥と深耕などを繰り返してみごとな多収穫と連作を続けている。イチゴの連作で10a当たり700万円を超す驚くべき高品質，多収穫を続ける生産地は特筆に値しよう。

そのほか，全国でホウレンソウ，ソラマメ，トマト，キュウリ，果物栽培などで多くの好事例がある。

《問合わせ先》宮城県気仙沼市常楽148番地20
株式会社北興物産
TEL. 0226-24-4020（代表）
URL. http://hokukou.jp/

執筆　江井兵庫・但野邦芳（株式会社北興物産）

スーパーE・R――多様で活性のある微生物群の土壌改良材

(1) 開発の経緯・ねらい

地表にある1cmの土壌をつくり出すには100年の歳月が必要といわれている。戦後の近代農業の推進により，豊かだった土壌が劣化し，全国で連作障害や病害虫の被害に苦慮しているのが現状である。そのようななか，土壌環境を短期間，かつ，特別な技術を必要とせずに回復することを目的として「スーパーE・R」は開発された（第1図）。E・Rはエンザイムロードの略である。

第1図　土壌改良材「スーパーE・R」
左が通常のMI，右が有機JAS規格適合のGOLD。下は微生物の活動を妨げないガス抜きフィルター付きキャップ

①土壌改良材「スーパーE・R」

1gの土壌中には新種の微生物が1,000種類以上，数十億から1兆個を超える微生物がバランスをとって土壌の環境を守っている。スーパーE・Rは，この重要な微生物と強力な活性を持つ酵素により培養した土壌改良材である。自然由来の植物を原料に非加熱で培養しているため，多様で活性のある微生物群を生み出し，土壌中の微生物環境を短期間で整えることを可能にし，人体，植物，地球環境に安心・安全・無害の土壌改良材である。

②誕生から進化

スイカの連作障害の対策として，発酵食品で発酵させた米ぬかにより土壌改良し，回復させたことをきっかけに開発された。土壌が豊かだった時代には連作障害などの問題が起きずに栽培されていたため，微生物と酵素による土壌の微生物環境を整えることが植物の生育に大きく影響を与えることを確信し，以降，研究を重ね土壌改良材として進化させた。

③土壌改良の基本的な考え方

農作物栽培の基本は土壌づくりであり，微生物が多様で活性のある土壌により良質の農作物が栽培される（第2図）。作物に現われた問題（病害虫など）に対して行なう薬剤の使用や，葉面散布などの育成・食味に期待したものは，あくまでも対処法であり根本解決にはなり得ない。スーパーE・Rは土壌微生物の多様性と活性を向上させ，植物自体の病害虫に対する

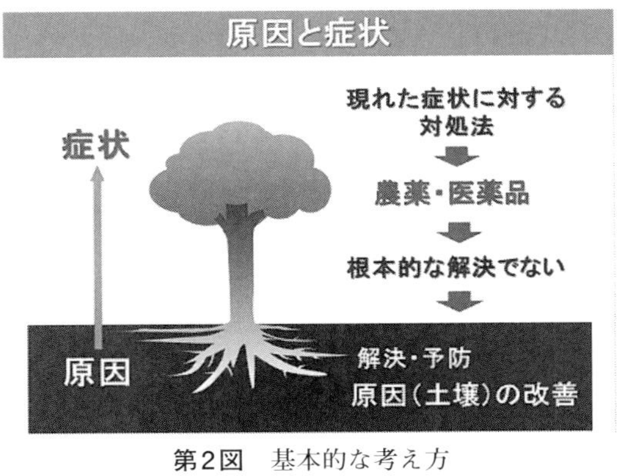

第2図　基本的な考え方

抵抗性や忌避効果を高め，病害虫被害の軽減や予防，また，農産物本来のおいしさを引き出すことを目指す。

これらにより，過剰な肥料・薬剤を減らし，良質な農作物栽培を実現させ費用対効果を上げ，さらには作業の軽減効率化がはかられ，生産性の高い農業を実現させる。

なお，病害虫に対する抵抗性や忌避効果を望めるが，スーパーE・Rは土壌改良材であり，農薬・特定農薬に該当しない。

④スーパーE・Rのねらい

多様性のある微生物群と酵素の働きにより，病害虫に強い土壌環境をつくり出し，短期間での土壌改良を可能にする。これにより，おもに次の効果を実現させる。

・土壌の団粒化の促進による水はけ，水持ち，根張りを向上させる。

・植物の健全な生育の促進による品質の向上と収量を増加させる。

・植物の健全化による薬剤の使用頻度の低下を実現させる。

・地力の高まりにより雑草の生えにくい土壌をつくり出す。

⑤スーパーE・Rと肥料

スーパーE・Rにより短期間で多様な活性のある土壌微生物環境を整えるためには，微生物のえさとなる植物性の肥料・堆肥（有機質）を投入することが好ましい。過剰な畜産堆肥や有機肥料の施肥は，土壌微生物環境のバランスが崩れるおそれがあるので土壌環境に合わせた施肥が必要である。

⑥スーパーE・Rと薬剤

微生物は薬剤の影響を受けやすいため極力使用を避けることが好ましい。殺虫剤・殺菌剤を使用した場合には，使用から２～３日以上間をあけてからスーパーE・Rによる土壌灌水を行ない，土壌環境を整えることが必要である。殺虫剤との混用は効果を弱めてしまうため極力避け，殺菌剤との混用はスーパーE・Rの微生物への影響が大きいため禁止する。

⑦他の微生物資材との違い

ある種の単一微生物や嫌気性微生物資材と違い，スーパーE・Rは好気性微生物（一部条件的嫌気性微生物含む）を中心とした多様な微生物群により土壌微生物環境を整えるため，気候や風土，土壌環境などの条件を問わず，全国各地また一部海外での効果をすでに確認している。また，土着の微生物の活性を失うことなく，共存して土壌微生物の多様性と活性を高める。

(2) 効果発現の仕組み

①微生物による物質循環

1gの土壌中には多種多様な数多くの微生物が存在し，ほとんどが新種といわれており，科学的にもほとんど解明されていない。しかし，この微生物なくしては地球の自然そのものが成り立たないほど重要な存在でもある。

面積10a，深さ10cmの土に700kgの土壌微生物が存在するといわれ，そのうち約70％がカビ，約25％が細菌と放線菌，約5％が土壌動物とされている。この土の中で有機物を分解・腐植させるなどして土壌づくりに重要な役割を果たし，作物の生育や実りに大きな影響を与えている。

微生物自体は硬い有機物を分解できないため，分泌した酵素によって有機物を分解する。微生物はその種類によってさまざまな酵素をもち，これらの酵素を使いわけながらさまざまな有機物を分解する。

土壌に投入された有機物は微生物により，糖やアミノ酸などに分解され土壌中に溶け出すことを第一段階とし，第二段階のセルロースの分解には，セルロースのブドウ糖を分解する酵素をもった微生物の働きが欠かせない。第三段階では，セルロースとは比較にならないほど硬く分解されにくいリグニンを分解する。

これらのように，微生物は互いの性質に合わせて有機物を分解して土壌をつくり，植物を支え，動物を助け，物質循環を行なっている。そのために土壌づくりには長い歳月が必要といわれる。

②根の養分吸収と微生物

作物の根の生長には微生物の働きが必要不可欠である。作物の根は土壌中の水分や養分を吸収するだけでなく，さまざまな物質を排出し，それを微生物が吸収して養分とする。その養分は微生物により分解され，新たに作物の生育に必要な栄養分となって根によって吸収される。そして，微生物は作物が生長に必要なホルモンや，根だけでは吸収できない栄養分を根に与え，共生関係をつくっている。

根は微生物の多いところへと伸びていき，逆に微生物は根のあるところへと集まり，微生物が多様で活性があるほど作物の根は伸びやすく，生長もしやすい。

また，根や微生物はマイナスの電気を帯び，養分はプラスの電気を帯びているため，養分は微生物の活動により集められて根まで運ばれ，吸収される。そのため，土壌中に多量の肥料が存在しても養分を運ぶ役割の微生物が存在しなければ，根は養分を吸収できず，肥料過多になり，土壌の劣化を起こす。逆に少肥料であっても多数の微生物が存在すれば，根は肥料を効率よく吸収することが可能となる。

第3図はベトナムでのスーパーE・Rによる土壌改良を行なった圃場のネギと非施用区のネギの比較である。スーパーE・R区のネギの根は量も多く，太く，長く，根の生長がネギの生育に直結していることがわかる。また，日本国内に限らず海外の劣化した土壌においてもスーパーE・Rによる土壌改良に効果があることが確認できる。

第3図　ネギの生育比較

（写真提供：（株）ニチリウ永瀬）

上：スーパーE・R区，下：非施用区

これらのように，土壌中の微生物と根は密接な関係にあり，多種多様で活性力の強い微生物により土壌環境を整えることが作物栽培にとってはもっとも重要である。

③土壌微生物多様性・活性値

本来の土壌の豊かさは化学性，物理性，そして生物性の三つにより評価されるものであるが，1gの土壌中に1,000種類以上1兆個を超える微生物がいるといわれているなかで，この生物性の評価はこれまで非常にむずかしかった。それが近年，株式会社DGCテクノロジー社が所有する世界特許取得の検査方法「土壌微生物多様性・活性値」による新技術を用いた世界初の評価法で測定することが可能となった。

この検査方法は，微生物群集の有機物分解能力の多様性と高さを数値化したもので，土壌に「何の種類の微生物が」「何個いて」「何をしている」をあえて問わない，土壌の生物性の客観的・科学的な評価法である。

日本の平均的な土壌の活性値は79万で，100万を超えると物理性は向上し，病気が起こりにくく，土壌病害に強く連作障害を起こしにくくなる。また，食味・品質の向上，少施肥での栽培が可能となることが，これまでに蓄積されたデータから示された。

これらにより，これまで技術や経験によって習得されてきた土壌環境の把握が，数値による可視化で容易に行なえるようになり，100万を超える土壌をつくることが費用対効果の高い農業を実現させることを確認した。（第1表）

④第1回世界土壌微生物オリンピック

2015年12月11日に土壌微生物多様性・活性値により土壌微生物環境を競い評価する「第一回世界土壌微生物オリンピック」が開催され，スーパーE・Rにより土壌づくりを行なった圃場で，畑作部門「金賞」：土壌微生物多様性・活性値190万3,473，水田部門「銀賞」：131万8,319，畑作部門「銅賞」151万3,485：の金銀銅賞受賞の実績を出した。いずれの受賞者も特別な技術や長い経験を有している生産者ではなく，スーパーE・Rによる土壌づくりを徹底し

第1表　土壌微生物多様性・活性値と値の目安

（(株) DGCテクノロジー）

土壌微生物 多様性・活性値	値の目安
－100～10万	土壌ではない資材などで微生物がほとんどいないもの
10～30万	土壌消毒を続けている土壌，病気が多発している（将来発病する可能性のある）土壌
30～50万	農薬・化学肥料を乱用している土壌
50～70万	ごく平均的な土壌，通路，裸地など
70～100万	土つくりが比較的うまくいっている土壌
100～130万	豊かな土壌，農作物がおいしい，病気が起こりにくい
130～150万	大変豊かな土壌，農作物が大変おいしい，ほぼ病気が起きない
150～200万	きわめて豊かな土壌，生態系が豊かなため病害虫が少なく，少肥料・少除草で栽培可能
200万以上	土ではなく，ボカシや質の良い堆肥など

	①	②	③	④
	基準土壌	E･Rのみ	E･R＋ボカシ	E･R＋ボカシ＋肥料
資　材	なし	E･R500倍液	E･R500倍液 E･R発酵米ぬか	E･R500倍液 E･R発酵米ぬか JA配合肥料
状　態	薄茶色	ややこげ茶	こげ茶	緑やオレンジ色
平均値	76万5,641	101万2,761	181万9,736	201万9,213

第4図　施用試験結果

て行なった結果である。これらからも，スーパーE・Rによる土壌づくりは特別な技術や経験を必要としないことが確認された。

⑤スーパーE・Rの施用実証

スーパーE・Rの効果を実証するために比較試験を行ない，土壌微生物多様性・活性値で数値化した。次の①～④の各3セットの反復試験を2週間行なった結果を第4図に記す。

①：年間3回の除草剤を使用した基準土壌（対照区）

②：①にスーパーE・R500倍液を加えた

③：②にスーパーE・Rによる発酵をさせた米ぬかを加えた

④：③にJA推奨の配合肥料を加えた

土壌微生物多様性・活性値76万のごく平均的な土壌①が，②のスーパーE・Rによる土壌改良により，わずか2週間で101万となり「豊かな土壌，農作物がおいしい，病気が起こりにくい」土壌であるとの目安が示された。また，③や④のように微生物のえさとなる有機物であるボカシや配合肥料の投入により団粒化が進み，土壌の微生物環境は短期間で飛躍的に向上することが証明された。

(3) 利用法（使用手順）

①基本的な施用方法

第2表の基本的な施用方法に則り施用する。500～1,000倍を基本の希釈倍率とする。劣化した土壌微生物環境を短期間で整えたい場合は500倍希釈が効果的である。

定植や播種を行なう場合には，2週間前を目安に圃場の土壌灌水を行ない土壌微生物環境を整えてから定植・播種を行なうと効果的である。

育苗には，苗全体に1,000倍で1～2回施用する。

②肥料・農薬への注意

スーパーE・Rの有用微生物群は生きているため，次のような注意が必要である。

・スーパーE・Rを施用して有用微生物群の働きを高めるために，微生物のえさとなる適度な有機肥料・堆肥・ボカシなどの有機物が必要となる。

・土壌微生物群の活性をより高め，土壌中の微量要素の補給にミネラル水を併用することで，より高い効果が期待できる。

・土壌消毒剤や除草剤などの薬剤は有用微生物への影響があるため，薬剤の使用を極力控えることが望ましいが，薬剤を使用した場合には，スーパーE・Rによる土壌灌水を行ない，土壌微生物環境を回復させることが必要である。

第2表　基本的な施用方法（10a当たり）

〈農作物〉

<table>
<tr><td colspan="2"></td><td colspan="2">土壌灌水</td><td colspan="3">土壌灌水以外の施用</td><td colspan="2" rowspan="2">籾がら堆肥
米ぬかボカシ</td></tr>
<tr><td colspan="2">灌水量</td><td>通常
300l以上</td><td>初回・障害のある土壌
500l以上</td><td colspan="3" rowspan="2">灌水量：300l以上
倍率：1,000～500倍</td></tr>
<tr><td colspan="2">倍　率</td><td colspan="2">1,000倍</td><td>春</td><td>秋（収穫後）</td></tr>
<tr><td rowspan="3">野　菜</td><td>葉　菜</td><td colspan="2" rowspan="11">秋1回
春夏2回以上</td><td colspan="3">1回</td><td rowspan="11">籾がら堆肥
100kg</td><td rowspan="11">米ぬかボカシ
50kg</td></tr>
<tr><td>根　菜</td><td colspan="3">禁止</td></tr>
<tr><td>果　菜</td><td colspan="3">原則禁止</td></tr>
<tr><td colspan="2" rowspan="3">水　稲</td><td colspan="3">各1回</td></tr>
<tr><td>育苗
緑化後</td><td>分げつ期
幼穂形成期</td><td>出穂期</td></tr>
<tr><td>E・R灌水</td><td>E·R流し込み
E·Rボカシ団子</td><td>E・R灌水</td></tr>
<tr><td colspan="2" rowspan="2">チ　ャ</td><td colspan="3">各1回</td></tr>
<tr><td>一番茶収穫前</td><td>二番茶収穫後</td><td>三番茶収穫後</td></tr>
<tr><td colspan="2">果　樹</td><td colspan="3">原則禁止</td></tr>
<tr><td colspan="2">マ　メ</td><td colspan="3">1回（収穫前）</td></tr>
<tr><td colspan="2">花　卉</td><td colspan="3">原則禁止</td></tr>
</table>

〈緑化〉

<table>
<tr><td></td><td colspan="2">土壌灌水</td><td>土壌灌水以外の施用</td></tr>
<tr><td>灌水量</td><td>通常：1l
（1m^{2}当たり）</td><td>初回・障害のある
土壌：1l以上</td><td>20l（10a当たり）</td></tr>
<tr><td>倍　率</td><td colspan="2">1,000倍</td><td>200倍</td></tr>
<tr><td>回　数</td><td colspan="2">秋1回，春夏2回以上</td><td>春夏1回</td></tr>
</table>

(4) 生産者の利用事例

①水稲への施用――熊本県山鹿市（2017年）

2007年ころから肥料，農薬を使用していない水田に2017年の育苗時からスーパーE・Rを施用する。

育苗時，3ha分に対して育苗緑化時にスーパーE・Rの1,000倍希釈液250lをジョロで散布する。1回施用した苗と未施用の苗が混在した状態で田植えが行なわれた。その後，すべての水田に最高分げつ期と幼穂形成期に2回施用した。

育苗時の施用以外に栽培方法には違いがないものの，施用した稲穂と未使用の稲穂の生育の違いを第5図で確認することができる。

スーパーE・R施用は，根張りが良くなるため桿長が若干長くなるが，根元（第5節間）が2～3cmと極端に短くなるため倒伏しにくく，籾数も多くなる。また，倒伏しても上から倒れるため，収穫時にコンバインでの刈取りが容易となる。未使用のイネは分げつが少なく，桿長も短く，収穫期が2週間程度早まる。加えて，スーパーE・R使用では分げつが多くなり，収穫量が多いことを確認した。

これまでの土壌管理に加え，スーパーE・Rの施用により少除草と食味の向上につながり，品質の高い米の栽培を実現した。

第5図　水稲への施用

苗半作は農業の基本

②葉菜類（サニーレタス）での施用――静岡県牧之原市（2016年）

水稲の裏作にサニーレタスの栽培を行なう圃場に対して，水稲，サニーレタスともに基本的な施用方法によりスーパーE・Rの施用を行なった。

スーパーE・Rを施用した苗（第6図左2点）は無施用（第6図右2点）に比べて生長が早く，根の発達が顕著であるため，圃場での活着が良く，その後の生育も早い。葉が厚く軟らかくつやがあり，苦味がなく甘く美味しくなるなど食味が向上した。苗に1回薬剤を使用した以降は農薬を使用せずに栽培可能で，収穫量も増加するなど，高い収益性の向上を確認した。

「第一回世界土壌微生物オリンピック」において土壌微生物多様性・活性値131万8,319で水田部門銀賞を受賞した。その1年後の2016年11月28日には，値が252万7,977となり，わずか1年間で約120万も数値が向上するなど驚異的な成果を示した。

③花卉（電照ギク）での施用――愛知県田原市（2017年）

ビニールハウスによる年3回の電照ギク栽培で連作障害が発生し，農薬散布と土壌消毒に頼る圃場（第7図左）にスーパーE・Rの施用を行なう。

スーパーE・R栽培を実施するにあたって，収穫後の土壌消毒をせず，スーパーE・Rの1,000倍希釈液を1坪に対して2lを目安にし，1作の間に3～4回の土壌灌水を行なった。それらにミネラル水とアミノ酸肥料などを併用した。

その結果（第7図右）にあるように土壌微生物環境が整い，根張りが顕著で，茎が太く，葉が厚く，花色が鮮やかとなり，農薬使用を数回に抑えた栽培が可能となった。また，例年の連作障害も起きないことを確認した。

改良後の圃場の土壌微生物多

第6図　サニーレタスの根張り比較
スーパーE・Rを施用した苗（左2点）と無施用の苗（右2点）

様性・活性値は106万3,322であった。

④短期間での土壌改良──千葉県松戸市（2016年）

有機質がほとんどなく水はけが悪く，畑にはまったく適さない赤土に対して，スーパーE・Rによる土壌改良を行なう（第8図左）。

2016年11月30日より豚糞堆肥とスーパーE・Rの米ぬか発酵ボカシ，発酵籾がら堆肥を投入し，200坪に対し500倍希釈のスーパーE・R600lの土壌灌水を行なう。1か月後に同様の作業を行ない土壌微生物の働きによる土壌環境の改善を期待する。

土壌改良期間の5か月間で赤土だった土は団粒化が進み，軟らかく水はけと水持ちが良くなり，土壌改良の成果が表われた（第8図中）。その結果として，春より作付けの野菜は農薬を

第7図　連作障害を克服した電照ギクへの施用例
連作障害で農薬散布と土壌消毒に頼る圃場（左）にスーパーE・Rを施用して改善（右）

第8図　赤土の土壌改良
作物の栽培に適さない痩せた土（左）をスーパーE・Rで改良したところ，5か月で土の団粒化が進み（中），立派な作物が収穫できた（右）

第3表　茶がら肥料分析結果（肥料名：花と野菜のための「茶がらちゃん」肥料）　（（株）クリエイティブグリーン）

項　目	単　位	他社菌体使用（2014年5月27日）	スーパーE・R使用（2017年11月9日）
窒素全量（N）	%	6.79	2.22
リン酸全量（P_2O_5）	%	1.05	0.28
カリ全量（K_2O）	%	1.01	0.31
炭素窒素比（C/N比）	—	7.6	6.0
腐植酸	%		4.00

使用せずに栽培が可能となった。多少虫くいなどは見られたが，葉はみずみずしく厚く，つやがあり，甘味のある作物の収穫を確認した（第8図右）。

⑤肥料製造（茶がら堆肥）への活用――兵庫県佐用郡

ドリンク製造後の搾りかすの茶がらをスーパーE・Rにより発酵・熟成させて肥料を製造した。

屋内の施設にドロドロ状態の茶がら4tを搬入し，スーパーE・Rを入れて攪拌する。1週間に1度程度攪拌し1か月半～2か月近く発酵・熟成させる。乾燥状態となったところで粉砕した。

他社の菌体使用時の分析結果では窒素全量6.79％，リン酸全量1.05％，カリ全量1.01％，炭素窒素比7.6であった（第3表左）。それに対しスーパーE・R施用の肥料では窒素全量2.22％，リン酸全量0.28％，カリ全量0.31％，炭素窒素比が6.0となった。窒素全量の減少から腐植酸の含有量を調べると腐植酸4.00％となった（第3表右）。

発酵・熟成期間わずか1か月半で窒素が4.57％減少し，腐植酸が4％となる検査値を示した。通常，腐植酸への変化は5年ほどの期間を要するといわれているなか，驚異的な結果が示された。

土壌微生物多様性・活性値は145万9,258の値を示した。

＊

以上のように，多様で活性のある微生物，酵素の働きによる成果を有するスーパーE・Rは，第三者の数値による裏づけを取得したことにより，特別な技術，経験を必要とせずに短期間での土壌づくりが可能となる資材であることを記す。

《問合わせ先》静岡県藤枝市堀之内1729
株式会社サンルート
TEL. 054-646-1440
FAX. 054-644-0015
URL. http://www.sunroute-jp.com
E-mail. info@sunroute-jp.com
執筆　曽根美奈子（株式会社サンルート）

すくすく丸——作物に有用な光合成細菌を選抜，液体培養

(1) 資材の成分と特徴

すくすく丸は，作物に有用な，選抜された光合成細菌で，それを液体培養したものをそのままパッケージしたものである（第1図）。光合成細菌は紅色硫黄細菌1種と紅色非硫黄細菌3種を混合培養している。

光合成細菌の圃場への投与効果は，作物の根を活性化させ，吸肥力・ひいては光合成速度を高めて生産性を上げることにある。

(2) 水田・蓮田での効果

①根いたみが起こりやすい圃場

水田や蓮田では湛水する期間が長く，そのような還元化した環境下では発生する硫化水素や2価アミンのような毒性物質の影響を受けやすく，とくに以下のような圃場では根いたみが起こりやすくなる。

老朽化水田　砂質で粘土や腐食の少ない土壌で鉄などが溶脱していることで，本来ならイネの酸化力で根の周りにできる赤茶色の酸化鉄の防護壁が形成されない。

湿田　水が下層に浸透しなかったり，わき水や伏流水で水はけが悪い圃場では，最初から還元鉄で硫化水素を無毒化しにくい。

未分解有機物の投入田　発酵が不十分な家畜糞や生わらが還元土壌にはいると最初好気性細菌が旺盛に繁殖をはじめるため，土壌中から酸素を大量に奪う。

硫酸根肥料の投入田　硫安や石膏など硫酸根の含まれる肥料や土壌改良材を投入した圃場では還元化した環境下で硫化水素の発生が著しくなるなど。

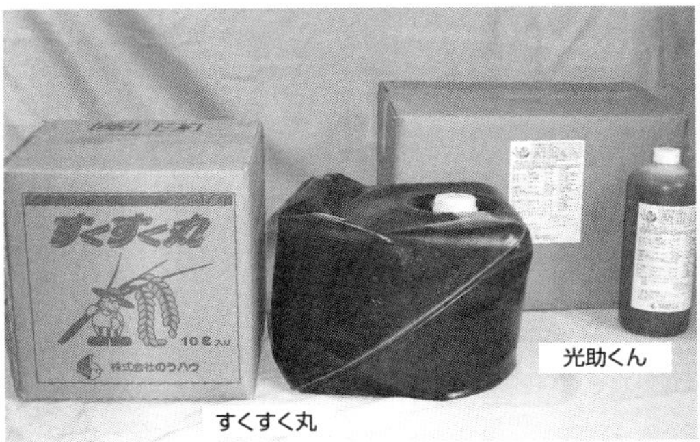

第1図　すくすく丸と光助くん（光合成を補助する葉面散布剤）

②毒性物質の取込み

光合成細菌はこのような土壌中の毒性物質を取り込み，作物根のストレス源を除去して，本来持っている根の活性を高め酸化力を回復させる。すくすく丸を施用した水田や蓮田では，根腐れを起こしかけていた場合でも，早ければ2～3日で新しい根が発生し始める。その結果，作物はそれまで，「あるのに吸えなかった肥料成分」を無理なく吸収できるようになり，健全な生育を取り戻す（第2図）。この効果は一定以上の温度と還元的環境が続く限り（光合成細菌が生育している間は）継続する。

③δアミノレブリン酸の分泌

また，光合成細菌はその生育の段階で，クロロフィル（葉緑素）の前駆物質であるδアミノレブリン酸という物質を分泌するが，これを吸収した作物はスムーズにクロロフィルを合成する。そのさい，葉中の未消化窒素を消費していくことになる。結果として葉色は濃くなっても，茎や葉は病害虫に強い硬く締まった形状となり，受光態勢が改善され，光合成速度が高まる。作物の品質と収量の両立を狙う農家の方にとって，光合成を促すことがまず基本である。与えられた環境条件下（光強度や温度など）で光合成速度を最大限にする努力は作物を栽培するうえでもっとも根幹といえるだろう。イネにおいても登熟後期まできれいな根が揃っているような状態であれば，アミロペクチンの蓄積が増えることで粒の張りも良くなり，結果としてアミロースの割合が低下する。健全に育つ作物は食味が良くなることの一例である。

(3) 畑作物での効果

畑作においても光合成細菌は効果を発揮する。すくすく丸は培養・増殖した光合成細菌と

第2図　イネでの効果
止め葉が力強く直立しているため穂が隠れているように見える（上）。近くに寄ると穂の大きさがわかる（右）

その分泌物がその主体であるが，畑地でもイネやレンコンの場合のように，施用でδアミノレブリン酸が補給され作物の光合成が活発になり収量を安定・向上させる。

また，好気的な環境下への投入は光合成細菌は，既存の放線菌のえさとなる。それによって増殖した放線菌は，フザリウムやリゾクトニアのような糸状菌に出合うと，その菌糸に巻き付き，キチナーゼという酵素で糸状菌の細胞壁に穴をあけ溶菌することで，病原性微生物の生育を阻害し，土壌の静菌力を高める。

さらに，光合成細菌の菌体中にはカロチノイド色素が多く，施用によって色つやの良い果実が収穫される。これは土壌に施用することで，いったん小さく分解されたそれらの色素が，根から吸収され植物体内で再合成されるためと考えられている。この効果はトマト，イチゴ，メロンなど果菜類のほか，ミカンやモモなど果樹類でも確認されている。

ほかにも冠水後の病原菌増殖による立枯れ，青枯れ防止の意味での施用がある。長時間冠水した場合，酸素不足による根の活性低下に加え，拮抗微生物の密度低下から，フザリウム，ピシウム，リゾクトニアなどの病原菌の急激なまん延がしばしば見られる。それらが増殖する前にその拮抗微生物である放線菌を増殖させる，その意味で光合成細菌のすくすく丸施用は効果的である。

（4）湛水土壌での使用方法

水田での使用法を第3図に示す。

①出穂40～45日前に流し込み

水田ですくすく丸を使用する場合は水口から水と一緒に流し込む方法をとる。施用するさいは，いったん田面水の水位を下げて，水尻を止める。その後水口から勢いのある水を流し入れ，十分に圃場内で水の流れができてきたのを確認したところで規定量（5*l*/10a）のすくすく丸を流し込み，いつもの水位になるまで水を入れる。

施用時期は原則，出穂40～45日前である。この時期が中干し時期と重なる，あるいはすぐに中干しに入ってしまうという場合は，中干し後の田面水を注水するさいに施用することで千粒重を高め，食味も向上させる。いつも茎数が十分に確保できていない→分げつをもう少しとって茎数を確保したいというような場合は1～2週間早めの施用が効果的である。気温が急激に上がり，すき込まれた未分解有機物が分解をはじめてガスわきが発生している場合なども，施用を急ぐ必要がある。ただし，はじめて施用するときは，それまで吸収できていなかった肥料成分が吸収できるようになることから，すくすく丸の早めの施用は過剰分げつにつながることがあるので，基肥は少なめを勧めている。

また食味値を向上させるためには，登熟期の葉面散布をお勧めしている。出穂後10日・20日の2回の散布で着実な食味値向上が実現できる。

②苦土が不足してきたら補う

ところで，吸肥力が高まる場合，肥料の吸収パターンも多少異なってくる。要約すれば，今まで以上に三要素以外の要素の吸収量が高まる。作物の活力が高まった圃場ではそうした要素の持ち出しも多くなり，その分適切に補充していかないと，特定の要素が欠乏する事態に直面する。光合成細菌を投入した圃場ではとくに苦土の吸収が著しくなる。吸収された苦土は，葉緑素生産にも使われるが，子実にも集積される。通常，子実や果実に集積する苦土が多いほどその品質は高まるが，それゆえに「良質な籾」として苦土の持ち出しが増えることとなり，その結果ミネラルバランス（とくにMg/K比）が崩れてしまう。光合成細菌を投入し始めてから数年で（顕著な場合は2年目から）その効果が減少してきたという場合は，いちど土壌診断するべきである。このような現象が見られる場合，たいていはMgがKに対して測定値で同等以下，当量比で2以下の数値になっている。こういうときは，苦土資材を思い切った量を投入することが必要である。光合成細菌と苦土は切り離して考えることができない資材である。有機質主体で施肥している場合も，窒素源として米ぬかやくず大豆といった油分を集積している資材を利用することは，苦土の給源としても相当程度有効である。

第3図　水田での使用法

③雑草に注意

ただ，光合成細菌の効果は，単に作物に対してのみ効果があるわけではなく，雑草に対しても同様の効果が出てしまう。それゆえ，たとえば除草剤を投入する場合も，施用適期をきちんと守り，雑草を完全に駆除できなかった場合は元気な雑草との競合が生まれてしまう。

④蓮田での使用法

蓮田においても，稲作と同じく5l/10aを投与する。蓮田では水温20℃以上になればなるべく早い時期に施用する。家畜糞・家禽糞を投入した圃場では，フザリウム，ピシウムなどの病原菌密度を下げるためにも光合成細菌は効果的な資材となる。

(5) 畑土壌での使用方法

畑土壌での使用はおもに葉面散布と株元灌水の方法になる。どちらの方法も原則100倍に希釈したものを施用する。自動灌水の場合は，1回に10l/10aを施用する。施用間隔は7～15日である。施用によって土壌の静菌力を増すことで病気に対す抵抗力を高め，果菜類では成り疲れしにくい体質になる。苦土の併用で葉緑素の合成が促進され，光合成を高めて，収量・糖度も高まる。

ウリ科の作物　果菜類でもキュウリ，カボチャ，スイカ，メロンなどウリ科の作物には，なるべく施用回数を多くすることで，つる割病やうどんこ病に強い体質になる。つる割病では，症状が出始めてからの株元灌水でも，回復した事例が複数報告されている。

その他果菜類　ナス科，バラ科，マメ科などでも，すくすく丸使用で根の活性化が認められ，作の安定がもたらされる。イチゴなど糖度や風味を求められる作物では，とくに苦土や微量要素の併用で，その要求が満たされる高品質生産が可能になる。

第4図　渡辺栄さん
「あなたが選ぶ日本一おいしい米コンテストin庄内町」で最優秀賞を受賞後は問合わせも多く，ほとんど直接販売で売れてしまうという

葉菜類　葉の厚み・つやが良くなり1株当たりの重量が出るようになることで，収量増となる。葉面散布でうどんこ病や白さび病，べと病などのカビ性の病原菌が繁殖しにくい環境をつくる。

根菜類　すくすく丸の灌水や土壌灌注で，既存の放線菌を増やし，萎黄病，腐敗病，根くびれ病などのカビ性の病原菌の密度を下げ，作物をつくりやすい土壌環境にする。

(6) 使用事例と効果

①イネ――茨城県筑西市・渡辺栄

‘コシヒカリ’と‘ミルキークイーン’を栽培している。東北や日本海側の産地に比べれば夜間の温度が下がりきらない地域なので，収量についても食味についても不利な条件といえるが，疎植で風通し，受光態勢を整え，高温時も深水栽培で株元の温度上昇を防いでいる。ただ，それだけでは湛水時期が長くなり，収穫時まで根の活性が維持できないので，その部分はすくすく丸に頼っている。すくすく丸を使い出してからは，多少の天候不順でも，安定した生育を見ることができるようになった。おかげで「あなたが選ぶ日本一おいしい米コンテストin庄内町」で2012年に‘ミルキークイーン’で最優秀賞となった（第4図）。このコンテストは機械の食味値で足切りされず，‘コシヒカリ’以外の品種でもハンデなく評価されるため，好きな品種を納得いく方法で栽培する自分のよう

第5図　海老名正和さんのイネの株元
これだけ太く育つと無理なく大穂になり，その後も着実に登熟する

なものには向いている。なお，この年も反当たり平均10俵程度は穫れていた。毎年7～8haの栽培のため，すくすく丸が流し込みで簡単に使用できる点，大変助かっている。

②イネ――静岡県藤枝市・海老名正和

すくすく丸を使い始めて10年以上になるが，どんな年もイネが自分で元気に育っているような感じである（第5図）。今までは流し込みだけで使用していたが，今年は試しに登熟期によけいに1回だけ葉面散布したところ，農協の食味検査で‘にこまる’91，‘ヒノヒカリ’94という数値が出た。検査した当の担当者が「この地域では絶対でない数値だ」と首をひねっていた。

③キュウリ――茨城県大子町・植田昭夫

定期的に1回当たり10l/10aで灌水の形で使用している。近くの仲間が病害で大変な目に遭っているときも，いつも問題なく安定して収穫できている。一度大雨で冠水害を受けたときは，うねの上まで水が来て，12時間以上水が引かなかった。キュウリの場合冠水時間5時間以上は大きな打撃を受けると聞いていたが，早めにすくすく丸を10a当たり50lと多めにうね間に流したらその後も何もなかったように当たり前に収穫できていた（第6図）。

第6図 植田昭夫さんのキュウリ
大雨で矢印の線まで水が来ていたが（左），その後1か月半以上経っても例年と変わりなく収穫できていた（右）

《問合わせ先》茨城県久慈郡大子町上金沢401―1
株式会社のうハウ
TEL. 0295-79-2012

執筆　三浦秀一（株式会社のうハウ）

ソミックス，シバックス——硫黄酸化菌群が豊富な酸性有機

(1) 成分と特徴

①開発のねらい

近年，昔から続けられてきたアルカリ資材を使っての土壌酸度の矯正などが原因となって，畑やハウス土壌のアルカリ化が問題となっている。

また，ゴルフ場でも砂を主体としたサンドグリーンが普及し，床土の緩衝能が小さくなっているうえに目土としてpHの高い砂を使用したり，長年のフェアウェイへの塩基性の肥料や中性～アルカリ性の有機物の投入によって，土壌がアルカリ化し問題となっている。

土壌がアルカリ化すると，以下のように，作物やシバの生育環境が悪くなる。

1）土壌pHが作物に適合しないことによる生育不良

2）微量要素（鉄，銅，マンガン，亜鉛，ホウ素など）が土壌溶液に溶け出しにくくなることによる欠乏症の発生

3）アルカリ性で被害が激しくなる病害（ジャガイモそうか病，サツマイモ立枯病，テンサイそう根病，シバのラージパッチ・犬の足跡など）の発生

4）硫黄（S）不足による初期生育の不良

5）急速な硝酸化成化からくる肥効切れ

6）砂地の透水性の悪化（シバではドライスポットの発生が多くなる）

その対策資材としては，硫酸鉄，硫酸カリ，硫酸マグネシウム，石こうなどの硫酸塩資材や硫黄粉末などが使用されてきた。しかし，硫酸塩資材はその効能が一過性で持続性がなく，硫黄粉末は，硫黄酸化菌が少ない土壌ではその効果が現われにくい欠点がある。

そこで，有機資材の効果を持ち合わせながら資材そのもののpHが酸性で，硫黄酸化菌群を豊富に含み，その働きによって施用後も持続的に酸基を土壌中に放出し，作物の生育環境を酸性域に保つ微生物資材・ソミックス（一般作物用）およびシバックス（ゴルフ場用）を開発した（第1図，第1表）。

②資材の成分

ソミックスおよびシバックスは，有機質原料に有機質分解菌群および適量の硫黄源と硫黄酸化菌群を接種後通気し，発酵させることによって，有機物を分解すると同時に硫黄酸化菌群を集積培養し，製品pHを酸性域に仕上げた培養物である。単に有機物に酸を添加しpHを下げ

第1図　ソミックス

第1表　ソミックス，シバックスの形状・分析例および包装形態

①外観	褐色粉状，粒状（ペレット）
②比重	0.7 ～ 0.8
③化学分析例（%）	
窒素全量（N）	4.2
リン酸全量（P_2O_5）	4.8
カリ全量（K_2O）	0.5
硫黄（S）	6.1
炭素率	5
pH（1：5水）	5.5
④微生物数例（乾物1g当たり）	
細菌数	1.0×10^8
放線菌数	2.8×10^3
糸状菌数	3.3×10^6
硫黄酸化菌数　酸性生育型	1.6×10^7
中性生育型	1.3×10^7
⑤包装	15kg入りポリ袋

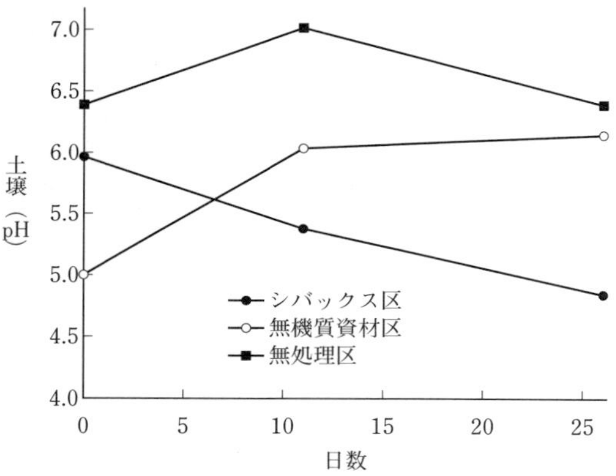

第2図 シバックスと無機質資材との土壌pHの効果比較

30℃の恒温器内に放置

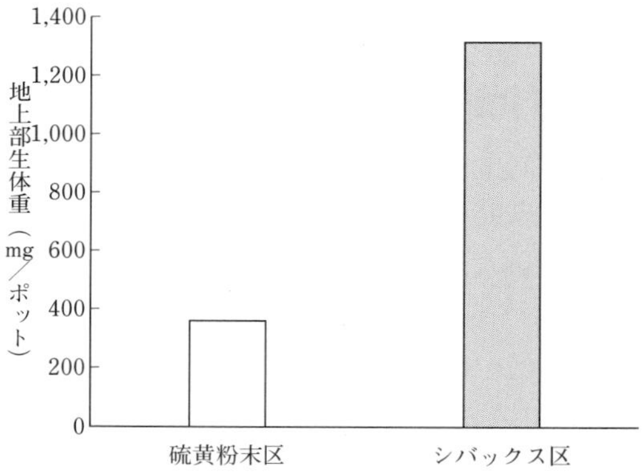

第4図 硫黄粉末区とシバックス区の播種15日後のシバの地上部生体重の比較

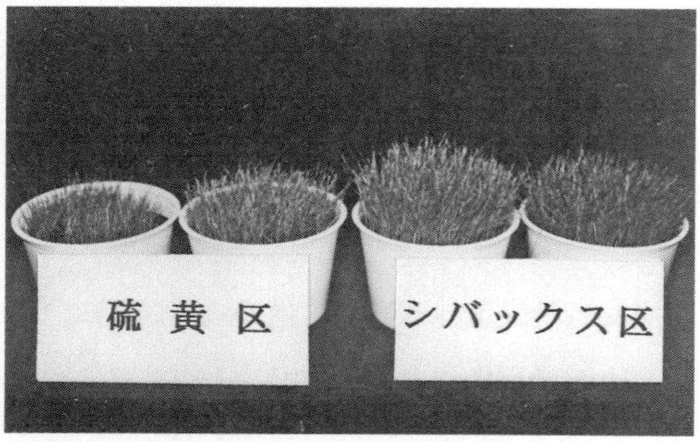

第3図 同量の硫黄を施用した場合の硫黄粉末区とシバックス区のシバの生育状況

たり，有機物に硫黄分を混合しただけの資材とはまったく違うものである。

資材の形状・分析例および包装形態を第1表に示した。とくに微生物数は放線菌数が少なく，酸性または中性のpH域で活躍する酸性生育型および中性生育型両タイプの硫黄酸化菌群が豊富に含まれていることが特徴である。

③資材の特徴と効果

土壌のアルカリ化防止 資材中に培養された硫黄酸化菌群が，資材中の硫黄（S）はもちろん土壌中の硫黄や硫黄化合物を酸化し，硫酸を生成する。この働きによって土壌中に酸基を持続的に放出し，植物の生育環境がアルカリ化するのを防止する。

緩やかなpH矯正 無機質の酸性化資材では，施用直後すぐにpHが下がるが，その後は徐々にpHが上昇してしまう。これに対して，本資材の場合は，施用直後のpH低下は小さいが，その後，微生物の作用によって土壌に酸基を放出し，施用後のpH矯正を緩やかに行なう。

したがって本資材は，無機質の酸性化資材に比べ，急激な土壌pHの変化による弊害を起こすことがなく，微生物による酸基放出機能を利用しているので，長期間にわたり，作物の生育環境を適正に保つことができる。第2図に，ゴルフ場用の山砂（pH6.39，EC0.03）に硫酸マグネシウムを主体とした無機質系のpH調整資材，またはシバックスを500kg/10a相当量混合し，30℃の恒温器内に放置したときの土壌pHの変化を示した。

作物への安全性 本資材は製造の過程で微生物を使って有機原料の分解と硫黄源の酸化を同時に進行させている。このため，硫黄粉末単体や硫黄を単に混合した有機質資材に比べて作物に対する害作用が少なく，資材の安全性が高く，安心して使用できる。

pH6.86の砂土に硫黄量として同量の硫黄粉末（砂土に対して0.42重量％添加）またはシバックス（砂土に対して5.60重量％添加）を混合し，シバを播種栽培した結果，硫黄粉末区ではシバの生育が悪く，一部に枯れ症状が発生した

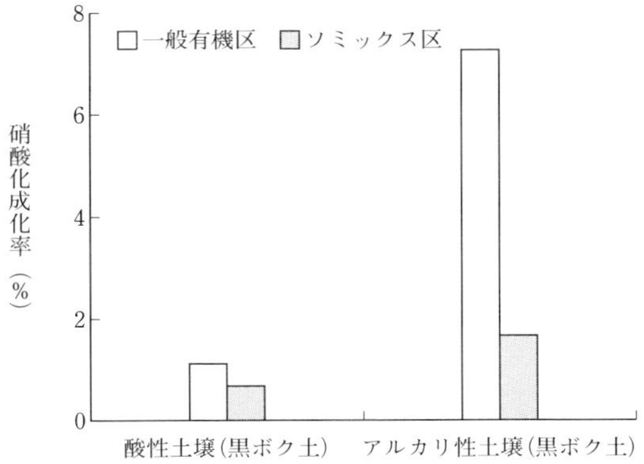

第5図　ソミックスの硝酸化成化抑制効果

が，シバックス区では良好な生育を示した。第3図にシバの生育状況，第4図に播種15日後の地上部の生体重を示した。

硝酸の生成抑制　本資材は硫黄酸化菌群を豊富に含んでおり，それらの作用によって土壌中に酸基を放出するので，中性からアルカリ性の環境下で活性が高い硝酸化成菌（アンモニアを硝酸に酸化する菌）の働きを抑制し，肥料の硝酸化を遅らせる。したがって本資材は，アンモニア態窒素を好む作物（水稲，チャ，シバ，牧草など）の栽培に最適な資材である。

また，硝酸化を遅らせるために，土壌に吸着されず溶脱しやすい硝酸の生成を抑える。したがって，肥料の損失を防ぎ，硝酸の地下水への汚染を防止する。最近とくに硝酸による農地からの地下水汚染が問題になってきているので，その対策資材のひとつとしても本資材の使用は有効である。

殺菌した酸性土壌（黒ボク土pH＝5.35）またはアルカリ性土壌（黒ボク土pH＝7.11）25gに20mgのアンモニア態窒素，硝酸化成菌，一般有機質資材（pH＝7.56）（一般有機区）またはソミックスを2.5g添加混合（ソミックス区），最大容水量の60％の水分に調整し，30℃で2週間培養後，生成した硝酸態窒素を測定して，一般有機区とソミックス区の硝酸化成化率を比較した。その結果を第5図に示した。

酸性土壌とアルカリ性土壌での硝酸化成化率を比較すると，あきらかにアルカリ性土壌に比べ酸性土壌での硝酸化成化率が少ない。これは，酸性土壌での硝酸化成菌の働きがアルカリ性土壌での働きに比べて弱いことの表われである。また，硝酸化成化の抑制力は，一般有機区に比べソミックス区が強く，その差はアルカリ性土壌で顕著であった。

第2表　好酸性作物および好硫黄作物の例

好酸性作物	イネ，スイカ，カボチャ，ピーマン，イチゴ，エダマメ，カブ，ゴボウ，ジャガイモ，コンニャク，ラッカセイ，レンコン，ネギ，コマツナ，ウド，ミカン，リンゴ，モモ，クリ，ビワ，チャ，バラ，ヒマワリ，シャクナゲ，ラン，ツツジ，サツキ，スイセン，シバ
好硫黄作物	イネ，ネギ，タマネギ，エシャロット，ニラ，トウモロコシ，マメ類

病害の軽減　本資材は作物の生育環境を微酸性に保つことによって，アルカリ性の環境下で発生が激しくなる病害を軽減する。その例としては，ジャガイモそうか病（効果試験の結果を後述する）やシバラージパッチなどがある。

微量要素欠乏症の軽減　本資材中に含まれる硫黄酸化菌群の働きで土壌中に放出される酸基によって，鉄，銅，マンガン，亜鉛，ホウ素などの微量要素が可溶化されて，作物に吸収されやすくなる。このため，作物の微量要素欠乏などの生理障害を軽減し，健全な生育を促す。

本資材は，製造過程で有機物および硫黄源を培地として硫黄酸化菌群を豊富に培養し，製品pHを酸性（pH＝5～5.5）に仕上げた微生物資材である。そのため，酸性域の土壌pHを好む作物や，栄養源として硫黄を好む作物の栽培用有機資材として最適である。その作物の例を第2表に示した。

(2) 使用方法

資材の標準的な施用方法および施用量を第3表に示したが，これは土壌pHが6.5以上の場合の標準施用量なので，土壌pHが5.5以下の砂質土壌では施用量を低減する。

また，ハクサイ，キャベツなどの根こぶ病は土壌pHが酸性域で発生が激しくなるので，発

第3表 ソミックスとシバックスの施用方法および施用量

〈ソミックス〉

標準施用方法	全面土壌混和
標準施用量（10a当たり）	果菜類：20～30袋 根菜類：15～25袋 葉菜類：10～20袋 ネギ類：15～20袋 果樹：15～20袋 植栽：土壌に対して1～1.5%（重量比）

〈シバックス〉

造成時	グリーン	床土，重量比1～1.5%（容量比1.5～2%）
	フェアウェイ	500～1,000g/m^2
メンテナンス	グリーン	1回当たり50～200g/m^2（粉状主体） 直接散布または目土混合可（年間3～5回散布）
	フェアウェイ	50～150g/m^2（粒状主体） 年2回（3～4月，8～9月）施用 スポット処理150～300g/m^2（粉・粒とも可）

第6図 ソミックス使用苗の生育状態

生のおそれのある圃場には使用しないよう，とくに注意する。

(3) イネ育苗箱への使用事例

①青森県・渋谷省一

渋谷さんは肥料販売・米集荷業を営むかたわら，良質食味米の安定収穫を目指しながら有機栽培に取り組み，自分の水田を周囲農家への指導田としても活用している。

使用培土は市販粒状焼成培土，ソミックス使用量は120g/箱，播種日は4月12日である。

5月22日に調査した結果，葉齢3.9～4.2葉で，ソミックス使用苗は，葉齢，葉幅は慣行苗とほぼ同じ程度で草丈がやや長い感じであったが，あきらかに茎が太く，ガッチリしていた。ソミックス使用苗の根は太根がやや短いものの，毛根量が多く，マット化も強かった。そのため，田植えのさいにハウスから育苗箱を取り出すときに，ソミックス使用苗ではかなりの力を必要とした。

苗の乾物重量比率は慣行区100に対してソミックス区110.7であった。

②秋田県・小野寺顕吉

小野寺さんは水田約2haを耕作しており，強健苗での初期生育向上をはかるためにソミックスを使用した。

使用培土はいなほ粒状培土，ソミックス使用量は100g/箱，播種日は4月19日である。

5月22日に調査した結果，ソミックス使用苗は慣行苗に比べ，本葉2枚までは生長が遅れていたが，田植え時は0.3枚ほど進んでいた。また，草丈では2cmほど短いが，葉幅も広く茎が太くガッチリしており，葉色も濃かった。根は，太根では量と長さは変わらないものの，ソミックス使用苗は毛根量が多くて長く，マット化も優れていた。

苗の乾物重量比率は慣行区100に対してソミックス区111.8であった。第6図に苗の生育状態を示した。

③岩手県・久保治太郎

この地域は黒ボク地帯で，“やませ”がもたらす低温の影響もあり，どうしてもイネの初期生育が悪くなる傾向がある。そこで，久保さんは，育苗段階での根量が活着やその後の初期生育を左右することを見越し，とくに発根に注意した育苗管理（温度など）を行なっている。

使用培土は自家製，山土，ソミックス使用量は120g/箱，移植日は5月16日である。

6月22日に調査した結果，ソミックスを使用したところ，例年になく根量（とくに毛根量）

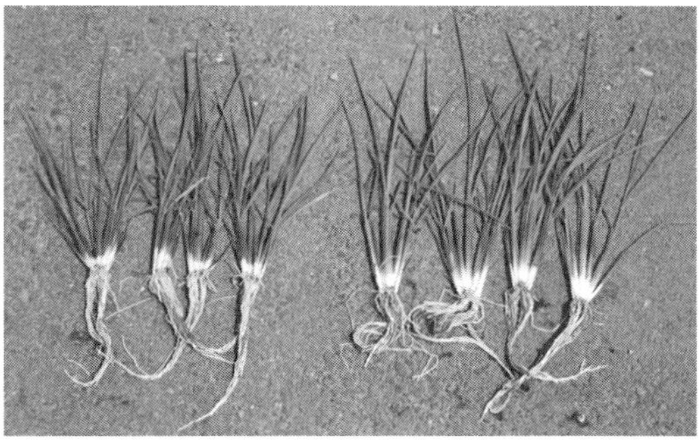

第7図　慣行苗（左）とソミックス使用苗（右）の移植後の生育状況

第8図　慣行苗（左）とソミックス使用苗（右）の移植後の根の状態

が多く，ガッチリした太った苗ができ，移植後の生育も良好であった。第7，8図にその状況を示した。

(4) タマネギに対する連用効果の事例――兵庫県・田村安郎

淡路島はタマネギ，レタス，キャベツ，ハクサイの産地で，田村さんはタマネギ，春どりキャベツを中心に栽培している。前作がイネのタマネギ圃場で，ここ数年，土壌のアルカリ化によって春先から高pHによる生育不良を引き起こし，根張りが悪く葉は黄化し，小玉傾向で収量も4,750kgと低調であった。

そこで，1997年にソミックス210kg/10aを施用したところ，春先の高温多雨にもかかわらず病気の発生も近隣の圃場に比べ少なく，土壌pHも改善され，葉色も濃く推移し，収量も5,700kgとなった。さらに，1998年にソミックスを150kg/10aに減らして施用した結果，収穫直前の土壌pHも6.02と低下し，収量も6,570kgと増収して，ソミックスの連用効果が明確にみられ

第4表　ソミックスのタマネギに対する連用効果（1997～1998年）

品種：ターザン

ソミックス施用時期および施用量：1997年11月25日―210kg/10a

：1998年11月24日―150kg/10a

施肥設計（10a当たり）

〈1997年〉

基　肥	トモエ3号（5―8―5）	60kg
追　肥	トモエ3号（翌年1月） トモエ3号（翌年2月） ピカソ特号（15―10―13）（翌年3月）	60kg 60kg 60kg

〈1998年〉

基　肥	ピカソ1号（9―14―12）	60kg
追　肥	トモエ3号（翌年1月） ピカソ特号（翌年2月） トモエ3号（翌年3月）	60kg 60kg 70kg

施肥月日：1997年11月25日，1998年11月24日

定植月日：1997年12月10日，1998年12月11日

〈調査結果――①土壌分析結果〉

項　目	1997年10月30日 ソミックス施用前	1998年5月22日 収穫直前	1999年5月25日 収穫直前
pH（H_2O）	7.08	6.83	6.02
pH（KCl）	6.26	5.70	5.20
EC（mS/cm）	0.22	0.11	0.99
石灰（mg/100g）	395.8	301.0	379.5
苦土（mg/100g）	41.1	24.3	36.7
カリ（mg/100g）	39.4	26.4	27.8
リン酸（mg/100g）	320.1	205.0	320.4

〈調査結果――②収量調査結果（10a当たり）〉

1997年産 （ソミックス未使用）	1998年産 （ソミックス210kg/10a使用）	1999年産 （ソミックス150kg/10a使用）
4,750kg	5,700kg	6,570kg

第5表　ソミックスのジャガイモそうか病に対する効果（1998年）

品種：男爵
ソミックス施用量および施用方法：A区—150kg/10a全面施肥
B区—350kg/10a全面施肥

〈施肥設計（10a当たり）〉

過リン酸石灰	80kg
ハイグリーン	80kg
オルガニン5号（4—10—10）	120kg

施肥月日：1998年4月6日
植付け月日：1998年4月7～8日
調査結果：1998年7月9日

区	発病度（%）	出荷可能率（%）
無処理	48.1	32.9
A区150kg	34.9	63.6
B区350kg	32.9	71.2

発病度（%）＝Σ（発病度別個数×指数）/（4×調査個数）×100
出荷可能率（%）＝（出荷可能総重量/収穫総重量）×100

第6表　ソミックスのジャガイモそうか病に対する効果（1999年）

品種：男爵
ソミックス施用量および施用方法：A区—75kg/10a植え溝施用
B区—150kg/10a全面施用

〈施肥設計（10a当たり）〉

過リン酸石灰	60kg
ハイグリーン	60kg
オルガニン5号（4—10—10）	120kg

施肥月日：1999年3月24日
植付け月日：1999年3月26日
調査結果：1999年7月7日

区	発病度（%）	出荷可能率（%）
無処理	45.3	13.3
A区75kg	36.3	36.9
B区150kg	34.1	64.3

発病度（%）＝Σ（発病度別個数×指数）/（4×調査個数）×100
出荷可能率（%）＝（出荷可能総重量/3L～S合計重量）×100

た。その結果を第4表に示した。

(5) ジャガイモそうか病に対する効果事例——千葉県・久保嘉一

久保さんは，広く畑を耕作し，ジャガイモも栽培しているが，近年，連作畑でない初年度の畑でもそうか病の発生がみられるようになった。そうか病は土壌pHが6.5以上になると多発し，乾燥した，通気の良い畑で，塊茎形成から肥大初期に高地温，少雨だと発生しやすいとされている。

そこで1998年に，pH（H_2O）6.4の圃場で，150kgまたは350kg/10aのソミックスを植付け前日に基肥と同時に施用耕うんし，ジャガイモを栽培した。その結果などを第5表に示したが，150kg/10aの施用量でもそうか病を軽減し，出荷可能品比率を高めることができた。

また翌年は，別の圃場でソミックス150kg/10a全面施用または75kg/10a植え溝施用で行ない，第6表のとおりの結果を得た。

(6) 高pH土壌ナシ園の改善事例——千葉県・吉田清秀

千葉県岬町には水田を埋め立てたナシ園があり，そのうち1975年ころに埋め立てられた園に高pH土壌が使われ，現在でも改善されていない。1998年2月，JA岬経済課の天羽さんの紹介で吉田さん（1999年2月まで岬町梨組合長を務めていた）のナシ園の土壌分析を行なったところ，pH（H_2O）6.56と高い数値を示した。

吉田さんの話によると，以前からいろいろな対策を試しているが，なかなか改善されず，例年早い時期から微量要素の欠乏とみられる葉の黄化が発生し，普及所の葉の分析で鉄，マンガンの欠乏と診断された。

そこで，同年12月に25aの園から2樹を選び，トレンチャーで樹冠下を60cmほど掘り，その土壌にソミックスを1樹当たり30kg混和し埋めもどした。

その結果，開花から着果までは無処理区とソミックス区に差はほとんどみられなかったが，徒長枝発生のころから無処理区には葉の黄化が発生したのに対して，ソミックス区では収穫中まで徒長枝での葉の黄化がみられなかった。

(7) シバックスのゴルフ場での使用事例——青森県・十和田国際カントリークラブ

当ゴルフ場は，グリーンのサンド化および砂目土によって，グリーンの土壌pHが高くなり，ベントシバ生育に悪影響が出始め根の活性も弱ってきた。そこで，土壌pHの安定と春先の根の活性強化を目的にシバックスを使用し始めた。

グリーンセア時に5月は200g/m^{2}以上，9月は50～100g/m^{2}使用している。

また，フェアウェイも春の根の活動開始時に50～100g/m^{2}の施用で根の活性強化をはかっている。

グリーン改造時は，表面から15cmの深さまで砂と土とシバックス（2kg/m^2）を混合してから，張り芝をしている。その結果，従来使用していた有機資材より発根量が多く，シバが生き生きとして生育が良好である。第9図に根の状況を示した。

第9図 シバックス使用時のシバの根の状態（処理106日後）

《問合わせ先》茨城県結城市大字上山川字備中4102番地1
ときわ化研株式会社結城工場
TEL. 0296-32-6131

執筆　小林孝志（エムシー・ファーティコム株式会社）

土ビタミン――珪藻土の微細な孔に土壌菌を大量に吸着

(1) 開発の経緯・ねらい

「土ビタミン」は農業用微生物資材である。日本国内で製造され，2006年より販売されている（第1図）。

大道産業株式会社は，おもに医療用途向けの機材を製造しているメーカーである。製造している製品のひとつに，医療機器の水槽にできる「藻」を抑止するものがある。この製品は非常に強い効力を発揮するものの，機器において使用されている薬剤に対して副作用がなく，発売開始より30年来使用されている。

この製品はバクテリアを主成分としており，限定的な環境において使用される。この製品を医療機器以外の水処理の用途にも使用できるよう研究を重ねていくうちに，水中や土中において有機物を効率良く分解する菌の組合わせを発見した。「これを農業に応用すれば良い資材ができるのではないか」という発想から園芸向け資材としての開発が始まった。

農薬，化成肥料の使いすぎを防ぎ，人類が古来より営んできている農業を新たなステージに進めるべく土ビタミンが開発された。

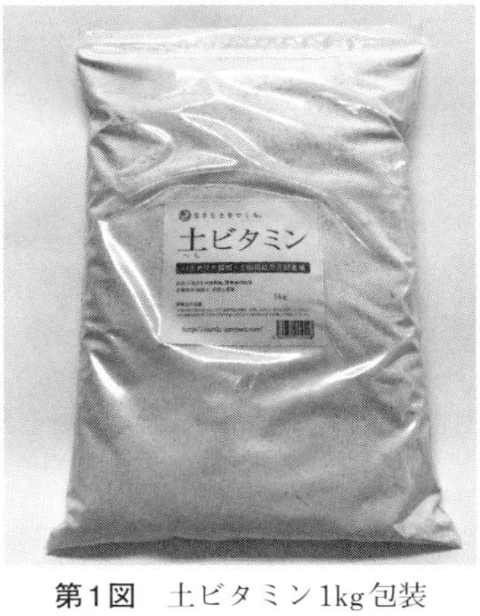

第1図　土ビタミン1kg包装

(2) 施用効果とそのしくみ

土ビタミンの原料は珪藻土と土壌菌である。珪藻土の特徴のひとつとして非常に多孔質であることがあげられる（第2図）。土ビタミンはこの珪藻土の微細な孔に土壌菌を大量に吸着させている。

①有機物の分解，酵素生成

土ビタミンには数種類の土壌菌が使用されている。そのうち主となるものは「バチルス・サブチルス」とよばれるもので，近年では一般的に広く知られるようになってきている（第3図）。

稲わらや落ち葉などにも多く付着しており，「枯草菌」ともよばれる。納豆菌もこの仲間である。この菌は有機物の分解能力が非常に高く，また有機物分解時に生成する酵素にもまたさまざまな働きがある。

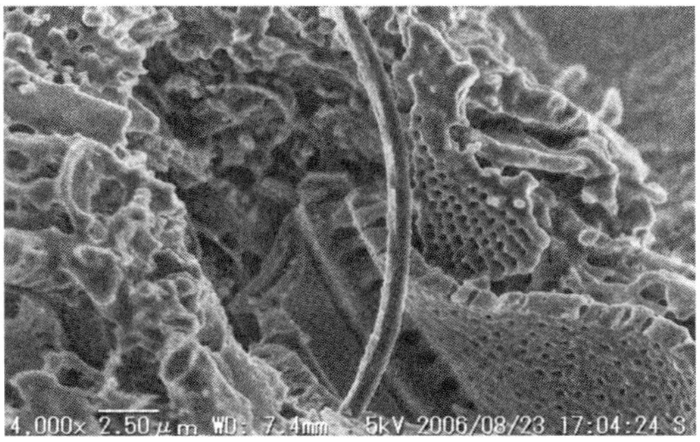

第2図　土ビタミンの電子顕微鏡写真

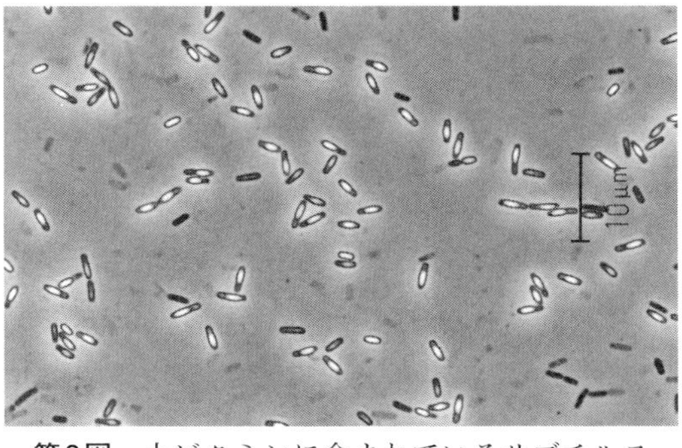

第3図　土ビタミンに含まれているサブチルス（単体）

一般的なサブチルスの菌体の大きさは数μmの細菌で，単純な菌であるため有機物の分解能力が非常に高い反面，活動する環境を選ぶこともある。土壌菌には一般的にその活動に酸素を必要とするかどうかによって好気性菌と嫌気性菌とに分かれるが，この菌は通性嫌気性でもあり，環境に酸素があってもなくても，どちらでも活動する。

サブチルスの菌体そのものが有機物を分解するだけでなく，分解過程においてさまざまな酵素を生成し，この酵素がまたさまざまな働きをする。菌体自身や生成する酵素は他の光合成菌や微生物の良いえさとなり，生態系を整える働きがある。

②効果が長期持続，安定的

菌体は活動に不向きな環境になると，芽胞とよばれるさらに微細な菌体となり，いわば冬眠の状態になる。この芽胞状態になると熱や薬剤などに対して非常に高い耐性を持ち，また何年も生き続けることができる。そして活動に必要な環境が整うと再び活動を開始するという特性を持つため，長期保存が可能である。

土ビタミンは，働きの強いサブチルスのみを選定し，かつ大量に含んでいる。しかし，サブチルスは非常に高い能力を持つ反面，環境しだいでは能力を発揮しにくいこともある。そのため土ビタミンでは，サブチルスが活動できる環境を安定して得られるよう，ほかに数種類の菌体を混合している。

これらの菌はサブチルスと共生し，相互に助け合いそれぞれの菌が活動しやすくなるよう補完し合って働いている。これらの菌もサブチルス同様芽胞となる菌で，長期保存が可能である。土ビタミンに使われている菌はサブチルスを含め，広く世界中の土中，水中および空中に存在する常在菌であり，比較的安全な菌である。

③土壌に及ぼす効果

土ビタミンが土壌に及ぼす効果は次のとおりである。

・土の団粒構造を形成し，通気性，保水性，排水性を向上する。

・土の生態系を整え，菌根菌，光合成菌，トビムシ，ササラダニ，ミミズなどの有用微生物を増やす。

・日照時間，温度，降雨量などの生育環境条件が悪い土地ほど顕著な差が出る。

(3) 使用方法

製品は粉体で，植付け前または植付け時に地中または地表に散布して使用する（第4，5図）。

土壌をくん蒸したり殺菌処理したりする場合

第4図　定植時の利用法

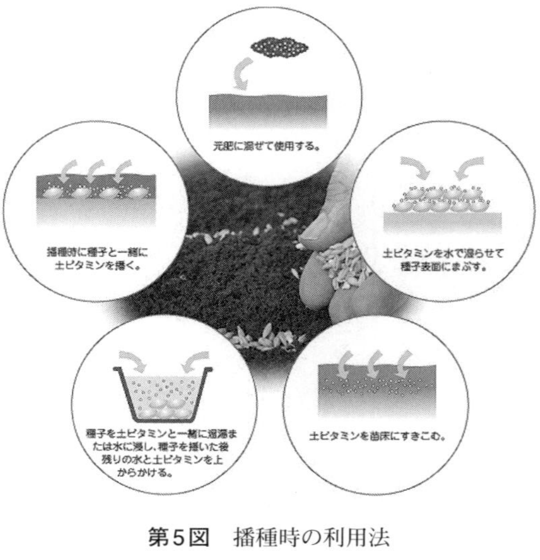

第5図　播種時の利用法

第6図　ホウレンソウでの施用効果

①ハウス内圃場（左：対照区，右：土ビタミン施用区）
②ホウレンソウのサイズ比較（左：対照区，右：土ビタミン施用区）
③重量（対照区，7g）
④重量（土ビタミン施用区，16g）

は，処理後，なるべく日数をおいてから使用する。殺虫剤や殺菌剤などを多投する栽培には向いていない。

使用量の目安は10a当たり3kgである。土1lに対し2g，または野菜・草花の苗であれば1株当たり2g，樹木であれば1株当たり300gが目安となる。多くすればするほど効果が大きくなるが，一定量を超えると効果は頭打ちになる。また，植物の根から離れてしまうと効果は得られない。

苗一本一本の植付けごとに株元に入れられればー番確実だが，手作業が大変な場合は圃場に散布し，すき込むか，あるいは肥料に混ぜて使用する。育苗にも使用できる。

(4) 使用事例

ホウレンソウ　施用方法は播種前に土ビタミンを圃場に散布し，耕起した（第6図）。とくに日照が短かった年に，通常のものはほとんど出荷できなかったが，土ビタミン使用のものは出荷できた。

第7図　ブドウでの施用効果

反収は2tを軽く超えた

ブドウ　施用方法は改植時，植え穴に100～300g投入した（第7図）。根頭がんしゅ病で困

第8図　農家向け培土メーカーによる比較試験
右の培土に1l当たり土ビタミンを1g使用したところ，根張りに違いが現われた

第9図　施設トマトでの利用
糖度が高く，反収50tを実現

っていたが，土ビタミン使用以来発病しなくなった。

培土　施用方法は培土への添加後，攪拌したところ根張りが良くなった（第8図）。このほか，別のメーカーではホームセンター向け商品の培土に混ぜて販売している。

施設園芸　施用方法は培土に添加した（第9図）。完全有機無農薬栽培で土ビタミンを光合成菌などと併用したところ，糖度の高いトマトで，反収50tを実現した。

ゴルフ場　グリーンは遠くから見てひとめでわかるほど色が変わった。クラブハウスまわりの日陰の植込みでは，使用していない日向の同じ花よりも元気に育っている。

《問合わせ先》東京都豊島区南大塚3―48―2
大道産業株式会社
TEL. 03-3984-0384
FAX. 03-3984-0453

執筆　山口俊明（大道産業株式会社）

TB21――真菌抑制，生長促進，発酵促進に優れる枯草菌資材

(1) 開発の経緯・ねらい

1980～1990年代，化学肥料・農薬への過度の依存が増加するにともない，堆肥などの有機物の使用量が著しく低下し，土つくりがおろそかになるという農業環境が多数みられた。弊社はおもに農業用管理機アタッチメントの販売を行なっていたが，農作物の病害被害，生産量の低下などの現状を目の当たりにし，少しでも農家の手助けができればと考え，1992年に微生物資材の取扱いを開始した。

当初は販売のみを考えていたため，当時，日本国内で販売されていた微生物資材をとりよせ，生産者にお願いしてさまざまな圃場で各種作物の栽培試験を行なった。そのなかで成果の高いものを採用する予定だったが，どの資材も結果にバラツキが大きく採用に至らなかったため，自社での開発に着手した。

当時販売されていた微生物資材は，微生物の種類などの表記がないものも多く，またそのほとんどがひとつの資材に数種類～数百種類の微生物が含まれたものであった。複数の微生物を同時に使用することでその相乗効果を期待するためだと考えられたが，微生物の数が増えれば増えるほど，実際の圃場ではどの微生物がどのような作用をしたのかがわかりづらかったため，弊社では民間の微生物研究所にご協力いただき，単一菌で製品開発することにした（第1図）。

(2) 効果発現の仕組み

①枯草菌

TB21シリーズで使用している微生物は，日本国内で土壌より分離された枯草菌（こそうきん）の一種（以下「TB21菌」と称する）である。枯草菌は学名を*Bacillus subtilis*といい，長年にわたって安全性が確かめられている微生物種で，納豆菌（*Bacillus subtilis* var. *natto*）はおそらく日本でもっとも有名な枯草菌の株のひとつである。

枯草菌は酸素を好む好気性のグラム陽性桿菌で，生育適温が25～40℃の中温菌である。ただし，枯草菌の特徴のひとつに「芽胞（がほう）」の形成があり，生育するために必要な栄養がとれない飢餓状態，高温時などの環境ストレスがかかった状態のさいには，きわめて耐久性の高い細胞構造に変化するため，低温時もしくは高温時に活性化はしないものの，死滅してしまうわけではない。伝統的な納豆づくりでは，わらを一度煮沸消毒することで雑菌を死滅させ，芽胞形成した納豆菌だけが生き残るという性質を利用している。

TB21菌のみを使用している理由としては，効果の発現が安定していることがあげられる。ひとつの微生物だけを純粋に増菌培養してあるため，温度・水分・周囲の有機物の量などの環境が同じであれば，ほぼ同じ結果を得ることができる。

ただし欠点として，TB21菌が活動しにくい環境の場合（低温時・酸素不足など）は効果がでにくくなるので，TB21菌が活動しやすい土壌・栽培環境をつくることも重要になってくる。

②真菌（カビ）発育抑制作用

TB21菌には，動・植物由来の病原性真菌の発育を阻止する作用が確認されていることから，菌体外に抗菌性物質を生産していることがわかる（第1表）。TB21菌の生産するさまざま

第1図　TB21エース

第1表　TB21菌に発育が阻害された真菌（例）

抗菌スペクトル			
植物病原菌		由　来	発育抑制
真菌（カビ）	*Alternaria mali* IFO 8984	リンゴ斑点落葉病	＋
	Cercospora kikuchii NIAES 5039	ダイズ紫斑病	＋
	Phytophthora infestans IFO 5547	トマト疫病	＋
	Phytophthora capsici 09001	カボチャ疫病	＋
	Botrytis cinerea Bot 1	キュウリ灰色かび病	＋
	Rhizoctonia solani NIAES 5219	イネ紋枯病	＋
	Rhizoctonia solani K-1	ケイトウ立枯病	＋
	Rhizoctonia solani MAFF 03-5223	シバの病原菌	＋
	Pyricularia oryzae NIAES 5001	イネいもち病	＋
	Cochliobolus miyabeanus NIAES 5425	イネごま葉枯病	＋
	Fusarium oxysporum f. sp. *cucumerinum* NIAES 5117	キュウリ萎凋病	＋
	Fusarium oxysporum f. sp. *lycopersici race* J1SUF 119	トマト萎凋病	＋
	Fusarium oxysporum f. sp. *radicis-lycopersici* KEF 2R-1	トマト萎凋病	＋
	Fusarium moniliforme H-110	イネばか苗病	＋
	Fusarium roseum f. sp. *cerealis* 030201	トウモロコシ立枯病	＋
	Fusarium oxysporum f. sp. *fragarariae* 02010402	イチゴ萎凋病	＋
	Fusarium oxysporum f. sp. *spinaciae* 0201501	ホウレンソウ萎凋病	＋
	Pythium ultimum Trow H-1	野菜苗立枯病	＋
	Verticillium dahliae Klebahn V-3	トマト半身萎凋病	＋
	Gibberella zeae 030101	コムギ赤かび病	＋
細　菌	*Xanthomonas oryzae* IFO 3998	イネ白葉枯病	＋
	Xanthomonas campestris pv. *citri* QN 8206	カンキツかいよう病	＋
	Pseudomonas caryophylli A	カーネーション萎凋細菌病	＋
	Pseudomonas solanacearum TOM-w	トマト青枯病	＋
	Pseudomonas syringae pv. *lachrymans* P1-7415	キュウリ斑点細菌病	＋
	Pseudomonas glumae Ku 8106	イネもみ枯細菌病	＋
	Agrobacterium tumefaciens Ku 7501	根頭がんしゅ病	＋
	Erwinia carotovora subsp. *carotovora* B9	ブロッコリー軟腐病	＋

な物質を分析し，抑制物質は環状ペプチド抗生物質「イツリンA」および「サーファクチン」であると同定された。植物性病原菌を抑制するメカニズムとして，両物質が相乗的に作用していることが現在までの研究によって判明している。

イツリンA（iturin A）　真菌（カビ）にイツリンが作用すると，真菌は徐々に膨張し最後に破裂する。これは，イツリンが真菌の生体膜に作用し真菌内部のカリウムイオンを流出させ，細胞内部の濃度を変化させることで逆に水が入り込み，真菌を膨張させ，最終的に破裂させるメカニズムであることが究明されている。

サーファクチン（surfactin）　サーファクチンにも弱い抗菌性があるが，それ以上に界面活性剤としての働きが大きく，イツリンにサーファクチンが加わると，イツリンの濃度が低くても抗菌活性が強くなる。このことは，TB21菌がサーファクチンという界面活性剤を分泌，病原菌の細胞表面に穴を開け，イツリンという「植物性病原菌にとっての毒」を効果的に病原菌の体内に送り込む仕組みをもっているからである。

シデロフォア　TB21菌には，菌による直接的な生長促進効果が観察される。これは前述の抗生物質イツリンおよびサーファクチンのほか，TB21菌が生産する「シデロフォア」という物質によるものだと考えられる。地中の病原菌は，シデロフォアの働きで必要とする成分を奪われ，生長を妨げられている。

このようにTB21菌は病原菌を直接攻撃するだけでなく，兵糧攻めにもするなど，多くの武器をもつことでさまざまな病原菌に効果を発揮することが究明されている。

③生長促進作用

TB21菌によって生産されるシデロフォアは鉄輸送化合物と呼ばれ，地中のわずかな鉄イオンと結合し，植物に鉄分を運ぶ働きをする。つまり，TB21菌は，植物や病原菌の生育に必要な栄養分である鉄イオンをシデロフォアという物質を利用して土中から取り込み，病原菌には渡さず植物にだけ渡す働きをしていると考えられる。

④リン酸溶解能

TB21菌は優れたリン酸溶解能を有していることが判明している。この作用により土中で固定してしまったリン酸を溶解して有効態リン酸へと変えることで，植物がリン酸を吸収することができるようになる。リン酸の吸収が高まることで，生産物の食味などの向上などに貢献することができる。

⑤発酵促進能作用

TB21菌は，高い菌体外酵素活性を示し，畜産廃棄物（豚・牛・鶏の糞尿）および食品残渣など，有機物の発酵速度を大きく促進するため，無臭で感触もよい良質な堆肥を比較的短期間で製造することができる。前述した「芽胞」形成の効果により，発酵時の温度が70～80℃と高温になってもTB21菌は死滅せず，逆に高温では生息できない病原菌は死滅するため安全性の高い堆肥となる。

また，TB21菌を利用して製造した堆肥は，圃場への投入後も農産物の生育を促す鉄輸送化合物シデロフォアおよび植物病原性真菌の発育を抑制する抗菌物質イツリン，サーファクチンなどの働きが期待できるため，一般の堆肥よりも高い付加価値を有する。

(3) 使用方法

TB21シリーズには，おもに土壌へ混和して利用する粒状の「TB21エース」と，葉面散布・灌注などに利用する液状の「TB21リキッド」がある。

①TB21エース

TB21エースは，TB21菌を増菌培養させたものを焼赤土などに混合して製造した製品で，土壌混和や堆肥製造などに使用する。

果菜類・根菜類・葉菜類など　基本的には全面散布もしくは部分散布してすき込む方法が一般的である。施用量は10a当たり60～100kg。農作物の根圏域に届くようにしっかりとすき込むと効果が高い。また，定植の必要がある農作物の場合は植え穴にも施すとよい。TB21エースに肥料成分は含まれていないため，根に直接触れても問題はない。

果樹類　成木の場合，成木1本に対して約1～2kgを成木の周辺にすき込んで使用する。苗木植付けの場合は植え穴に施す。

苗床・ポット　床土の量の約3％を目安に床土と混和する。

堆肥づくり　畜産廃棄物や食品残渣などの原材料，およそ4m^{3}に対して20kgを目安に混ぜ込んで使用する。水分が多すぎるとTB21菌がうまく活動しないため，原材料によっては水分量の調整を行なうとよい。水分量の目安は65％前後。

②TB21リキッド

TB21リキッドはTB21菌を増菌培養したものを液体タイプにした製品である。

葉面散布　定期的に希釈水を葉面に散布する。希釈倍率は1,000～2,000倍。10a当たり希釈水250～300lを3～10日ごとに散布すると効果的。

土壌灌注・灌水　すでに農作物などがあり，TB21エースを土壌に混和できないときなどは，TB21リキッドを土壌灌注・灌水で使用する。希釈倍率は500～1,000倍。灌水の場合，10a当たり希釈水800～1,000lを目安に使用。

(4) 使用事例

①ナシ――福島県・庭坂梨出荷組合

福島県福島市の庭坂地区にある出荷組合で，‘幸水’‘豊水’‘新高’‘二十世紀’‘あきづき’‘南水’と早生～晩生品種を栽培している。

TB21シリーズの発売当初（1990年ごろ）か

らおもにTB21リキッドを葉面散布で使用している。TB21リキッド（2,000倍），微量要素（ミネラル）資材，非加熱サトウキビエキスを希釈し，肥大期を中心に葉面散布を行なう。散布頻度は2～3週間に1回。また，新しい苗木の植付けのさいには，TB21エースを植え穴に施す。施用量は1株当たり500g程度。

近隣の圃場と比べると，あきらかに樹勢がよく，果実の食味・糖度などもよい。使い始めてから大きな病害被害などもなく，とくに天候不順のさいの生育が安定しているように思われる。

ただし，2017年の天候不順のさいは，庭坂地区でナシ黒星病の発生が見られ，病害の拡大は他の圃場よりも少なかったが，なかなか抑制できなかった。低温時の発生であったこと，とくに標高の高い山ぎわの圃場で発生が多かったこと，ナシ黒星病の病原菌（糸状菌）の生育適温が20℃前後ということから考えて，TB21菌が低温のためあまり活性化しなかったと思われる。

②水稲――栃木県・栃木有機農法研究会

栃木県県北地域の水稲農家で結成された出荷団体。1994年に発足し，現在（2017年）の会員が11名，約7haの水田でコシヒカリを栽培している（第2図）。食味にこだわったコメを栽培するためさまざまな資材を試験した結果，1998年よりTB21エースを使用して製造したボカシ肥料（以下，「TBぼかし肥料」と称する）を主体とした栽培を行なっている。

TBぼかし肥料は，まず牛糞籾がら堆肥にTB21エースを混ぜ込み，約3か月（切返し7～8回）かけて完熟堆肥を製造（第3図，第2表）。さらに米ぬか，魚かす，油かす，グアノリン酸，貝がら石灰，ゼオライト，天然苦土資材，海藻粉末などを加えたぼかし肥料で，最終的に窒素3―リン酸4―カリ3になるように調整する。

10a当たりの使用量は，基肥としてTBぼかし肥料を0.2m^3，完熟堆肥（こちらもTB21エースを使用）1m^3を混ぜ合わせて散布する。水田の状態や天候条件によって追肥を行なうこともあるが，そのさいには市販のペレット油かすなどを使用する。

食味にこだわった栽培を行なっていることもあり，平均収量は8～8.5俵（10a当たり）程度だが，食味値はどの水田のコメも高い。会員それぞれが異なる土壌環境の水田で栽培を行な

第2図　栃木有機農法研究会の合同視察風景

第3図　ぼかし堆肥つくり

第2表　TBぼかし肥料原料一覧（例）

完熟牛糞籾がら堆肥（TB21エースを使用）	4m^3
TB21エース	20kg
天然苦土（ク溶性苦土53％）	30kg
焼成天然ヤシがら（ク溶性カリ30％）	20kg
海藻（ホンダワラ）粉末	25kg
ホタテ貝がら石灰（炭酸カルシウム96.68％）	60kg
貝化石（カルシウム38～40％，ケイ酸22.2～30％）	40kg
ゼオライト（ケイ酸67.85％）	80kg
グアノリン酸（リン酸27.60％）	20kg
油かす	40kg
魚かす	40kg
くん炭	320l
米ぬか	0.2m^3

っているが，いずれの水田でも食味が年々向上している。2013年ぐらいまでは食味値が85～90とバラツキがあったが，最近はすべての水田で95前後となることが多い（クボタ食味分析計で計測）。

出来上がったコメは，個人消費分を除いてほとんどを地元の米店が相場価格よりも高値で購入。ブランド米として直接販売されるほか，米店が直営している弁当屋でおにぎり，弁当などに使用されている。お客さんからは，炊立てももちろんおいしいのだが，冷めたときも甘みが出ておいしいとの声を多数いただいている。

③果菜・葉菜類――栃木県・那須ミネラルクラブ

栃木県県北地区の農家25軒で構成している出荷組合（第4図）。地元スーパーマーケットチェーンの地場野菜コーナー（約10店舗）にほぼ毎日地場野菜を出荷している。栽培作物は果菜類・根菜類・葉菜類と多岐にわたっている。

第4図　那須ミネラルクラブの夏秋ナス圃場

トマト（施設栽培）　2008年ごろより，基肥としてTBぼかし肥料1m^{3}とリン，硝安，カリ（15―15―12）40kgを使用（10a当たり）。また，TB21リキッド（1,500倍），液体ケイ酸資材，液体カルシウム資材をあわせた希釈水を月2回ほど葉面散布している。使用前と比較すると，食味・糖度は格段によくなっており，地場野菜コーナーでのリピート購入率も非常に高い。また，作柄が安定していて個体別のバラツキが少ないため，収量も安定している。

夏秋ナス（露地栽培）　2006年ごろに，化成肥料中心の栽培からTBぼかし肥料を使用した栽培に切り替える。使用量は10a当たり1～1.5m^3。生育状況を見ながら有機液肥を灌水する。使用し始めてからとくに大きな土壌病害もなく，根張りが非常によい。以前は6月後半から10月後半まで収穫していたが，TBぼかし肥料を使用するようになってから本格的に霜が降りる11月中旬すぎまで収穫できるようになった。

夏秋キュウリ（施設栽培）　基肥投入時にTB21エース60kgを全面散布（10a当たり）し，全面耕うんする。定植時には植え穴に1株当たり15～20gを入れて定植する。また，TB21リキッド（1,500倍），液体ケイ酸資材，液体カルシウム資材をあわせた希釈水を月4回ほど葉面散布している。気象条件によってはうどんこ病などの病害が発生することもあるが，急速に被害が拡大することはほとんどない。

長ネギ　ペーパーポットを利用したネギ苗を定植するさい，植付け溝にTB21エースを筋状にまき，そこにネギ苗を並べて土寄せする。また，追肥・土揚げのさいにもTB21エースを使用する。食味や軟らかさが向上した。

ホウレンソウ・コマツナ　うねづくりのさいに，基肥と一緒にTB21エースを投入してうねを立てる。使用してから病害被害はほとんど出ておらず，食味も大幅に向上した。

《問合わせ先》福島県西白河郡矢吹町弥栄47―7
株式会社井手商会
TEL. 0248-41-2621
FAX. 0248-41-2622
執筆　井手浩智（株式会社井手商会）

納豆菌の力――活性の高い複数種の枯草菌を選別ブレンド

豊かな土と聞くと何を想像するだろう。肥料が豊富に施された土だろうか。それとも病原菌のいない土だろうか。われわれの考えではたくさんの微生物の生息する土である。

たとえば，豊かな海と聞くとどんな海を想像するだろう。プランクトンが豊富にいて，たくさんの海藻が生息し，それらをえさにたくさんの魚が生息する。そんな海を想像するのではないだろうか。豊かな山・豊かな森でも同じである。無数の木々，動物が生息しているのはもちろんであるが，それらを分解する微生物が豊富で活発に働いていることが豊かな山・森の一つの答えなのである。自然環境において「豊」という表現を使うとき，目に見えない微生物という存在を抜きには語れないのである。

それが農業をする土となると，窒素・リン酸・カリなどの化学的な要素が着目され生物性がおろそかになる傾向がある。しかし農業においても微生物の存在が重要であり，「納豆菌の力」がその生物性の改善に大きな役割を担っていると考えている（第1図）。ここではバチルス属菌のことを便宜上「納豆菌」と呼ぶ。

第1図　納豆菌の力

(1) 資材開発のねらいと効果

①土壌菌について

土には非常に多くの微生物が生息している。細菌，真菌，放線菌など多くの種類の微生物である。これらを総称して土壌菌とよんでいる。作物を育てるさい，われわれは土をランク分けすることが往々にしてある。極端な話をすれば，毎年ここは病気が出やすく，管理がしづらい。逆にここは手もかからないし，収量も安定する，といった具合だ。このように良い土，悪い土，とランク分けしている「土の能力」に大きくかかわっているのが，実は土壌菌の存在なのである。

面積10a，深さ10cmの圃場の土を調べると約1tの微生物が存在するといわれている（第2図）。

土自体は動くわけではないが，実は生物の塊，微生物の塊のような存在ということがわかる。その証拠に，土も私たちと同じように酸素を吸収し，二酸化炭素をはき出すという行為（呼吸）をしていることがわかっている。

これだけ多くの土壌菌がいれば，そのバランス（病原菌などの悪玉菌が多いのか，それとも好意的に働く菌が多いのか）次第で作物を育てやすい土にも育てにくい土にも変わるのは当然である。良い土つくりとは本来，肥料を与え，耕すだけではなく，「土壌菌のバランス・多様性・活性」を高めていくことなのである。

私たちは「土がやせる」という表現を使うが，それはどのようなときに用いるだろうか。少し考えてみると，土壌消毒する，連作する，堆肥を使わずに化学肥料しか使わない，除草剤を使用するなど，さまざまなキーワードが出てくる。結局のところ何をしたときに「土がやせる」

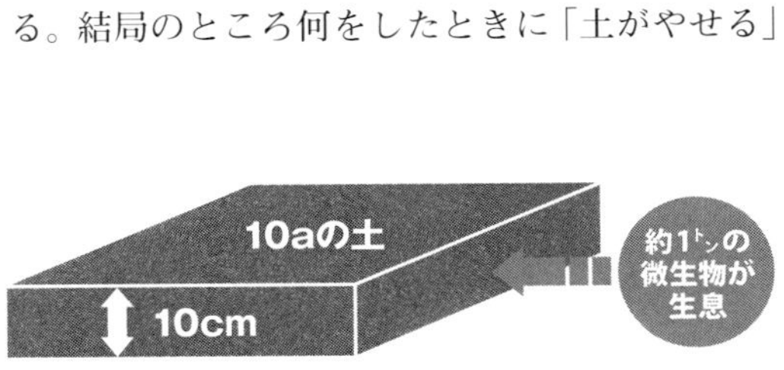

第2図　土壌中の微生物の量

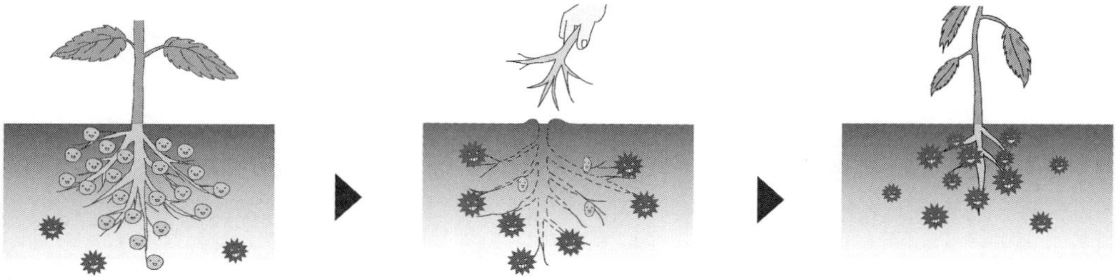

作物の根の回りには根から出る分泌物をえさにたくさんの土壌菌が生息している。これを根域（根圏）微生物という
根域微生物は植物と共生関係にあり，病原菌の侵入を防いでいる

収穫後に残った根をえさに病原菌が増殖する。ほかの有機物（堆肥）を入れて病原菌だけが増殖しないようにする。輪作，休耕をする，などの対策をせずに，連作を繰り返すと病原菌の生息密度がどんどん高くなる

連作により病原菌の生息密度が高くなった土壌では，作物の根に根域の微生物がしっかり生息する前に，病原菌が作物の根を攻撃し，病害が発生する

第3図　連作障害のメカニズム

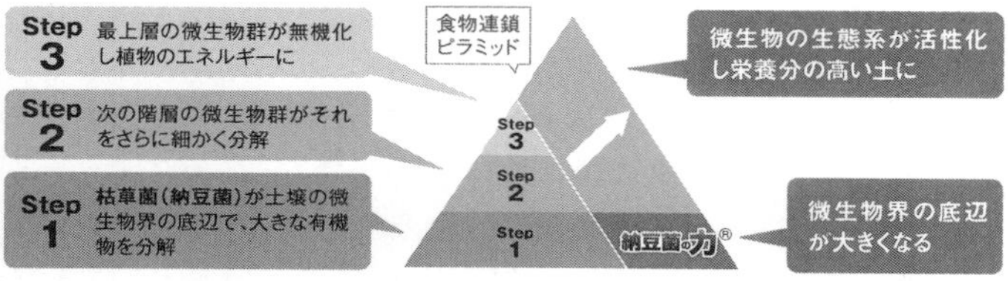

第4図　食物連鎖の生態ピラミッドの拡大

と感じるのだろうか。実は土壌菌を傷めるような行為をしたとき，私たちは「土がやせる」と感じるのである。先人が，土には微生物が大切ということを教える金言なのだ。しかし，現代の農業では化学肥料と農薬に傾倒してきた。その結果，各地で連作障害に代表される土壌障害が起こっているのである。

②連作障害のメカニズム

連作障害はどのようにして起こるのだろうか。

連作障害は土壌菌のバランスの乱れから起こる（第3図）。では連作障害を起こさないためにはどうしたら良いか。微生物を駆逐するような土壌消毒をすれば良いのだろうか。決してそうではない。土壌消毒をして今まで以上に病気に苦しめられた，という話は珍しくない。

やはり原点に立ち返り土つくりをする必要がある。それには輪作する，休耕する，良質な堆肥を入れる，などさまざまな知恵があるが，実はこの土つくりにおいて圧倒的な力をもっているのが弊社の「納豆菌の力」だという自信が私にはある。

③「納豆菌の力」の必要性

連作障害のような土壌障害を起こさないために，土つくりの基本に立ち返り，土壌菌のバランス・多様性・活性を高めていくことが急務なのである。

自然界において，有機物を生産する植物を草食動物が食べ，草食動物を肉食動物が食べるという食物連鎖をもって生態系を成しうるように，土壌菌の世界にも生態系がある。枯草菌（納豆菌など）とよばれる菌群が，土壌微生物の底辺で大きな有機物を分解している。次の階層の微生物群がそれらをさらに細かく分解し，最上層の微生物群が最終的に有機物を無機化。植物はこれをエネルギーとして吸収している。

「納豆菌の力（枯草菌）」を入れると，土壌菌の生態ピラミッドの底辺が広がり，食物連鎖の生態ピラミッドも大きくなるのである（第4図）。逆に，農薬の影響などから土壌菌が激減するとピラミッドの底辺が小さくなり，上位にいる植物にも悪影響を及ぼすことになるのである。

土壌菌のピラミッドの大きさを分析する方法

に「土壌微生物多様性・活性値」がある。独立行政法人中央農業総合研究センターが開発し，最先端農業技術としてミラノ万博（2015年）にも紹介された，日本が世界に誇る新技術である。「納豆菌の力」使用・未使用の土壌をこの分析方法で検証したところ，この数値が618,596から1,213,808へ改善が確認された。これは有機栽培に変更して10年程度かかる土壌改善と同等である。

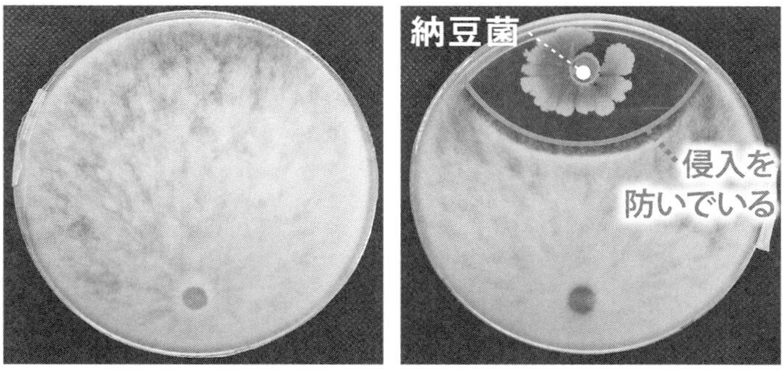

第5図　「納豆菌の力」がトマトの灰色かび病を防いでいるようす
左：「納豆菌の力」未使用。灰色かび病菌のみ培養。病原菌が全面に広がっている
右：灰色かび病菌と「納豆菌の力」を培養。灰色かび病菌の侵入を防いでいるようす

④資材の効果と特徴

また共同研究者の東京農業大学小塩海平教授からも次の評価をいただいている。「『納豆菌の力』は土壌有機物を分解して作物に栄養分を補給するとともに，病原菌に対する拮抗作用により作物を病気から守る効果がある」。第5図は「納豆菌の力」がトマトの灰色かび病を防いでいるようすを示している。東京農業大学とエーピー・コーポレーションの共同研究で，とくに天候不順などのストレス条件下で効果が発揮されることがわかってきた。

もともとこの資材は畜産業の糞尿処理剤を作製するため，さまざまな微生物の組合わせをテストし，わずか1週間で糞尿のニオイがなくなる組合わせを発見した。

その微生物を組合わせたものを畑に散布すると，野菜は元気良く育ち病気にも強くなることが確認された。そこで農業における微生物の重要性に気づき，さらに改良して生まれたのが「納豆菌の力」である。

「納豆菌の力」には次のような特徴がある。

1）独自に研究を重ね，土壌の中で活性の高い複数種のバチルス菌（納豆菌と同属）を選別ブレンド。

2）土壌微生物のバランスを短期間で圧倒的に整え（病原菌の生息密度を低下させる），作物を育てやすい土へと改善。

3）発根促進物質を出していることが科学的にわかっている菌の配合。

(2) 資材の使用方法

水稲　1町分の苗へ散布するのに必要な水で「納豆菌の力（液体タイプ）500ml」を希釈し，定植1週間前の苗に散布する。このさいの水の量は散布して苗箱の下からしみ出る程度とする。本田に移してからは通常どおりの栽培で「納豆菌の力」の追加散布は必要ない。苗の根回りをよくしたいさいは，生長初期段階（1.5葉期）に同じ手順で散布し，田植え1週間前にもう一度散布する。

直播する作物　1反の畑に対し，「納豆菌の力（液体タイプ）500ml」を100lの水で希釈（200倍液）し，圃場全面に散布する。散布時期は土つくりの段階でも，栽培初期でも良い。希釈濃度について本剤500mlが1反に行き渡れば良いので，増減してもかまわない。散布は一度でよいが，さらに効果を高めるためには，本圃に移してから600～1,000倍に希釈したものを葉面散布。

苗を定植する作物（推奨）　1反の畑に対し，「納豆菌の力（液体タイプ）500ml」を100lの水で希釈（200倍液）し，圃場全面に散布する。散布時期は土つくりの段階でも，栽培初期でも良い。希釈濃度についても本剤500mlが1反に行き渡れば良いので，増減してもかまわない。簡易的な使用方法とあわせて使用するとさらに効果を発揮する。散布は一度で良いが，さらに

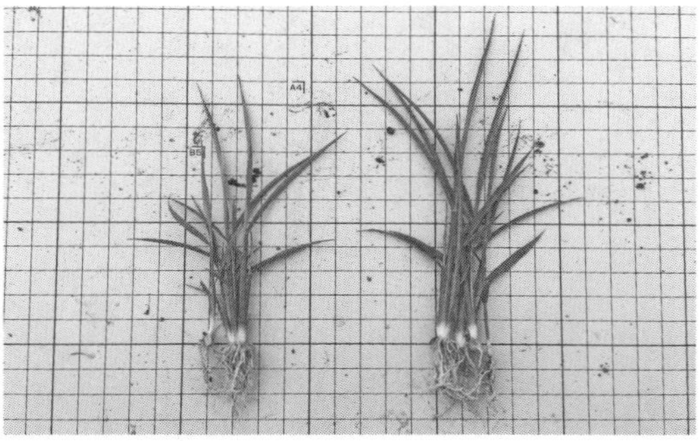

第6図　水稲での使用事例
右が使用，左が未使用

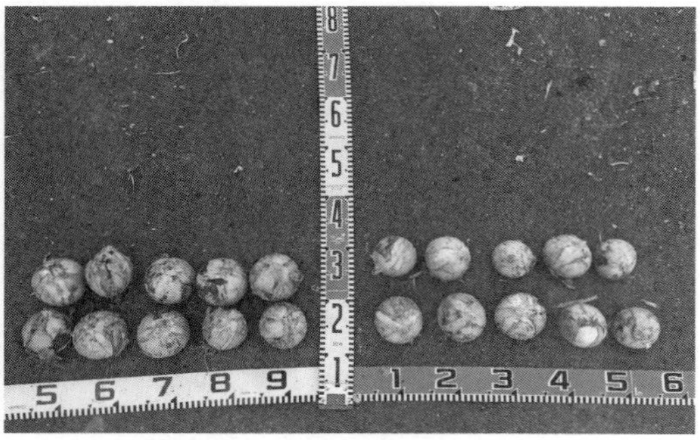

第7図　タマネギでの使用事例
左が使用，右が未使用

効果を高めるためには，本圃に移してから600～1,000倍に希釈したものを葉面散布する。

苗を定植する作物（簡易）「納豆菌の力（液体タイプ）500m*l*」を50～100*l*の水で希釈（100～200倍液）し，定植前の苗に下からしみ出る程度に動力噴霧機・ジョロなどで散布する（どぶ漬け処理でも可）。裸苗の場合は，定植前の苗を，「納豆菌の力（液体タイプ）500m*l*」を50*l*の水で希釈（100倍液）したものに十分浸漬してから定植しても良い。散布は一度で良いが，さらに効果を高めるためには，本圃に移してから600～1,000倍に希釈したものを葉面散布する。

(3) 資材の効果事例

「納豆菌の力」による効果事例・使用者の声を示す。なお，これらは一部事例であり，効果を保証するものではないことにご留意いただきたい。

第8図　ビートでの使用事例
右が使用，左が未使用

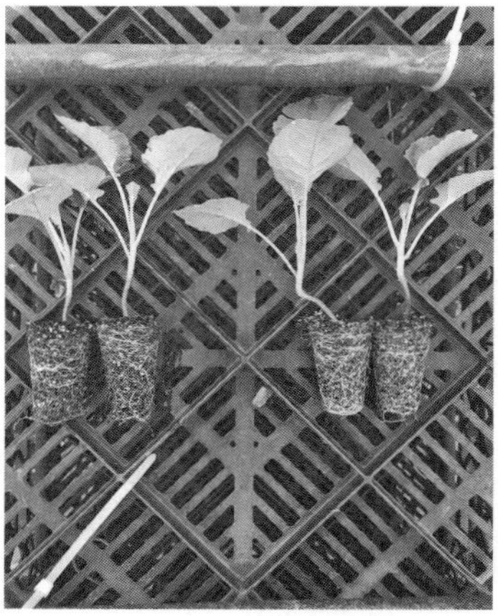

第9図　ブロッコリーでの使用事例
右が使用，左が未使用

①水稲（北海道鷹栖町）

田植え1週間前に「納豆菌の力（液体タイプ）500m*l*」を希釈し，1町分の苗へ散布。わずか1週間で根，地上部とも旺盛に生育し，良い苗が仕上がった（第6図）。

使用していない圃場に比べ，収穫時には1俵多く収穫できた。例年収穫時期には倒れてしまう圃場で「納豆菌の力」を使用した苗を植えたところ最後まで倒れず，収穫がスムーズに行なえた。

第1表　使用者の声

使用対象	使用者	使用効果
堆肥づくり	JAみなみ信州管内・中島正文	根の張りは歴然と違い，長ネギの太り・生育がまったく違う。また，軟腐病も激減した（2014年度長野県知事賞受賞）
ニンジン	北海道斜里町・永江隼人	例年育ちが悪い場所に散布したが，結果的には例年育ちが良い場所よりもよく育ってきた。また，収穫時期後半は地域的にしみ腐病（原因菌：ピシウム）が頻発し，壊滅的な圃場もあるなかで，散布した圃場はほとんど病気にならずに順調に収穫できた
	千葉県富里市・杉本好一	A品率9割超え，総重量33％増！今までいろいろな資材を使ってみたが，こんなに違いが出たのは初めて！スイカでも使っていきたい
トウモロコシ	千葉県旭市・向後耕喜	26％重量増。糖度もアップした。今では玉レタス，メロンといろいろな作物で使っている。菌核病も使いだしてからは減っている
トルコギキョウ	千葉県館山市・半澤昭彦	発芽率が高くなり，根の量が増えた。茎が硬くなり品質が良くなった
ナ　ス	JAうつのみや管内・高橋成典	最初の年は労力が足りずに収穫しきれないほど収量が増えた
	茨城県結城郡八千代町・大久保好也	樹勢も良く，例年の倍近く収量が増えた
メロン・イチゴ	茨城県鉾田市・安達賢一	根の張り・生育の安定はもちろん，病気予防にも効果を実感している
長ネギ	埼玉県深谷市・馬場友雄	黒腐菌核病が激減した
	茨城県坂東市・真中正美	黒腐菌核病が止まった。収量についても2L・Lの比率が多くなり反当たり1t以上の収量増加があった
ミニトマト	埼玉県本庄市・高橋雄介	7月定植したものが11月時点で防除がまだ2回ですんでいる。例年であればすでに7回程度は行なっているが，「納豆菌の力」を使うようになってから病害が激減した

②タマネギ（北海道由仁町）

定植後に除草剤ゴーゴーサンと混合して散布し，収量20％増加（第7図）。その他，幕別，美唄，中富良野，長沼でも収量調査を行ない増収を確認。

③ビート（北海道斜里町）

2017年3月14，15日播種。4月4日100倍希釈の「納豆菌の力」をペーパーポット1冊当たり1l程度散布し，4月30日100倍希釈の「納豆菌の力」を1冊当たり1l程度散布。苗段階では未使用の根が0.4gだったのに対し，使用した苗は3倍の1.2gまで根量が増えた（第8図）。

④ブロッコリー（埼玉県深谷市）

苗づくりの段階で200倍液を散布し定植（第9図）。定植後にも200倍希釈液を散布。地域的に黒すす病が発生し，壊滅的な圃場もあるなかで順調に収穫できた。

また，北海道新篠津においても黒すす病の発生が例年の10分の1以下になっている。

⑤使用者の声

第1表に示す。

＊

株式会社アグリソイル・ソリューションは「納豆菌の力」を配合した特殊堆肥を製造している。資材名は「納豆菌X（テン）」といい，こちらは「納豆菌の力」だけでなく，80種のミネラル・4種の有機物を独自配合し，きわめて能力の高い土壌改良材となっている。

《問合わせ先》東京都荒川区西日暮里6—13—13
株式会社エーピー・コーポレーション
TEL. 03-5692-0251
FAX. 03-5692-0252
URL. http://www.ponpa-ap.com
執筆　斎藤太一（株式会社エーピー・コーポレーション）

バイムフード，ソイルクリーン

執筆　（株）酵素の世界社 研究・技術部

1．バイムフード

（1）成分と特徴

①資材の成分

バイムフードは，各種有機物，鉱物質肥料の完全発酵肥料化および堆肥化のための資材として1954年（昭和29年）に開発されたものである。

含まれている主な微生物は，好気性微生物および条件性好気性微生物である。細菌では，ラクトバチルス，バチルスなど，酵母菌では，サッカロミセス，トルラなど，糸状菌ではアスペルギルス，リゾプス，ムコールなどが含まれている。

これらは古代から酒，みそ，納豆などの醸造に使われてきた醸造菌株と同じ仲間で，毒性をもたず安全なものである。

副素材として植物エキスを使用しており，これは有用植物の生長点細胞，野生果実などからとったものである。

培養基としては，穀類，糖類，ミネラルが使われている。

酵素類は数十種含まれ，アミラーゼ，プロテアーゼ，リパーゼ，セルラーゼ，オキシターゼ，カタラーゼ，チマーゼ，ラクターゼ，インベルターゼ，サッカラーゼ，マルターゼ，ウレアーゼなどである。

②資材の特徴

バイムフードは，強力な加水分解酵素を生産する機能をもつ発酵微生物群を共棲培養している。そして，それらが生産した酵素と，有用植物に含まれる同様の植物性酵素を総合培養した強力な発酵原菌である。また，乾燥させることによって，長期にわたって菌体と酵素が安定するようになっている。

（2）有機質発酵肥料への利用

①有機質肥料の問題点

有機質発酵肥料とは，一般にいうボカシ肥のことであるが，島本微生物農法ではバイムフードを用い，有機質肥料を加水分解させる。

有機質肥料は，たとえば未処理のまま施用するなど，その使用法を誤るとさまざまな生育障害をおこす。それは次のような理由による。有機質肥料にはきわめて分解しやすい糖類や，低分子の有機物などが含まれている。これらが土中に入ると一度に分解をはじめ，一時に多量の酸素を消耗して，二酸化炭素を放出する。そのため，植物の根が急激な酸欠をおこし，その機能が停止したり，伸長が阻害されたりして，植えいたみや発育不良，はなはだしいときは枯死を招いてしまう。

有機質肥料を発酵させて使う場合でも，その発酵処理を誤ると，有機質肥料のもつ効果が劣ってしまう。

有機質肥料に含まれる窒素分はタンパク質が主体であるが，これが加水分解されることによってアミノ酸が生成される。このアミノ酸の一種であるプロリンが植物体の光合成機能を高め，糖を生産して含糖率を向上させる。これによってスイカ，メロン，イチゴなど果菜類や果樹類の実の甘味が増す。当然，含糖率が高まることは，植物全般の生育を良好にし，米・野菜をはじめ，あらゆる作物に効果を発揮する。

しかし，この有機質肥料中のタンパク質が嫌気性分解や腐敗分解を受けると，アミノ酸は生成されず，アンモニア，インドールに分解されてしまう。これでは，窒素としての肥効はあっても，含糖率を高める効果は減退する。

②作物の健康と土つくりを同時達成

肥料的効果だけでなく，バイムフードで加水分解発酵させた肥料中には有用な微生物が増殖する。

さらに，生成されたブドウ糖，高級アルコール，アミノ酸，さらにはミネラルの凝集体は，土中の有用微生物の繁殖を促す培地となる。このため，土壌微生物叢を改善することにつながり，同時にそれらが不可給態のリン酸，マグネシウム，微量要素の分解を促し，その吸収を高める。

以上のことから，バイムフードで加水分解発酵させた有機質発酵肥料は，作物の健全育成と土つくりが同時に行なえるものとなる。

③粘土の活用

微生物農法での有機質発酵肥料の製法で大きな特徴は，有機質肥料と同量程度の粘土を使用することである。その使用目的は大きく分けて2つある。

一つは微生物のすみかを確保することである。有用な発酵微生物が安定した増殖をするためには，微生物の居心地のよいすみかが必要となる。粒子の細かい粘土は微生物にとって非常に安定したすみかとなる。このため，土壌に施されても，土着の微生物から活動を影響されることが少なくなり，その機能が発揮される。

二つめは，肥料養分の保持である。有機質肥料が菌体によって発酵分解を受けて生成された各種肥料養分は，そのままでは非常に不安定で，揮発，流亡してしまう。しかし，粘土を用いることによって，それらの成分の吸着と安定化が可能となる。このため，発酵による肥料分のロスを防ぎ，また，土壌に入ってから一度に肥効が出て片効きを起こすことを防ぐ。こうして，肥効の安定した有機質発酵肥料をつくることができる。

また，C.E.Cの高い粘土を用いることにより，圃場への客土効果も期待できる。

④つくり方

材料　粘土（山土）……250kg
油かす……………150kg
魚粉………………50kg
米ぬか……………15kg
トウゲン1号……600g
バイムフード……1kg

水分調整と堆積　まず材料をよく混合する。そのときに，材料中の水分が40～50％になるように水を打つ。手で強く握ると固まり，指でつつくと簡単に壊れる程度である。この水分調整は最も大切な作業で，多すぎても少なすぎてもいけない。

材料を山型に堆積し，古毛布やムシロなどで覆い保温する。冬期など気温が低い場合には，山積みした材料に湯タンポなどをさし込むと，発酵熱が上がりやすくなる。

切返し　堆積後，夏期で12～24時間，冬期で48時間もすると，中心部で45～55℃の発酵熱が発生する。この発酵熱はバイムフード中の好気性微生物が酸素を吸う呼吸作用によって生まれる呼吸熱なので，当然，内部は酸欠状態に近づく。このまま放置すると酸欠のために好気性微生物が活動できず，嫌気性分解に交代してしまう。

ここで，好気性分解を持続するために，切返しの作業を行なう。この切返し作業は24時間ごとに3～4回行なう。

3～4回目の切返しを行なって24時間たてば，発酵肥料は使用可能となる。できた肥料を保存したい場合には，うすく広げて通風乾燥を行ない，発酵を止める。

完成の目安　順調に発酵がすすむとアミノ酸臭や甘い臭いがする。この臭いが強くなったときが最適な発酵状態であり，その時点で作物に施用するか乾燥に移す。発酵時間が長くなりすぎると，アミノ酸臭からアンモニア臭へ変化し，鼻をつく。これは過剰発酵の証拠である。速効的な肥効はあらわすものの，アミノ酸も分解されているので，味を良くするなどのねらいは達成できない。

過剰発酵以外にも，仕込みのときの水分が多すぎると腐敗発酵や嫌気性発酵を起こし，アミノ酸が生成されない。したがって，水分調整と切返し作業は確実に行なう。

（3）リン酸発酵肥料への利用

①リン酸の肥効向上

リン酸は作物にとって大切な養分である。しかし日本の土壌はリン酸の天然供給が少なく，また効きにくい成分である。発酵肥料のうち，特にリン酸の肥効を高めるために開発されたのが，リン酸発酵肥料である。

リン酸を発酵させることによって，有用微生物群の分解機能を生かしてく溶性のリン酸の可溶化を促すことができる。これを多用することによって，土壌の改良，地温の向上を図り，地力の低い圃場でもリン酸の肥効を高めることができる。これは積極的な増収技術の中核となるばかりでなく，天候の悪い凶作型の年に作柄を安定させるためにも効果が高い。

②つくり方の例

リン酸発酵肥料の材料は次のとおりである。

粘土……………400kg
骨粉……………80kg
ようりん………80kg
米ぬか…………15kg
トウゲン1号……600g
バイムフード…1kg

材料の混合，水分調整，堆積の方法はこれまでと同じである。

切返しの要領も高級粒状の有機質発酵肥料と同じであるが，3～4回の切返し終了後は，堆積したままにしておく。それによって発酵は続き，アンモニアが飛散し，窒素成分が下がり，リン酸が強調された肥料となる。

窒素分も効かせたい場合は，過リン酸石灰を材料の5%混合してやればよい。

(4) 土こうじへの利用

①有用微生物のかたまり

山土（粘土）にバイムフードを培養し，微生物菌体をコロニー化させたものが土こうじである。一見，山土が食パンのように固まって米こうじのようになり，甘味と酒精の芳香を放つことから，この名前がついた。昭和20～23年に島本微生物研究所で開発したものである。

強力な加水分解酵素を分泌する酵母菌，細菌，カビ類とともに，放線菌が検出される。いわば有用微生物のかたまりのようなものである。これが土壌中の病原菌の活動を抑制したり，各種肥料養分の可給化を促進し，植物の養分吸収を良好にする。特に連作地には有効であり，さらに客土の効果もあり，強力な土壌改良効果をもつ。

②つくり方と使用量

材料は次のとおりである。

山土（粘土）…500kg
米ぬか……………15kg
トウゲン…………1kg
バイムフード……1kg

材料の混合，水分調整，堆積方法，切返し作業はこれまでと同じである。

使用量は，通常は10a当たり300kg，地力の低い圃場や連作圃場では10a当たり500～600kgとする。病害多発圃場や連作障害の出る圃場，線虫害の被害圃場などでは，10a当たり1t以上使用する。

(5) 堆肥への利用

有機質肥料と同じく，堆肥の施用は持続的農業を行なううえでも盛んに行なわれている。しかし現状では，堆肥と肥料，きゅう肥と堆肥が混同されているきらいがある。島本微生物農法ではそれらを明確に区別する。あくまでも土壌改良材として植物センイを発酵させたものを堆肥と位置づけている。

堆肥の原料　大きく4つあり，木材屑，籾がら，わら，青草に分類される。

窒素源　家畜糞（牛糞，豚糞，鶏糞），食品廃材など。

つくり方　原料と窒素源は入手できるものを任意に組み合わせればよい。

バイムフード　原料の乾物重量に対して0.2%添加する。

米ぬか（新鮮なもの）　同じく3%。鶏糞以外の窒素源を使用する場合は5%以上とする。米ぬかは多く添加してもよい。

水分　60～70%

切返し　水分調整，切返し作業は，発酵肥料をつくるときと同様発酵の要となるので的確に行なうこと。

各種堆肥のつくり方　一例として木材屑堆肥のつくり方を紹介する（第1図）。これは，過石の硫酸根と飛散するアンモニアがくっつき硫安となってN成分がアップするからである。

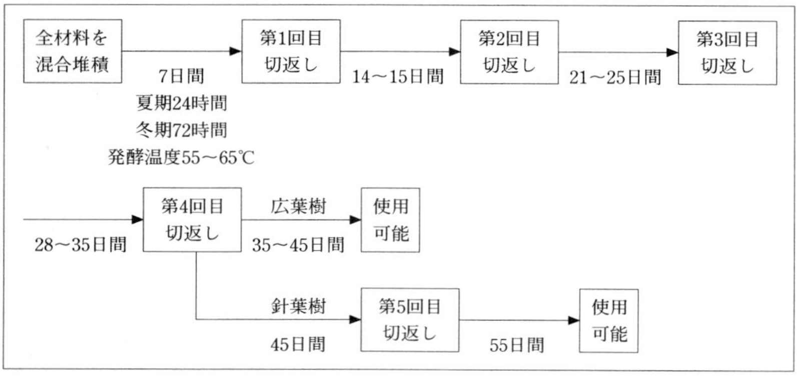

第1図　木材屑堆肥のつくり方

<例1>

木材屑（乾）　1,000kg／乾燥鶏糞　250kg／米ぬか　30kg／バイムフード　2kg／水分60〜70％

<例2>

木材屑（乾）　1,000kg／生厩肥　2,000kg／米ぬか　30kg／バイムフード　2kg／水分60〜70％

1）木材屑の水分を60〜70％に調整する（材料を手でかたく握り，指の間から水分がにじむ程度）

2）米ぬか30kgにバイムフード2kgをよく混合する

3）木材屑，乾燥鶏糞および2）の米ぬか，バイムフードをよく混合して押さえつけないよう山型に堆積する。量が多いときは，高さは2mまでとしカマボコ型に堆積する

4）切返し作業は，上記の日程で全材料を攪拌しなおして3）と同様に山型に堆積する作業を行なう

2. ソイルクリーン

（1）資材の特徴

ソイルクリーンは，太陽熱土壌消毒や土壌未熟有機物の分解促進に大きな効果を発揮する。ソイルクリーンの成分は，基本的にはバイムフードと同じだが，太陽熱処理用に微生物の栄養源であるタンパク質含量を増やしてある。

一般に農業上問題となるものは，寄生性生物であるが，これらと有用微生物の死滅温度は異なる。たとえば，フザリウムは45〜55℃程度で死滅する。さらに多くの病原性微生物や有害センチュウも，40〜55℃に数時間から十数日間おけばほとんど駆除することができる。一方，有用微生物はその温度では死滅しない。

この温度差を利用したのが太陽熱土壌消毒である。これにソイルクリーンを用いると，この病原菌死滅温度を地下部深いところまで発酵熱の形で広げることができ，病原菌を駆除できる。

さらに，ソイルクリーンの加水分解反応によって，各種分解物や発酵生成物が生産され，これが再び土壌有用菌の培地となり，有用菌密度を向上させる。

このようにして有害菌密度が低下し，土微微生物叢が改善され，連作障害を防止する。

従来の土壌消毒の代替として各地で，特にハウス園芸地帯で使用されている。

センチュウは青枯れを誘発するといわれているので，センチュウを退治できれば青枯れも防止できる。第1表に滋賀県大中干拓地での試験例を示した。ソイルクリーン施用により，ネコブセンチュウ数をセンチュウ害で生育に影響のない程度まで減少させることができることがわかる。

センチュウの死滅温度と各種病菌の死滅温度には差違がないことから，センチュウ防除できるということは各種病菌防除も可能ということになる。

（2）太陽熱土壌消毒での使用方法

10a当たりソイルクリーン45kgと，米ぬか100〜200kgを準備する。できるかぎり深耕し，ソイルクリーンと米ぬかが耕土全層に行きわたるようにすき込む。

この処理では土壌水分を必ず60％とする。これ以下の水分だと効果が発揮されない。また，有害センチュウを駆除するときは，さらに水分

第1表 ソイルクリーンによる土壌有害センチュウ駆除効果

	土壌30g当たりのネコブセンチュウ数
処理前	102頭
処理後	平均3.5頭（1区：4頭，2区：3頭）

注 滋賀県神崎郡大中干拓地のハウス圃場（前作はキュウリ）

分析方法：ベルマン法（土壌30g72時間分離）で2連制

土壌センチュウ害：17.2頭／土壌30gで根の伸びが減少，7.5頭／土壌30gで根の生長点数減少

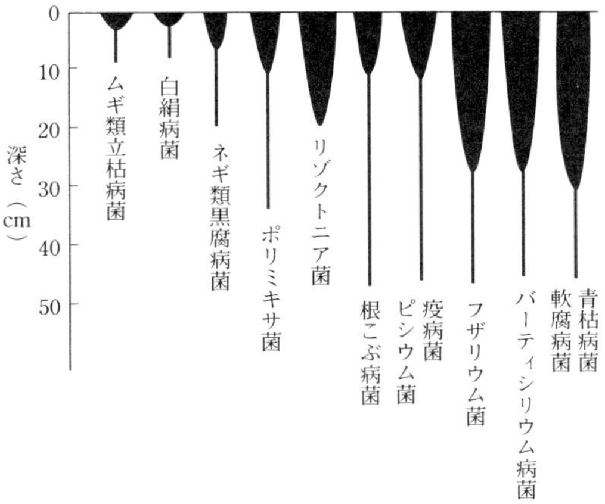

第2図 畑での土壌伝染性病原菌の垂直分布（松田）

黒色部分の広いほど高密度で作物に病気を起こしやすい

昨今話題の黒点根腐病菌は深さ45cmでの生息が確認されていて，バーティシリウム菌などと同じように，わりと深層部にまでいる菌らしい

を多めにする。通常，この太陽熱土壌消毒を行なうとき，特にハウスでは土壌がかなり乾燥している。湛水するつもりで水を打ってちょうどよいくらいである（湛水が不可能なところでは，圃場に足を入れればのめりこむくらいとにかく大量の水を入れる）。

米ぬかの使用量は，上限で10a当たり600kg程度であるが，これは，次作の元肥を兼ねたものとなる。ただし，この施用量は，処理終了後2か月以上の期間をとれる場合に限る。これは，エチレンガスが発生したり，初期生育が過剰となる懸念があるからである。処理してから次の作物の作付けまで2か月とれない場合は200kgを上限とする。

処理期間は10〜14日間で，途中に降雨があれば日数はその分のびる。

この間に殺草効果も期待できる。

土壌水分が60％の状態で，ソイルクリーンと米ぬかを全層に耕うんしてからビニールマルチを張る。ハウスの場合は，ハウスも密閉して蒸し込む。サーモなどの電源は，かなりハウス内

第2表 ハウスでの太陽熱土壌消毒が有効な病害虫の死滅温度と期間（湛水条件）

（小玉，1981）

病原菌	処理温度（℃）	有効処理期間
イチゴ萎黄病（ナス半枯病，キュウリつる割病，トマト萎凋病ほか）	40	8〜14日
	45	6日
	50	2日
	55	12時間
イチゴ芽枯病（ホウレンソウ株腐病ほか）	40	4日
	45	6時間
	50	30分間
トマト白絹病（その他の作物の白絹病）	40	5日
	45	12時間
	50	15分間
ネグサレセンチュウ（ネコブセンチュウ）	35	5日
	40	2時間（12時間）
	45	ー（1時間）

注 （ ）は畑状態のとき

第3表 露地太陽熱消毒の適用病害と処理期間

（猪坂）

病害名	処理期間（日）	防除効果
野菜類苗立枯病（リゾクトニア属菌，ピシウム属菌）	5〜10	◎
ハクサイ根くびれ病	20〜30	○
レタスビッグベイン病	30〜50	○
エンドウ茎えそ病	30〜50	○
アブラナ科野菜根こぶ病	30〜50	○
ホウレンソウ萎凋病	30〜50	○
キュウリつる割病	30〜50	△
ダイコン萎黄病	30〜50	△

注 防除効果…◎：効果が高い，○：一重被覆で防除可能，△：一重被覆で防除困難で二重被覆で防除可能

地下10cmが40℃の場合で考えたときの処理期間

第4表　その他の資材

商品名	成　　分	用　　途
トウゲン1号 （葉果面散布材）	トウゲンは有効微生物（酵母菌，有用細菌，糸状菌）や各種酵素と，厳選された植物から抽出した細胞液を基に，総合培養し，これをさらにブドウ糖に拡大培養したもの	浸透力が高いので速やかに植物体に吸収され，含糖率，品質の向上，樹勢および根の回復，登熟の促進，窒素過剰解消，成り疲れ防止などの効果を発揮する
トウゲン3号 （品質食味向上促進材）	トウゲン1号の効果の範囲を広げるために，有効な二十数種のアミノ酸やコリンなどを強化したもの	葉果面散布による有効な発酵生成物の総合的な作用により，糖度・食味および品質の向上，樹勢・草勢回復，肥大促進，・耐病性，耐寒性の向上，また，灌水による根群の発根促進などに効果を発揮する
ファーマン （花芽形成分化促進材）	植物生長のなかで特に花芽分化・肥大伸長のスピードを最大に促進させるための葉果面散布材。トウゲンに，花芽分化・肥大伸長に大きく関与しているアミノ酸および核酸を強化	植物の生長点分化・花芽分化・肥大伸長に効果を発揮（第5表参照）

第5表　ファーマンの使用法

核酸物質は水に溶けにくいため，まずファーマン使用量の30倍程度の温湯（40～42℃の熱いふろ湯程度）でよく溶かしてから希望倍率になるまで水で希釈し施用する。その際，特に葉面散布に使用する場合は上澄み液のみを散布する

葉面散布

作　　物	倍　率	散布間隔	散　布　量
穀類　果菜類　野菜類　花卉	300倍	4～5日ごと	10a当たり100l～
果樹　多年生植物	500倍	4～5日ごと	10a当たり200l～

注　特に花芽分化期，果実肥大期に連続散布

灌　水

花芽分化期，果実肥大期の灌水に10a当たり1回500g～1kgを混合/月1～2回

使用例　葉面散布（希釈水100l当たり）

使用時期	ファーマン	散布回数	摘　　要
花芽分化促進	200g～300g	3回以上	微量要素を強化したい時はトウゲン2号250gを添加
花芽分化期	200g～300g	3回以上	花芽分化に勢いがない時はトウゲン3号150g～200gを添加
			植物体内に窒素分が多い時はトウゲン2号用微量要素100gを添加
開花前	200g～300g	1～2回	微量要素を強化したい時はトウゲン2号用微量要素100gを添加
開花後	200g～250g	1～2回	窒素を補給したい時は3号200gを添加
果実肥大期	200g～300g	定期的	玉伸びに勢いがない時はトウゲン3号200g～250gを添加
成熟促進	200g～300g	2～3回	品質を高めたい時はトウゲン2号250gを添加

その他の利用法（希釈水100l当たり）

耐寒性向上	200g～300g	2回以上	窒素過剰の時はトウゲン2号用微量要素70g～100gを添加
根傷み・新根発生促進	200g～250g	灌水時に1～2回株元へ	微量要素が不足の時はトウゲン2号70g～100gを添加
各果菜類の成り疲れ時	250g～300g	成り疲れ時	成り疲れには，トウゲン2号の灌水を併用するとよい
イネ	300g～350g	出穂30日前～出穂直前5日前までに3回以上	
チャ	300g～350g	萌芽2週間前～萌芽期と，1，2番茶収穫のあと	
花卉類	200g～250g	切り花収穫のあと（花卉類への散布では花びらに散布液をかけないように）	
各果菜類の苗	200g～250g	本葉3～4枚頃の第1回目花芽分化時に	
果樹類	150g～200g	収穫後，次年度花芽分化促進と養分補給に	

注　散布時間は日中の高温時をさけ，日没1～2時間前が最適
　　農薬および各種微量要素との混合が可能

が高温となるので通電をとめておく。

(3) 残根処理での使用方法

①残根の害と分解

作物の栽培終了後に残る根は予想以上に多い。この残根はいわば未熟有機物なので，土壌中で発酵（分解）すると，次の作付け品目の根に悪影響を及ぼすことが多い。これが原因となって，枯れを起こしたり，疫病，ガス害の発生につながる。したがって，残根のすみやかな分解，特に加水分解が必要となってくる。

この残根処理の目的でソイルクリーンを用いる場合も多く，連作圃場ではぜひ行ないたいものである。

②基本的な使用方法

▽次作の作付けまで2か月以上ある場合

ソイルクリーン…………3～4袋

▽2か月間ない場合

ソイルクリーン…………3～4袋

米ぬか……………………100kg

どちらの場合も，水を張った田んぼの状態にしておくとよい。

③残肥処理（除塩）を兼ねる場合

残渣，残根処理ばかりでなく，残肥処理（除塩）も行ないたい場合は，ソイルクリーン3～4袋を全面散布して耕うんしたあと湛水する。水が少なくなったら再び注水して，残渣，残根の分解を促しながら除塩を行なう。

≪問合せ先≫　滋賀県甲賀郡水口町本丸1－23
（株）酵素の世界社
TEL　0748－62－3328

2000年記

バクタモン（BM）――糸状菌3種と酵母菌の組合わせ

バクタモン農法とは，微生物が力を発揮できる環境を整えるためにバクタモンを施用して，土壌微生物相を改善し，土壌の緩効能を高め肥沃化させ，適正施肥・低化学肥料・低農薬で，環境にやさしい農法を実践して，良品質の農産物を生産することを目的とする農法である。

(1) 開発の経緯

バクタモンは，土つくりの三要素，物理性，化学性，微生物性のうち，とくに微生物性に着目し，肥料や有機物を分解し調整しつつ，土壌微生物相を改善し安定化させ，根系の環境を整え，健全な作物を育成する「土」をつくるために研究された微生物応用の肥効促進・調整資材である（第1図）。

戦後，土壌が疲弊していたうえに，肥料不足で農産物の生産性が低く，増収技術の追求が急務であったことから，その要望に応えうる救世主として，1948年に元京都帝国大学の吉岡藤作博士によって発明された。

吉岡藤作博士は，元京都帝国大学で三十数年教授をされ，日立製作所所長を歴任，学術ならびに企業を対象として，総合工学の広い分野で研究に携わり，十指に余る新規産業の創設に努力され，国家最高名誉賞・技術院賞をはじめ幾多の表彰を授かった技術畑の工学博士で，最晩年の発明が「バクタモン」である。

(2) 内容と特性

①構成菌と菌性と成分

バクタモン菌（以後，BM菌）は，清酒・味噌などの醸造に用いられる安全な有用微生物群で構成されており，菌種菌名，菌の生態や特性，代謝産物，効果などが明確で，理論をきちんと説明できる資材である（第2図）。

三要素はほとんど含まず，バクタモン自体は肥料ではないが化学肥料を含む一般肥料と組み合わせて施用することにより，肥料を有機態に変え高度な有効要素をつくり，世代交代のあと，徐々に自己分解をして代謝産物を放出し土壌に還元する（第1表）。

②土壌・作物に及ぼす影響

バクタモンの菌は休眠状態にあり，土中で適当な水分と温度で活動を始めると粗大有機物（含作物残渣）などに寄生し，施用された有機・無機各種肥料要素を強制的に菌体に取り込み，分解作用を起こす（第3図）。

そして活発な繁殖活動で世代交代をしながら生存し，その間に大量の代謝産物として，植物生長ホルモンやアミノ酸，ビタミンB群を含む

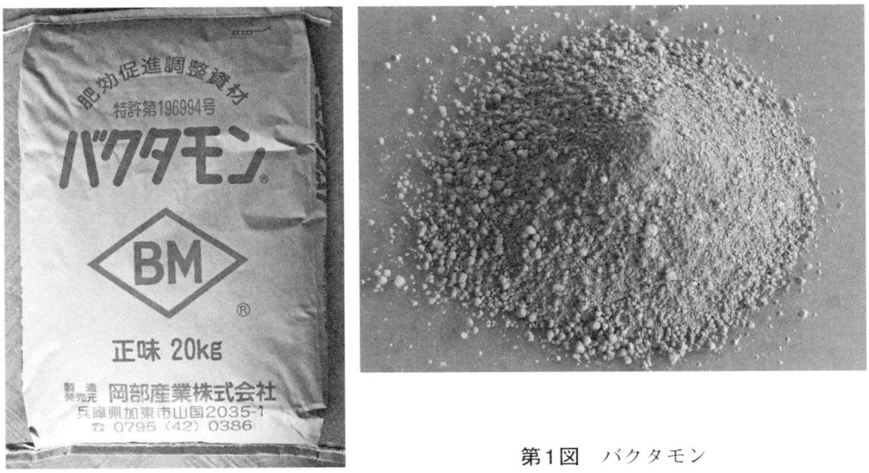

第1図　バクタモン

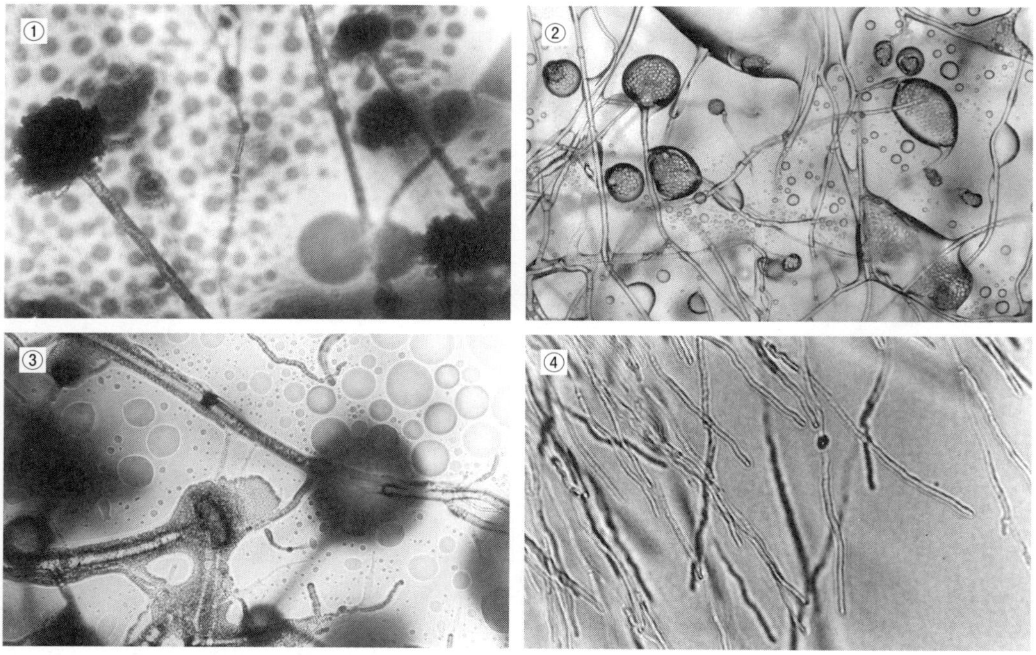

第2図　バクタモンの構成菌

①〜③糸状菌，④酵母菌

①アスペルギルス（コウジカビ）：好気性，②ムコール（ケカビ）：好気性，③リゾープス（クモノスカビ）：好気性，嫌気性，両性，④ハンセヌラ：嫌気性

第1表　バクタモンの成分

成分名	無水ケイ酸	アルミナ	酸化鉄	水　分	石　灰	苦　土	窒　素	リン酸	カ　リ
割合（%）	71.28	18.26	5.92	3.17	0.66	0.41	0.1	0.1	0.1

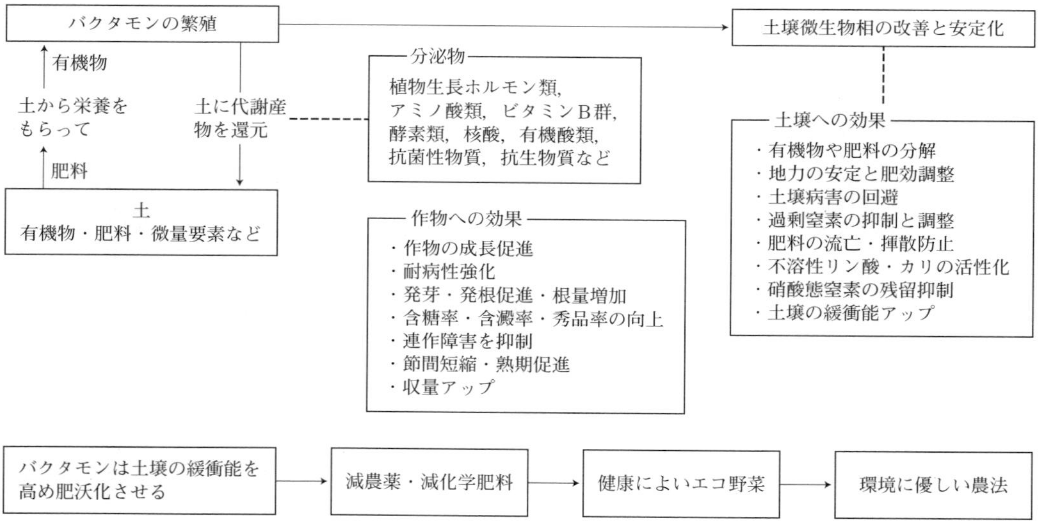

第3図　バクタモンの生態と効果

第2表　バクタモン菌群の生成物（代謝産物）と供給物

生成物	供給物
植物生長ホルモン	オーキシン（インドール酢酸）
アミノ酸類	グルタミン酸，アスパラギン酸，ロイシン，トリプトファンなど
ビタミンB群	B_1，B_2，B_6，B_{12}
酵素類	糖化酵素，炭水化物分解酵素，タンパク質分解酵素，油脂分解酵素など。タンパク質分解酵素プロテアーゼはpH調整能がある
核　酸	
有機酸類	コウジ酸，シュウ酸，クエン酸，グルコン酸，イタコン酸，フマル酸など
糖　類	ブドウ糖，果糖，ショ糖，マンノーズ，麦芽糖，乳糖など

注　1）自己分解により三要素を水溶性有機態で放出
　　2）人為的につくれない抗菌性物質・抗生物質を生成

各種の有機酸類・酵素類・核酸・抗菌性物質・抗生物質などを分泌し，微量要素も可給態に改善，植物分泌物（植物排泄物）なども無害化する。その後，徐々に自己分解して植物に吸収されやすい形態の有機化合物となり，長期にわたり植物の栄養源としての機能を発揮する。

バクタモン菌群の生成物（代謝産物）と供給物を第2表に示す。

③効果が発現するしくみ

バクタモンは肥料ではなく，有用な4種の土壌微生物であり，有機物や肥料を分解し，その繁殖活動によって得られる副次的な代謝産物が，根系や植物生育の環境を整えることに役立つ。その結果，優良農産物の生産向上がはかられ，生育に必要な各種成分や微量要素などを吸収しやすくする働きをする。

バクタモンが活発に働くためには，土中に菌が繁殖する栄養源として，有機物や窒素が適度に含まれるように，肥料を施す必要がある。

バクタモンは，醸造に用いる大型で強力な菌群なので，土壌微生物群との拮抗作用では，悪性微生物や病原菌類を囲い込んで弱体化させ，反して自身の有用菌類の増殖を促進させる。

これらの働きを図式にすると，バクタモンの働きは大きく3つになる（第4図）。

（3）作物への効果

①窒素をコントロール

バクタモンの一番の栄養源は窒素で，繁殖するさいに土中の無機態窒素は菌体に取り込まれて菌体タンパクとなり，有機態窒素となるため流亡することなく，その後徐々に自己分解して作物に緩効性窒素として利用されるので，植物が急激に吸収するのを抑え肥効が安定し，茎葉が強くなり，植物体の硝酸態窒素の値を低減する。

この作用を利用して，バクタモンを単用すれば，窒素をバクタモンの菌体に保持させて一時的に肥効を抑制し，窒素過多や濃度障害を克服することができる。肥料と混用すると，じっくりゆるやかな肥効となるので，促進にも，抑制にも，窒素をコントロールすることが可能となる（第5図）。

②根の量が増える

バクタモンの分泌物である植物生長ホルモ

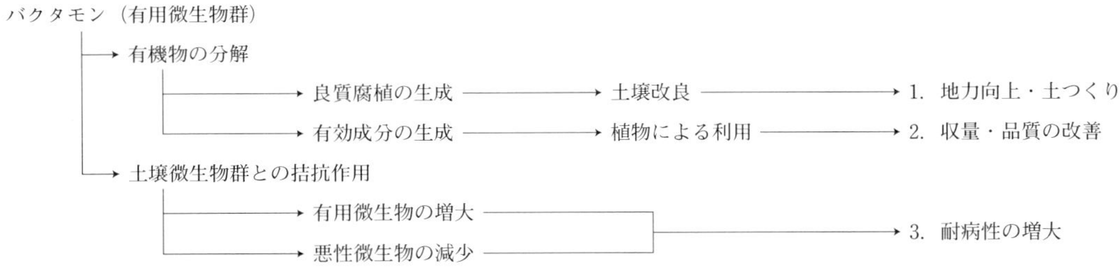

第4図　バクタモンの3つの働き

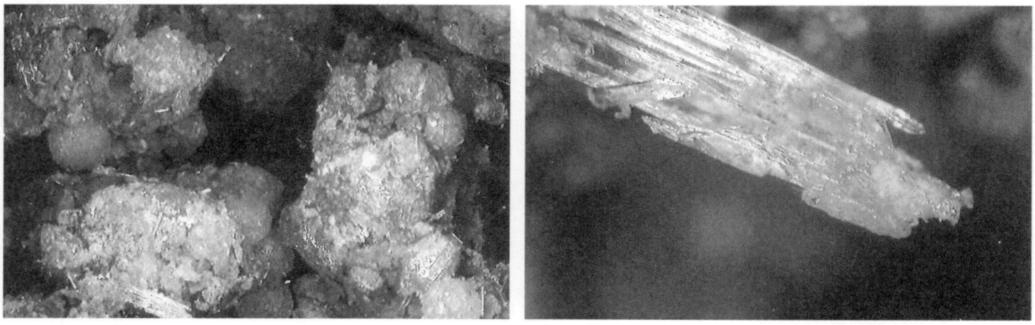

第5図　尿素の針状の結晶体

バクタモンと尿素を混合して生成（右は拡大したもの）

第6図　バクタモンが作物の生育に及ぼす効果

左：対照区，右：バクタモン区

①初期生育促進，②生育促進，③節間短縮，④根の発育促進，⑤倒伏防止，⑥増収・品質向上

ン・オーキシン（根っ子ホルモン）の作用により根の量が増え，根の量が増えれば根酸類の分泌も増え，苦溶性肥料や微量要素などが根酸に触れて徐々に溶け始め，植物の初期生育に優位差が出る。さらに根量が増えると光合成が活発になり，サイトカイニンや他のホルモンの分泌も旺盛になるので，おのずと植物体内の循環が円滑となり，健全な生育になる（第6図）。

③土壌中の有機物や作物残渣を分解

土壌中にはさまざまな有機物や作物残渣が残されている。たとえば前作の作物残渣や古い根，雑草や雑草の根などさまざまなものがあり，これを放置することによって作物が新しい根を張る場所も少なくなると同時に病原菌などの温床にもなりかねない。

バクタモンは，これら未分解の粗大有機物の分解を得意としているので，土の中でしっかり働いて有効化し，微生物細胞体や粗大有機物体に存在する各種ミネラルを小さな分子にして還元する。

④硝酸態窒素濃度の低下

窒素の無機化試験と植物生育，収穫物中の化学成分組成の土壌状態の調査を目的とし，2002年，東京農業大学（生物応用化学科）教授の前田良之農学博士によるチンゲン菜実証栽培試験の結果報告で，バクタモン区は対照区に比べ，グルコース含有率，フルクトース含有率，L－アスコルビン酸含有率，カルシウム含有率，TTC活性（根の活性の指標），可給態リン酸，交換性カチオン（K，Na，Ca，Mg），が高まり，硝酸態窒素含有率は低下という好結果が得られた。

また2000年，北海道のケール栽培試験でもバクタモン区は対照区に比べ，土壌中やケール葉中の硝酸態窒素濃度値が低いという結果となった（第3表）。

第3表　ケールの分析結果

〈圃場の土壌分析〉

圃場名	pH（1：5）	EC（1：5）(mS/cm)	硝酸態窒素 (mg/100g)
対照区	5.42	0.2880	3.4
	5.36	0.2300	2.1
バクタモン区	5.60	0.1680	0.9
	5.57	0.1687	0.9

〈ケール葉中の硝酸態窒素濃度（5株平均値：ppm）〉

収　穫	時　期	対照区		バクタモン区	
1回目	8月上旬	474.6	406.8	361.6	384.2
2回目	9月上旬	406.8	316.6	271.2	293.8
3回目	10月上旬	293.8	226.0	316.4	203.4

⑤糖度・抗酸化力が高まる

バクタモンを施用する目的を，より明確にわかりやすく「見える化」を目指す試みとして，（株）メディカル青果物研究所（元東京デリカフーズ）で2015年から約150品目の分析を行ない，一般流通品と比較して，バクタモン施用の農産物は良品質であるという実証を得ることができた。

分析にあたり，施用1年目の物から5年目，10年以上，30年以上とランダムに行なった。その結果は第4表に示したように，糖度・抗酸化力が高く，硝酸イオンは低く，味は5段階評価の4または5という評価である。

また，第7図にSOFIX（土壌肥沃度指標）の結果も示す。

(4)　そのほかの効果

①家畜の健康と能力アップにBMエルド

BMエルドとは，バクタモンの姉妹品で，動物に有益な糸状菌3種と酵母菌1種を赤土の乾燥粉砕物に混合し，培養発酵させたもので，天然のミネラルや微量要素なども豊富に含まれている。

現在の家畜飼養は昔と違い，省力化と生産性が重視され，家畜本来の生理から離れた粗飼料不足や濃厚飼料多給型などの飼養形態になっている。また，多頭化や省力化により畜舎環境は好ましくない菌群が定着し，畜舎内外で各種の病気や障害の原因となっている。BMエルドは病気や体質，環境の改善を目的とした微生物応用・混合飼料である。

BMエルドの特徴は，各家畜の飼料に1～4％を混入することにより，ストレスの解消，体調の維持と改善，嗜好性の向上にともなう増体量のアップ，肉質（卵質）の向上，死鶏率，破卵率の減少，産卵率，HU（鮮度指標），卵殻強度の向上，酸性化された飼料などのpH調整や下痢，鼓腸症，尿石貧血などに効果があるといわれている。

また，動物用医薬品（抗生物質）などの使用を減少させることを可能にし，環境保全や畜舎の環境改善と臭気軽減，糞尿の発酵促進にも役立つ。

②堆肥化の発酵菌として

大型で強力な分解力と発酵力をもつBM菌群の特性により，堆肥の発酵過程で畜糞尿や畜舎の敷床に使用されたわらやおがくず，籾がらなどのリグニン・セルロースなどを発酵分解し，人為的につくりだすことのできない分泌物（酵素・アミノ酸・有機酸など）を多量に放出して堆肥中に含有させる。そのため一般堆肥との比較で，植物の生育や根量，成育，収量，味，日持ちなどで優位差がでる。

臭気でもBM菌が窒素分をおもな栄養源とし

第4表　品質評価分析の結果

〈果樹類〉

	サンプル名	糖度（%）	抗酸化力（TEmg/100g）	ビタミンC（mg/100g）	硝酸イオン（mg/l）	味（1～5）	官能評価（0を基準として－2～＋2で評価）
モ　モ	サンプル（N＝20）	17.8	128.6	12.9	＜55	5	甘味：1，旨味：1，酸味：0，食感：－1，香り：1
	一般流通品平均値（2003～2016年）	12.9	63.0	11.9	14.4	4	—
	食品成分表価	—	—	8.0	—	—	—
ブドウ（シャインマスカット）	サンプル（N＝11）	21.5	55.8	5.5	＜5	5	甘味：2，旨味：2，酸味：0，渋味：0，食感：0，香り：1
	一般流通品平均値（2012～2016年）	18.7	41.4	6.3	＜5	4	—
	食品成分表価	—	—	2.0	—	—	—
カ　キ	サンプル（N＝33）	18.0	68.6	81.8	＜5	5	甘味：1，旨味：1，青味：0，渋味：0，食感：0，風味：1
	一般流通品平均値（2003～2015年）	16.1	38.6	50.8	＜5	3	—
	食品成分表価	—	—	70.0	—	—	—
早生温州ミカン	サンプル（N＝35）	14.7	46.5	315.5	＜5	5	甘味：2，旨味：1，酸味：0，青味：0，食感：0，香り：0
	一般流通品平均値（温州ミカン，2012～2015年）	12.2	35.4	33.3	＜5	4	—
	食品成分表価	—	—	4.0	—	—	—

〈果菜類〉

	サンプル名	糖度（%）	抗酸化力（TEmg/100g）	ビタミンC（mg/100g）	硝酸イオン（mg/l）	味（1～5）	官能評価（0を基準として－2～＋2で評価）
メロン	サンプル（N＝13）	13.1	19.0	33.6	87.4	5	甘味：2，旨味：2，青味：0，えぐみ：0，食感：0，香り：1
	一般流通品平均値（青肉，ネット品種，2011～2015年）	12.4	12.3	22.0	98.7	4	—
	食品成分表価	—	—	25.0	0	—	—
ピーマン	サンプル（N＝9）	5.5	114.3	109.8	17.5	5	甘味：1，旨味：0，苦味：－2，青味：0，えぐみ：0，食感：1
	一般流通品平均値（2014～2015年7月）	4.4	17.9	84.0	170.6	3	—
	食品成分表価	—	—	76.0	—	—	—

（次ページへつづく）

〈葉茎菜類〉

	サンプル名	糖度（%）	抗酸化力（TEmg/100g）	ビタミンC（mg/100g）	硝酸イオン（mg/l）	味（1～5）	官能評価（0を基準として－2～＋2で評価）
キャベツ	サンプル（N＝199）	9.8	29.4	50.5	＜15	4	甘味：2，旨味：1，青味：－1，えぐみ：0，食感：2，風味：0
	一般流通品平均値（2006～2017年/1月）	8.6	27.0	52.3	476.3	4	—
	食品成分表価	—	—	41.0	1,000	—	—
ホウレンソウ	サンプル（N＝153）	10.7	169.0	98.0	388.2	5	甘味：2，旨味：2，青味：－1，えぐみ：－1，食感：1
	一般流通品平均値（2008～2016年/1月）	8.7	118.4	77.3	1,701.0	4	—
	食品成分表価	—	—	35.0	5,000	—	—

〈根菜，マメなど〉

	サンプル名	糖度（%）	抗酸化力（TEmg/100g）	ビタミンC（mg/100g）	硝酸イオン（mg/l）	味（1～5）	官能評価（0を基準として－2～＋2で評価）
黒大豆	サンプル（N＝2）	73.8	194.3	12.3	＜50	5	甘味：0，旨味：1，食感：0，風味：1
	一般流通品平均値（2013～2016年）	64.2	82.7	＜11	＜50	4	—
	食品成分表価	—	—	4.0	—	—	—
干し柿	サンプル（N＝2）	77.4	231.4	16.2	＜50	5	甘味：1，旨味：2，青味：0，食感：1，風味：1
	一般流通品平均値（干し柿）	42.2	75.9	29.2	＜50	4	—
	食品成分表価	—	—	34.0	0	—	—

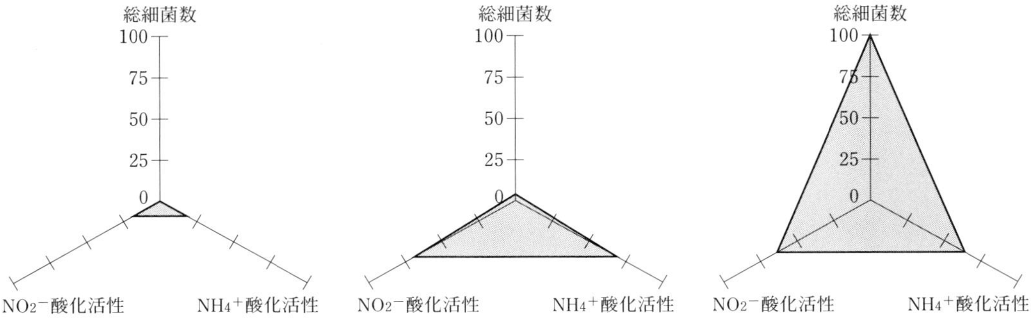

第7図　SOFIX（土壌肥沃度指標）による窒素循環活性の評価

左から，土壌消毒あり・バクタモン施用なし，土壌消毒なし・バクタモン施用なし，土壌消毒なし・バクタモン施用あり

第8図 BM菌による堆肥区（左）と市販堆肥区（右）の根の比較

て増殖する微生物群なので，畜舎の臭気軽減も同時に可能になる。

市販の完熟堆肥区とBM菌の完熟堆肥区それぞれに，定植時にバクタモンを施用し，万願寺とうがらしで栽培試験を行なってみたところ，定植後10日ころを過ぎたあたりから生長に著しい差がみられ，結果として，生育はもちろんのこと，収量・葉色・毛細根の量など，驚くべき差がでた。

対照区と比較して，バクタモン区はその2～3倍の量の毛細根がでていた（第8図）。これらの結果から，バクタモンが土中の環境を整え，毛細根を増やし，栄養分をより吸収しやすくする働きがあることが実証できた。

③難溶性リン酸を有効化

1974年に東京農業大学（作物研究室）教授の金木良三農学博士，川島栄助教授の水稲栽培試験で，バクタモンを施用して育成した稲苗と，リン酸を多用した稲苗では同等の苗が得られ，同時にバクタモン区は土壌中に有効態のリン酸とカリ量の増加がみられたという結果になった。

再度，専門家の指導で実験したところ，BM菌群のリン溶解菌としての作用により，土壌中の難溶性リン酸を溶解し有効化することが実証された。

「この結果からリン酸肥料原料は全面輸入であり，しかも，火山灰土壌の多いわが国の土壌中には莫大なリン酸が眠り続けているはずであり，また，長年にわたり多施用した肥料中のリン酸も利用されず残留しているといわれていることから，バクタモンの活用は未利用資源の有効利用に貢献するとともに農業の技術革新といえるのではないだろうか」と結ばれている。

＊

上記にあげた特徴や効果以外にも，農家の工夫と努力にバクタモンが応えて，良品質で日持ちがよく，味も良い農産物が生産されていることが，当社の誇りである。

4種の菌の総合力で，環境の変化や異常気象の影響を最小限に抑えようと，土の中でこつこつと力を発揮して，理想的な環境を整えるために働くバクタモンが，これからさらに日本農業のため，農産物の品質向上のために，貢献することを心から願っている。

これからも各地の農家に協力を仰ぎ，農産物の品質評価分析と，SOFIX（土壌肥沃度指標）分析を積み重ねて，バクタモンを施用する目的と意義をさらに明確なものにしていきたく思っている。

《問合わせ先》兵庫県加東市山国2035―1
岡部産業株式会社
TEL. 0795-42-0386
FAX. 0795-42-5207
URL. http://www.bakutamon.co.jp

執筆　岡部雅子（岡部産業株式会社）

ハルジン - L
（トリコデルマ菌培養末）

（1）成分と特徴

①資材の成分

ハルジン - Lは，奈良県天理市の山林から分離したトリコデルマ・ハルジアナム菌を，高栄養ふすま培地で高単位に培養し，特殊条件の下で乾燥，粉砕を行ない資材化したものである。

第1図は，トリコデルマ・ハルジアナム　クボタ（FERM P-17863）の電顕写真である。

本資材の標準成分は第1表に示すとおりである。

第1表　ハルジン - Lの標準成分表

外　観	淡緑色粉末状
水　分	10%以下
pH	6.0～6.8
トリコデルマ菌数（CFU/g）	1×10^9
窒素全量（N）	2.0%
リン酸全量（P_2O_5）	1.3%
カリ全量（K_2O）	0.8%

②資材の特徴

トリコデルマ・ハルジアナム　クボタ菌（以下，本菌株という）は，多くの糸状菌に対し寄生して生育を阻害し死滅させる作用がある。

一般的に，土壌伝染性植物病害の80％は，病原性をもつ糸状菌によるものといわれている。これらの糸状菌に対し，より高い生育阻害作用を示すのが本菌株であり，ハルジン - Lはこれを高単位に含んだものである。

この糸状菌への作用のほかに，最近の実用試験結果では，作物の生育促進効果，収量向上も広く認められてきた。この理由は，今まで土壌中に生存している微生物では分解できなかったものが分解され，作物にとって吸収されやすい栄養源となったとする見方が多い。

ハルジン - Lは微生物資材であり，化学農薬とちがって，外的環境に影響されずに病原菌を死滅させることはできない。効果が現われるには，病原菌の生存部に本菌株が定着することが前提条件となる。第2図は本菌株がリゾクトニア菌，第3図はボトリチス菌に寄生した状態で，溶菌死滅前の電顕写真である。

この寄生現象は，本菌株より菌糸の伸張速度の速いピシウム菌，フィトフトラ菌およびリゾープス菌による病害に対しては，予防効果はあっても治療効果は期待できない。

第2表は，今まで使用し有効と思われた病原菌名と病名で，作物名も記した。

ピシウム菌（トマト綿腐病，ホウレンソウ苗立枯病など），フィトフトラ菌（各種疫病）の遊走子は，水を媒体として伝染するので，発病時に水和剤として散布しないこと。

また，キノコ類に対し高い拮抗性があるため，栽培地付近での使用は絶対に避ける。

③土性と使用効果

本菌株の施用効果は，砂質土壌が最も優れ安定した効果を発揮しやすい。次いで壌質，粘質

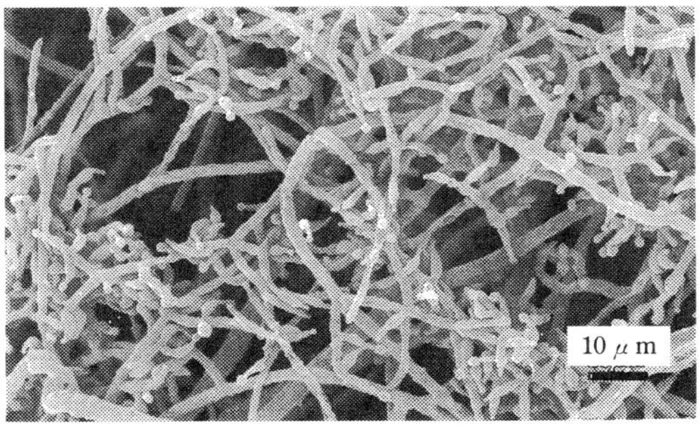

第1図　トリコデルマ・ハルジアナム　クボタ（FERM P-17863）

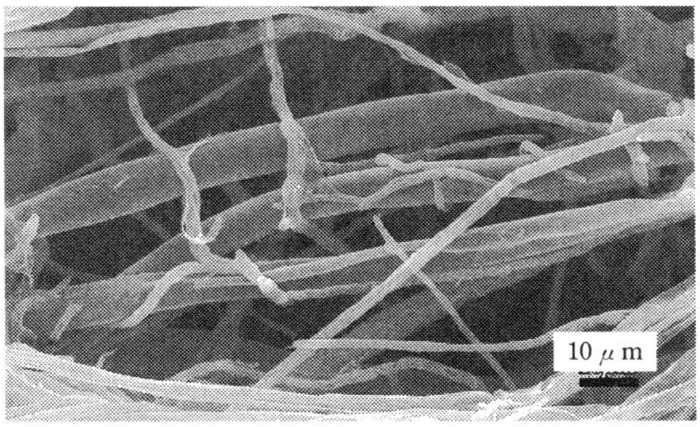

第2図　リゾクトニア・ソラニ（太い菌糸）に本菌株が寄生した状態

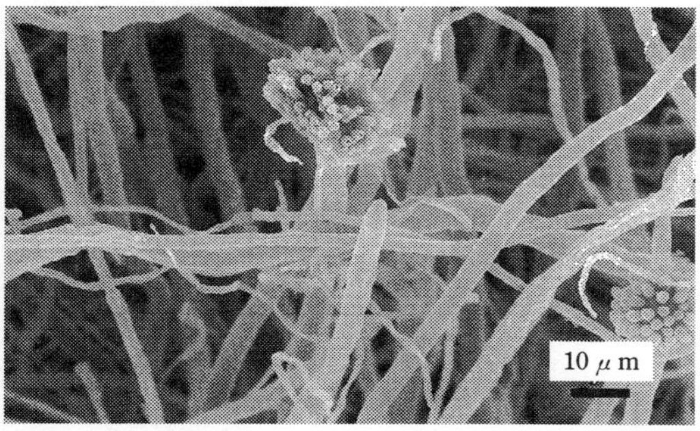

第3図 ボトリチス・シネレア（太い菌糸）に本菌株が寄生した状態

第2表 ハルジン - Lが有効である病原菌と病名

病原菌	病名	作物名
ボトリチス菌	灰色かび病	ナス科野菜
リゾクトニア菌	苗立枯病	テンサイ，芝草，ジャガイモ，イチゴ
フザリウム菌	萎凋病 根腐病	スイカ，メロン，キュウリ，ダイコン
スクレロティニア菌	菌核病	トマト，キク，タマネギ，キャベツ
スクレロチウム菌	白絹病	ナス科野菜 ウリ科野菜
ロゼリニア菌	白紋羽病	果樹
ヘリコバシディム菌	紫紋羽病	果樹

土壌で，粘質土壌ではその効果が現われにくい。つまり水はけのよい土性ほど効果が現われる。これは本菌株が土壌中に定着するには空気を必要とし（好気性），水和灌注した場合，土の中に深く浸透するためである。

病原菌は，作物根圏に定着し越年する傾向があるため，毎年同様な病害発生の原因となっている。したがって水はけのよくない壌質，粘質土壌では，十分耕起を行なってからハルジン - Lを施用しなければならない。

④醸造酢酸との併用

微生物資材は効果が曖昧だとよくいわれる。この原因は，その土壌にもともと定着していた他の微生物，特に細菌類が人工的に施用した農業有用菌の定着を妨げることにある。この対策として，土壌殺菌剤（たとえばクロールピクリン，臭化メチルなど）で殺菌後有用菌を使用すると効果があるとの報告（小林，1994）がある。

第3表 酢酸濃度とハルジン - Lの土壌への定着性

酢酸濃度（%）	土壌定着性（倍数）
酢酸無添加	1.0
0.05	2.1
0.10	3.2
0.15	5.4

したがってハルジン - Lを使用する場合，殺菌剤か，または醸造酢酸との併用を薦めたい。これは，酢酸が細菌類に対し広く殺菌効果を示すためである。今までは木酢が使用されてきたが，酢酸濃度が一定していない，高価であるなど問題点が多い。

酢酸濃度0.05%以上であれば多くの細菌類に対して殺菌効果があり，高酸度醸造酢は一般に10%および15%濃度のものが容易に入手できる。

各酢酸濃度で水和し，土壌に灌注した場合の本菌株の土壌への定着性を第3表に示した。酢酸との併用は，ハルジン - Lの定着効果を2〜5倍にふやすことができる。

細菌類は比較的高温時に増殖するため，夏期，さらに広島県以西の地方では併用を薦めたい。

⑤ボカシ肥としての使用効果

本菌株が有効であっても，土着の天敵細菌類により死滅すれば効果を発揮することはできない。しかしボカシ肥として本菌株を増殖し施用すれば，菌数が多くなり安定した定着性を示す。さらに作物に対しては栄養補給ができ，健全な生育，増収によい結果となる。

⑥育苗，定植時の使用効果

育苗時や幼苗時の根圏に定着した微生物は，その後の生長期にも長期間定着する傾向がある。この性質を利用し，種子，種いもに粉衣したり，育苗時に散布・灌注したり，また根部を水和剤に浸漬したりした後定植することは，病害予防，増収に対し効果の高い使用方法である。

（2）使用方法

①水和剤としての使用法

通常1a当たりハルジン - L500gを200倍（100*l*）で水和し，1*l*/m²の割合で灌注または散布する。

特に株元灌注は効率がよい。

土壌殺菌の例：ハルジン‐Lを0.1％酢酸液で400倍に希釈してじょろなどにより均一に散布する。ただちに耕うん機により土壌を攪拌する。

葉面散布の例：ハルジン‐Lを200倍に水和した後，動噴で葉面散布する。特に葉裏面にも散布することに留意したい。灰色かび病に対しては効果が高いので400倍濃度でよい。

なお，動噴による散布時に，吸水ホースのストレーナーに目詰まりを起こすことがある。これは，ハルジン‐L中のふすま成分の微粉末によるもので，ときどきストレーナーの表面を清掃するか，また希釈する水に土砂が含まれていなければ，取り外して散布してもよい。ハルジン‐Lのみでは，シリンダー内部を傷つけることはない。

②粉剤としての使用法

空中散布を散粉機で行なう場合は，ハルジン‐Lをそのまま散布する。その際ハウス内は湿気が高いほどよい。

また，土壌に直接5g/m²散布する場合，実際には量が少なすぎて均一に散布することが困難である。定着性の改善を含めて，20倍に希釈後施用することを薦めたい。希釈材としては，川砂，施用する圃場土壌の粗い砂を除いたもの，パーライト，木炭末，フミン酸，バーミキュライトなどを用いるとよい。なお，飛散を防止したいときは，希釈材をあらかじめ少量の水で湿った状態としてからハルジン‐Lを混合すればよい。

施用量は100g/m²の割合とし，施用後必要に応じて散水する。

③ボカシ肥の調製とその使用法

ボカシ肥の原料は，ふすま，米ぬか，油かすなど多くのものが使用されている。ここでは米ぬかボカシ法の例を示す。

原料米ぬか100kg，籾がら30kg，ハルジン‐L0.4kgを混合し，手で握って全体がしっとりする程度に高酸度酢（酢酸濃度15％）300倍液または木酢500倍液を加える（このときの水分は55％程度）。原料全体がふんわりと空気層を含んだ状態であることが必要で，べっとりとした状態にしないことが重要である。この混合物をこも，毛布などで覆う。数日すると発熱し40℃近くなるので切返しを行なう。約2～3回切返しを行なって約10日後に施用する。うね寄せなどを行ないながら圃場にすき込む。

第4表　トマト灰色かび病に対するハルジン‐Lの散布効果

灰色かび発生度	希釈倍数	効果
9	200	5
5	200	5
2	800	5
4	1,000	2
2	1,000	0

注　発生度は10が全面発病した状態で，数値が低くなるにしたがって，部分的な病徴を表わす。効果は，5が100％効果があり，低くなるにしたがって防除できる割合も低くなり，0は効果なしを表わす

（3）使用事例と効果

①水和剤

●トマト灰色かび病（神戸市西区・山口氏のグループ）

トマトのハウス栽培を行なっているが，毎年灰色かび病で困っていた。今回ハルジン‐Lを使用してみたいとの依頼があり，水和剤として第4表のような希釈倍数で1l/m²噴霧した。

この結果から，希釈倍数と治療効果には相関性があることがわかり，ハルジン‐Lの水和剤として全面散布は，トマト灰色かび病に有効である。

●トマト灰色かび病（埼玉県熊谷市池上・養田氏）

トマトハウス栽培を25a行なっているが，平成16年2月に灰色かび病が発生し始めた。ハルジン‐L2.5kgを25lの水で希釈後，ナイロンのストッキングでろ過し，静電噴霧機で葉面散布を行なった。10日後には病徴が著しく改善され，効果が認められた。

●キク白さび病（和歌山県打田町・山田氏）

ふだんは白さび病が発生しないように硫黄で防除しているが，たまに発生することがあり，今回5月に発生したのを機会にハルジン‐Lを400倍に希釈し動噴で全面散布を行なった。

第5表　ハルジン－Lの水和剤散布効果

作物名	病名	効果
チンゲンサイ	白さび病	散布5日後菌の検出なし
白ネギ	べと病，白絹病，黒根病	罹病株ほとんどなし
イチゴ	炭疽病，うどんこ病	罹病株少なし
オオバ	立枯病	罹病株なく生育良好，増収
食用キク（つまギク）	半身萎凋病，立枯病，菌核病	罹病株少なし
ナ　ス	うどんこ病，灰色かび病，半身萎凋病	罹病株少なし
メロン		生育良好
ホウレンソウ	萎凋病，立枯病	罹病株少なし

第6表　ハルジン－Lへの苗浸漬後定植の効果

作物名	病　名	効　果
タマネギ	菌核病，根腐病，軟腐病	罹病株なし
ジャガイモ	黒腐病，そうか病	30％増収 罹病株なし
サツマイモ（紅高系）	黒斑病	黒斑病皆無 20％増収
キ　ク	半身萎凋病，立枯病	活着率100％
チューリップ	炭疽病，白絹病	球根浸漬 発病率低減
バ　ラ	さび病，うどんこ病	罹病株なし

散布10日後には，菌が認められず病徴も改善された。

●静岡県浜松市近郊での水和剤としての散布事例の一覧表を第5表に示す。水和剤の希釈倍数はどれも200倍である（山崎氏の好意による現地調査結果より）。

●定植時の使用事例（山崎氏）

ハルジン－L200倍液に苗，特に根部を浸漬した結果を第6表にまとめた。

②粉剤，粒剤

●白ネギ（東京冬黒）萎凋病，白絹病（鳥取県・佐古氏）

ハルジン－Lを川砂で20倍に希釈したものを50kg/10a，ロータリーで土壌混和した。米子市内の砂畑圃場で，平成15年5月26日定植，11月18日収穫した結果は，第7表のとおりであった。

第7表　ハルジン－Lの粒材土壌混和効果

	発病率（％）		出荷調整収量（kg/m^2）
	萎凋病	白絹病	
ハルジン－L	17.8	1.3	4.33
薬　剤	25.2	1.3	4.37
無処理	54.3	8.0	3.88

参考までに薬剤処理（植付け時にトリクミン水和剤200倍液を，本圃ではモンカット粒剤を2回に分けて4kg/10aを株元散布）との比較も行なった。

●洋ランの炭疽病，立枯病，白絹病，軟腐病（山崎氏）

少量の灌水後ハルジン－Lを粉末の状態で散粉機による空中散布を行なった。その結果罹病株が著しく減少した。

●花卉，野菜の育苗時（山崎氏）

培土1lに対しハルジン－Lを3gよく混和し灌水後播種した。いずれの場合も初期生育が著しく改善された。

③米ぬかボカシ

●キュウリの灰色かび病，菌核病，うどんこ病（『現代農業』2003年9月号より）

キュウリ定植後ハウスの通路とベッドの上に10a当たり7～10kgの米ぬかボカシを施用，散水した。さらに10～20日おきに施用した。

その結果，灰色かび病，菌核病，うどんこ病の発生は著しく減少した。農薬使用料も3分の1程度となり，キュウリの収量は10a当たり15tと過去最高となった。

なお，ハルジン－Lの現地試験依頼とその結果の調査には，山崎亨司氏に世話になった。

《問合せ先》兵庫県尼崎市東本町3-1
カワタ工業株式会社
TEL. 06-6481-0732
FAX. 06-0481-0733
E-mail：kawatakougyou@ybb.ne.jp

執筆　久保田昭正（カワタ工業株式会社）2004年記

参 考 文 献

小林紀彦．1994．日植防：生物農薬の開発・利用に関するシンポジウム講演要旨．

ビオライザー（ワラ分解王）——8種の菌で有機物分解促進

(1) 成分と特徴

①素材の成分

堆肥づくりの最大のコツは微生物の生育しやすい環境をつくることである。ビオライザーは有機物分解促進材で，低温（10℃程度）から高温（50℃程度）までの幅広い温度域で活性をもつ，セルロース分解菌，リグニン分解菌など8種類の微生物を純粋培養したものを，良質な有機物を基質に，すみかとしてバーミキュライト，木炭を用いて増殖・定着させている。

②資材の特徴と効果

有機性素材にビオライザーを添加・混合することにより，堆肥化の各段階に応じて各種微生物が働き，短期間で良質な堆肥をつくることができる。

また，添加微生物のなかにはリン溶解能をもつ菌も存在するので，ビオライザーを使用して作製した堆肥を土壌に還元すれば，土壌中に存在する鉄やアルミニウムに結合した難溶解性リン酸の可給化にも役立つ（第2図）。

また，含有微生物数も多いので，土壌中での微生物の競合による土壌病害の軽減効果もある。

ビオライザーに有機物を添加して成型化した資材としてワラ分解王がある。

(2) 使用方法

①堆肥への添加

1）稲わら，バーク，キノコ培養残渣，刈りシバ，畜糞などに重量比で1～2％となるように添加する。炭素率調整のために硫安，尿素などを添加する。

2）水分は60％前後に調整する。手で握って水がにじむ程度である。

3）pHは中性付近が好ましいので，pHが酸性側の場合は石灰などで調整する。

4）微生物の活動を活発にするために，切返しなどをこまめに行なう。

5）気温が低いときには，覆いなどをすれば発酵の立上がりが早くなる。

6）微生物は紫外線に弱いので，できるだけ直射日光に当てないようにする。

②水田での使用

1）ワラ分解王をイネ刈り後に10a当たり20～40kg全面散布する。

2）散布後にできるだけ早くすき込むことにより分解効果が高まる。

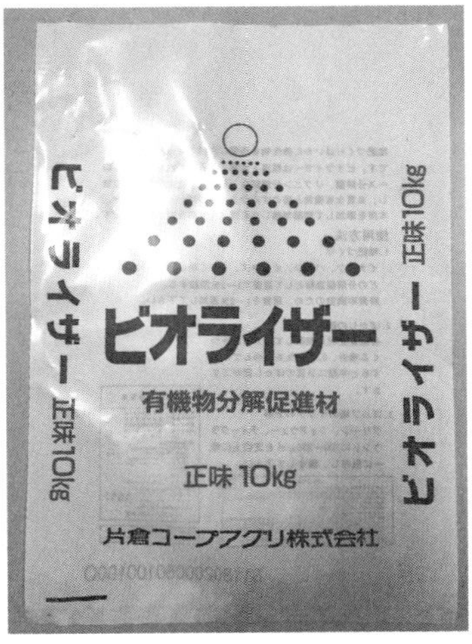

第1図 袋入りのビオライザー

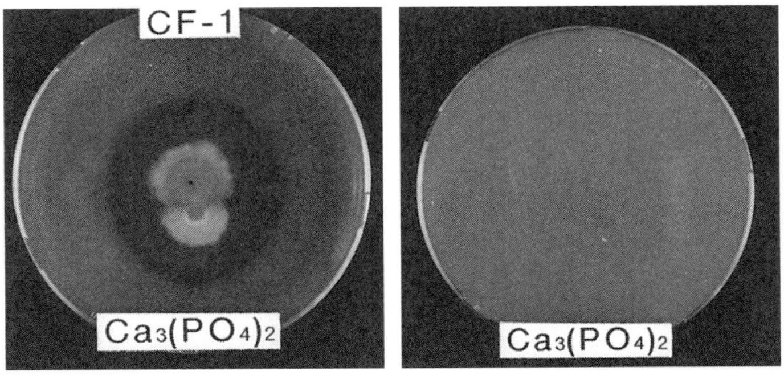

第2図 ビオライザーの中のリン溶解液

左：溶けにくいリン酸を溶解する菌，右：難溶性リン酸

土の中の作物に利用されにくい不可給態リン酸を溶解し，作物に利用できる形に変える

3）ペレット状に成型してあるので，風のある日でも散布が可能である。また，機械施肥にも対応できる。

③畑での使用

1）ビオライザーを作物の収穫後に地上部を取り除いたあと，10a当たり20～40kg全面散布する。

2）散布後はできるだけ早く土壌と混和し，微生物活性を高めるために灌水を行なう。

3）土壌病害の発生した圃場ではできるだけ根部も取り去るようにし，土壌消毒などで処理したあと，十分ガス抜きを行なう。その後，微生物賦活剤としてビオライザーを10a当たり100kg全面散布する。

④ゴルフ場での使用（サッチの分解）

1）グリーン，フェアウェイ，ティーグラウンドにビオライザーをm^2当たり100～200g，シバ表面に均一に散布する。コアリング処理時に併行して行なうとより効果が高まる。散布後は土壌になじませるために灌水を行なう。施用時期は春（3月下旬～5月上旬）と秋（9月下旬～11月上旬）の年2回とする。

2）シバの張替え時には，ビオライザーをm^2当たり100～200g散布し，土（砂）によくなじませたあと，シバを植え付ける。

⑤チャ園での使用

チャの剪定枝の分解にはビオライザーを10a当たり20～40kgうね間処理する。

⑥果樹腐らん病の防除

果樹腐らん病の防除に用いられている泥巻き法にビオライザーを使用することができる。畑の泥にビオライザーを重量比で5～20％添加混合し，水分を加えたあと，病斑部に塗りつけ表

第1表　ビオライザー添加菌の特徴

添加菌	適　温	分解能	特　徴
糸状菌：*Penicillium* sp. CF-1	10℃前後	セルロース	リン溶解菌
糸状菌：*Aspergillus* sp. LF-3	30℃前後	リグニン	リン溶解菌
糸状菌：*Penicillium* sp. FS-26	10～30℃	セルロース	リン溶解菌
糸状菌：*Penicillium* sp. FS-29	10～30℃	セルロース	リン溶解菌
糸状菌：*Aspergillus* sp. FS-35	30℃前後	リグニン	
酵母：*Debaryomyces* sp. LB-31	10℃前後	リグニン	
細菌：*Bacillus* sp. LB-5	50℃前後	リグニン	
細菌：*Bacillus* sp. BS-1 SMCP III	30℃前後	セルロース	拮抗菌

注　8種類の微生物：工業技術院生命工学工業技術研究所に寄託

第2表　ビオライザー（ワラ分解王）の性状（分析例）

品　名	肥料成分	仮比重	形　態	微生物数（菌数/g資材）		
				糸状菌	放線菌	細　菌
ビオライザー	3―3―0	0.4	粉状	10^7	10^6	10^7
ワラ分解王		0.5	ペレット	10^6	10^6	10^7

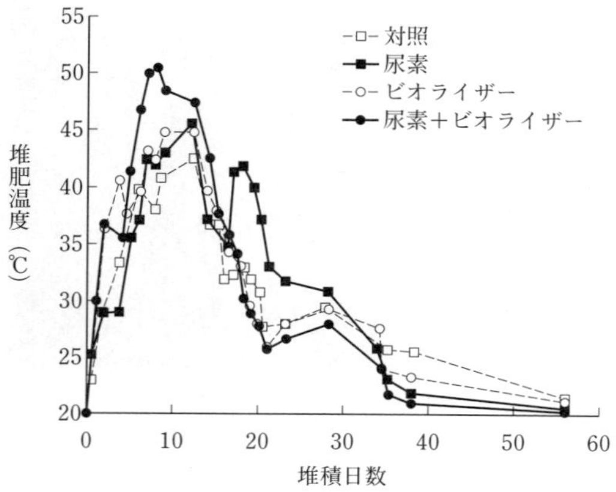

第3図　ビオライザー利用と堆肥化過程での温度の推移

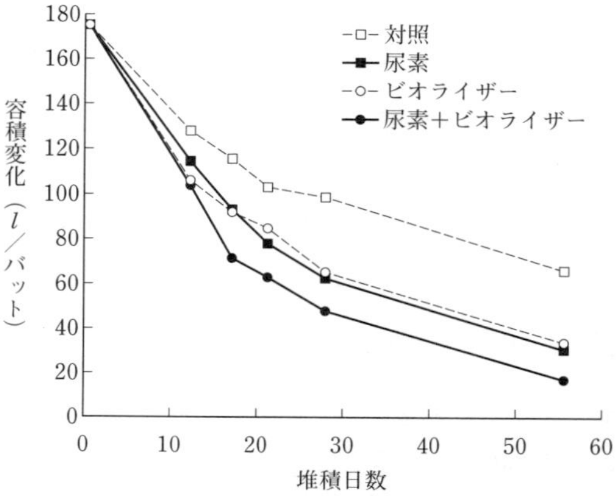

第4図　ビオライザー利用と堆肥化過程での容積変化

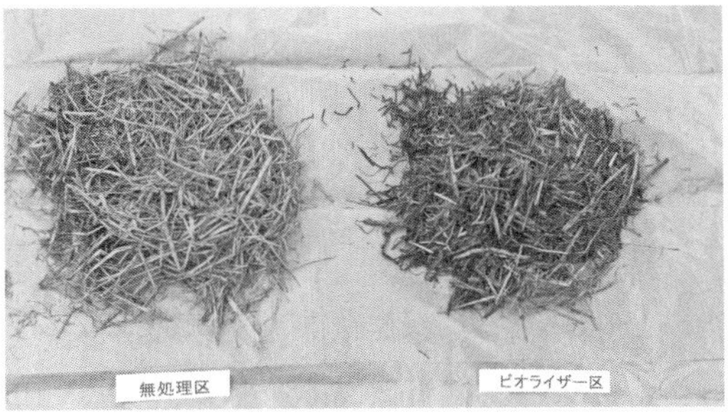

第5図　ビオライザーを利用した稲わら堆肥化1か月後のようす（右側）

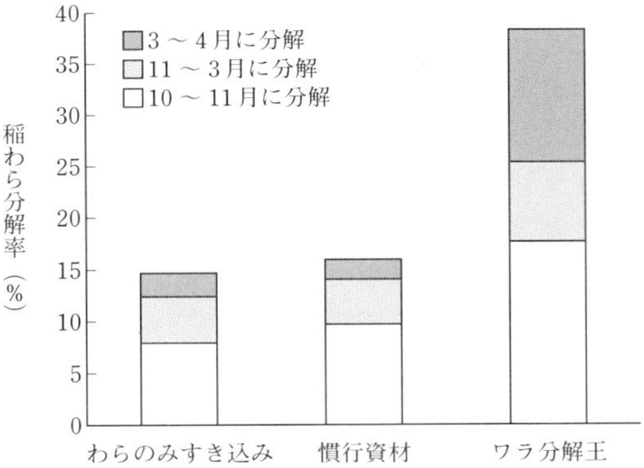

第6図　ワラ分解王による稲わら分解の効果（1996～1997年）

面が乾かないようにビニールで1年程度被覆する。

(3) 使用事例と効果

①寒冷地での稲わらの堆肥化促進

北海道旭川市で，東川農業改良普及所とともに現地農家で稲わらの堆肥化試験を行なったところ，いずれの年もビオライザー使用による堆肥化促進効果が認められた（第3～5図）。

②稲わらの分解促進

新潟県新潟市の現地圃場で，ワラ分解王の施用試験（10a当たり20kg散布）を行なったところ，資材無施用および慣行資材（現地で従来使用されている資材）に比べて，高い分解効果が認められた（第6図）。

③ゴルフ場での施用効果

ゴルフ場フェアウェイのフェアリーリング病（キノコによって引き起こされるシバ病害）発生場所にビオライザーをm^2当たり200g施用したところ，リングの病斑はなくなり，その後の再発も抑えられた（第7図）。

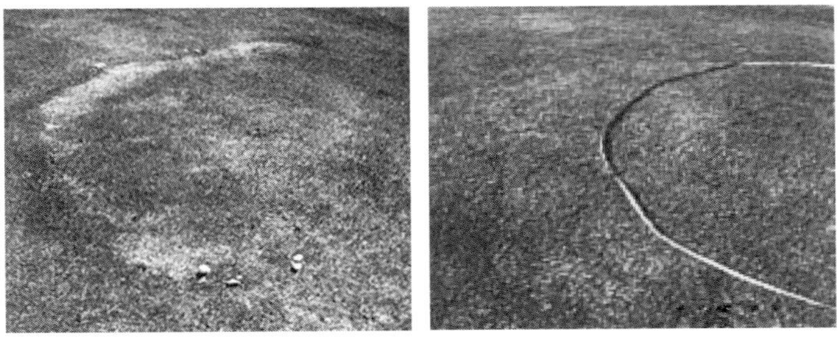

第7図　ゴルフ場でのフェアリーリングのビオライザーによる抑制効果

左：フェアリーリングの発生（1995年5月），右：発生場所にビオライザーを施用（1995年9月）

第8図　リンゴ腐らん病のビオライザーによる抑制

左：ビオライザーと泥を混合して泥巻き。腐らん病が治癒し，カルスも形成

右：無処理区。腐らん病が新たに転移

また，サッチの分解によって窒素も放出されることから，低温期（春先，晩秋）の肥効の違い（春先における葉色の立上がりの早さ，晩秋における葉色の持続）も顕著に現われる。

④リンゴ腐らん病への効果

青森県でリンゴ腐らん病に罹病した幹にビオライザーと泥を混合して泥巻きを行なった。ビオライザーを農家の土壌へ重量比で20％添加混合したものを，腐らん病の罹病部分に塗りつけ，表面が乾かないようにビニールなどで覆いをした。1年後に泥巻きをはずし，罹病していた部分を観察したところビオライザーを使用せず泥巻きを行なった慣行法ではカルスの形成がほとんど認められず，下部へ腐らん病が転移していた。一方，ビオライザーを混合した泥で泥巻きした場合はカルスが形成され，罹病部分はほとんど治癒していた（第8図）。

《問合わせ先》東京都千代田区九段北一丁目8番10号住友不動産九段ビル15階
片倉コープアグリ株式会社技術普及部
TEL. 03-5216-6614

執筆　増村弘明（片倉コープアグリ株式会社）

VS菌――国産バーミキュライト担体の放線菌・細菌・糸状菌

(1) 成分と特徴

VS34は国産バーミキュライトに放線菌・細菌・糸状菌を培養吸着し1959年に開発された微生物利用の土壌改良材である（第1図）。製品名はバーミキュライトの頭文字のV，ソイルのSから取ったものである。

VS34に含まれる微生物群は，林床での有機物分解に働く微生物群と同様のものであり，自然界に普遍的に存在するものである。健康な土壌には放線菌・光合成細菌・ペニシリウム・アスペルギルス・トリコデルマなどの静菌作用のある微生物の密度が高く，このような土壌には生の有機物をすき込んでも病気の発生が少なく，病害の発生も著しく減少するため，作物が健全に生育することができる。

VS製品の大きな特徴は国産のバーミキュライトを担体にしていることである（第2図，第1表）。バーミキュライトは地力増進法の指定資材になっており，土壌の透水性・通気性・保肥力の改良効果が認められている。

また，難溶性のため，圃場に利用した場合，半永久的にその効果を持続させることが可能で，土壌の骨格をつくることができる。

(2) 使用方法

資材の成分と特徴，使用法について第2表に示す。

①発酵促進

VS34は当初，堆肥の発酵菌として利用され，その利用は現在にいたるまで続いている。材料はバーク・おがくず・籾がら・わら・落葉・剪定枝・牛糞・豚糞などのあらゆる有機物を分解し，それぞれに応じたつくり方が完成している。

木質は有害物質が存在するため長い間利用されずにいたが，昭和30年代にその除去法を農林省林業試験場と共同で確立し，現在では多くの堆肥工場でVS34は利用されている。ボカシ肥料の発酵菌としてもVS34は多方面で利用さ

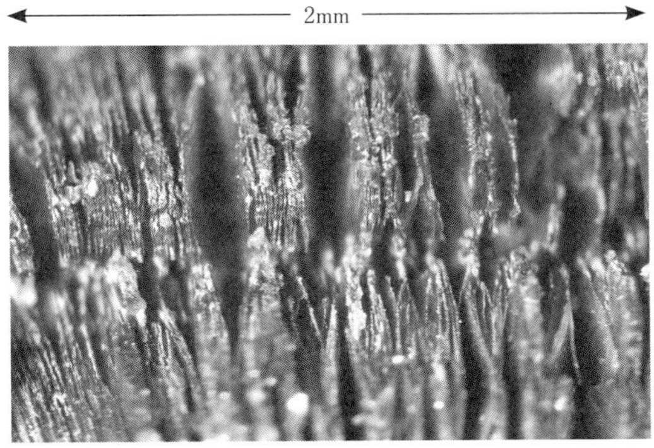

第2図 国産バーミキュライトの拡大写真

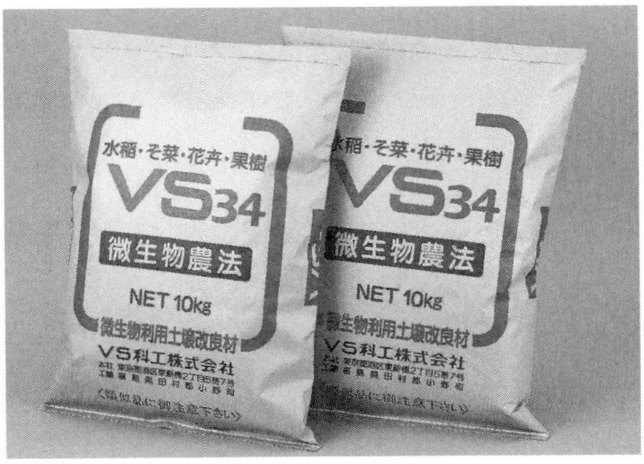

第1図 VS34

第1表　国産バーミキュライトの化学成分（日本肥糧検定協会第3-2041号）

化学記号	SiO_2	Fe_2O_3	Al_2O_3	MgO	CaO	K_2O
化学内容	無水ケイ酸	酸化第二鉄	酸化アルミニウム	酸化マグネシウム	酸化カルシウム	酸化カリウム
%	40.43	18.93	16.04	7.40	1.43	4.13

注　pH6.3～6.6，塩基置換容量：100～150eq/100g

第2表　VS菌の成分と特徴，使用法

商品名	成分と特徴	使用法
VS34	国産バーミキュライトに，放線菌・細菌・糸状菌を吸着させたもの 堆肥，ボカシ肥料の製造時に混ぜることで良質のものができる 土壌への直接投入で静菌作用を高めることができる（あかきん・トリコと併用が原則） ストレプトマイセス属：3.0×10^8/g バチルス属：3.1×10^8/g ペニシリウム属：4.0×10^7/g アスペルギルス属：4.0×10^7/g	堆肥：材料1t当たり3～5袋 ボカシ肥料：材料60kg当たり1袋 土壌施用：露地5袋/10a 施設10袋/10a 育苗土：$3m^3$の用土に1袋 残渣処理：5袋/10a 生わら処理：2～3袋/10a（米ぬか15kgか尿素3kg併用） 畜舎の悪臭防止・乳房の保護：$100g/1m^2$
VSあかきん	国産バーミキュライトに，光合成細菌を吸着させたもの 土壌からの有害ガス（硫化水素など）や，根圏の毒素を分解する 作物の発根促進，高品質化，色素発現 堆肥やボカシ肥料の仕上げに使用 ロドバクター属：3.0×10^7/g ロドシスタ属：3.0×10^7/g	土壌施用：露地5袋/10a 施設10袋/10a 水田：基肥施用時に3袋/10a
VSトリコ	国産バーミキュライトにトリコデルマ菌を吸着させたもの トリコデルマ菌はカビ類を直接攻撃する能力がある トリコデルマ属：3.0×10^8/g	表面施用：5袋/10a 全面処理：5～10袋/10a
VSこがね液	光合成細菌の高密度培養液。有害ガスや有害物質から根を守り，増収，高品質化をはかる資材 水稲・レンコン・施設園芸 ロドバクター属：3.0×10^7/g ロドシスタ属：3.0×10^7/g	水田：5l/10a（水口から流し込みで使用） 施設：5l/10a（灌水チューブにて使用）
力	光合成が十分行なわれない天候不順時，高温時。また，果菜類の着果肥大時期など糖の消費が多いときに，光合成促進剤として用いる	種子処理：60倍液に4時間浸漬する 育苗：200倍液散布（育苗中，仮植） 果菜・花卉・果樹200倍液散布または灌注（生育中・肥大期・天候不順時）
VS葉素	農家が，力・焼酎・醸造酢を混ぜ合わせてつくってきたストチューを商品化したもの。焼酎や酢の殺菌および防カビ効果を期待する。アミノ酸の供給効果	日照不足時・高温時・果実肥大時期に葉面散布：50～200倍 果実では開花前・肥大期に50倍で使用（開花期の使用は避けること）

れている。

②連作障害の対策

VS34の利用でもっとも多いのが圃場への直接施用である。

連作障害の要因は，要素欠乏（過剰），塩類集積，自家中毒症などがあるが，最大の要因は微生物相の単純化である。

VS34を圃場へ直接施用することで，微生物相を改善し静菌作用を高めることができる。また，土壌消毒後に施用することですみやかに微

第3図　アミノ酸たっぷりの籾がら堆肥

第4図　散布機に籾がら堆肥を投入

第5図　茶園のうね間に籾がら堆肥を散布

生物相の回復がはかれる。

③残渣処理

VS34により，野菜残渣・稲わら・緑肥などを急速に分解することで，病原菌の繁殖や有害ガスの発生を抑えることができ，腐植や栄養分の補給となる。

(3) 土つくり

複雑な微生物相を形成，維持することが土壌病害の発生を抑止し良品多収につながる。

森の土壌は，落ち葉を微生物が分解し，有機物の循環が有効に行なわれている。そこには肥料や農薬の施用もなく，連作障害もない。そういった視点で考えると，森の土壌を圃場で形成することが健康な土つくりにつながる。

そのために堆肥の原料は，落ち葉や籾がら，おがくずなどの植物質の原料が良い。

堆肥を施用する本来の目的とは，土壌の水持ちや水はけの改善，pHやECなどの安定，微生物相の改善などである。

VS34の微生物を圃場に定着させるために，培地として堆肥やボカシ肥料を併用する。この技術の総称をVS農法という。

(4) 茶での使用事例――静岡県・農業生産法人株式会社荒畑農園

経営内容は茶園管理面積18ha，年間販売量141,000kg，年間生葉量635,000kg，従業員数10名である。

1980年にVS34と出合い，天然有機設計に着手した。その後，自園自製自販の六次産業へと移行し，「販売は生産ありき」をモットーにしている。荒畑園では「力のある茶樹から摘み取った肉厚で緑の濃い茶葉からこそ，旨いお茶ができる」と考え，土つくりからお茶の栽培に取り組んでいる。

森では落葉を土中の微生物が分解し，分解された有機物が天然の肥料になっている。この循環サイクルを茶畑に取り入れている。

荒畑園では籾がら堆肥を9～12月までの間に手づくりし，1～2月に畑に施用している（第3～5図）。

トラック150台分の籾がらと米ぬか，アミノ酸肥料などをVS34とともに発酵させ，約2か月間かけて完成する籾がら堆肥は，茶色くなり旨味成分のアミノ酸が生成され，グルタミン酸がたっぷりと含まれている。

できあがった籾がら堆肥を1月初旬から1か月ほどかけて10a当たり3tほど畑に敷き詰める。

茶畑に施用することで，保温力・保湿力が高まり，土中に微生物が増殖し，生命力がみなぎる土壌になる。

手間暇を惜しまず，愛情込めて育てた新茶は究極の味わいになると考えている。

(5) スイカでの使用事例――熊本県・VS田原坂出荷組合

VS田原坂出荷組合（熊本県熊本市北区植木町富応881―8，TEL096-273-7011）の経営内容はスイカ3.5ha，アールスメロン2ha，ミニトマト30aである。作付け面積，収穫量，出荷，算出額が毎年のように日本一になる熊本市で「VSすいか」はつくられる。

東京の老舗果物店では1玉が1万円ほどで販売されている。皮目までまるごと甘く，スイカ本来の香りとシャッキリとした食感が楽しめる。生産者も自信をもって栽培している。植付け以降，収穫まで水を与えていないが，瑞々しい甘さの秘訣は土にある。

収穫して3か月後から来年の栽培に用いる籾がらを使った堆肥づくりが始まる（第6図）。以前は肥料を多く入れた多肥栽培であったが，1983年，花芽がつかなかったり，実がなっても出荷の前に枯れてしまったりと連作障害が起こった。これがVS農法に取り組むきっかけとなった。

第6図　毎年欠かさず行なう籾がら堆肥づくり

第7図　VS田原坂出荷組合のスイカ圃場

土こそ健康でなければならない。森では肥料をやらなくとも植物は生い茂っている。落ち葉や枯れた木が空気と水と微生物の働きによって分解され腐食しそれが肥料となる。その現象が何万年と繰り返されている。

森の土壌を畑に取り入れることに思い至った。以来，土づくりが大きな仕事になった。同出荷組合は「農業は土を忘れたら終わり」との強い想いで取り組んでいる（第7図）。

(6) ピーマンでの使用事例――岩手県・JAいわて平泉

JAいわて平泉（営農部園芸課（東部駐在）担当：菅原真一，岩手県一関市大東町摺沢字菅生前，TEL. 0191-75-3312）の経営内容は10ha，部会員139名である。

① 2008年より導入を開始

JAいわて平泉は園芸・畜産に特化した旧いわい東・平坦な地域特性を生かした水田地帯の旧いわて南の2JAが2014年に合併し，JAいわて平泉となった。ピーマン部会は，さらにさかのぼり旧藤沢町農協時代，地域で栽培されてきた「葉タバコ」の代わりに特産品目をつくろうと検討されたさいに選定された品目で，当時は50aほどの露地栽培で1981年に栽培開始した。2010年度には部会員139名で10haとなったことから，販売金額も2億円を超える産地となった。地力の3要素「生物性・化学性・物理性」の改善が当初からの課題であったが，圃場の片付けや残渣処理と同様に堆肥の施用に注目し，土壌改善をはかることでその足掛かりとし，反収向上や産地化を目指した。

JAいわて平泉では，トマト部会や花卉部会が早くからブイエス科工の資材を取り入れて栽培していたが，ピーマン部会では2008年より導入を開始した。

②良質な堆肥を目指して

それ以前は，牛糞堆肥を投入して土つくりとしていたが，生の牛糞も使われていたために肥料濃度が高くなることが問題であった。その後，堆肥の施用方法を改めて完熟牛糞堆肥とし，ハウス栽培時2,000 ～ 4,000kg/10a，露地栽培については4,000kg/10aとし，そのさいにVS34やVSあかきんを併用することで土中でのさらなる腐熟化をはかった。また豚糞や鶏糞堆肥では窒素の有効化率が高すぎてしまい，定植直後に根いたみを起こして生育不良が多くなるため，極力使用しないようにした。

さらに，VS34とVSあかきんを使用した籾がら堆肥を製造する生産者の育成にも努めた。自分の畑の土を改善することは，栽培上の大事な一工程であると考えての取組みである。

土壌の団粒構造と根の伸長は密接に関係しており，太い根は土の塊の隙間をぬって伸張していく。太根から発生した根毛が団粒構造を形成した土の塊の中に伸長していくことから，大きな隙間は通気性・排水性に優れ，団粒構造内の小さな隙間は保水性に優れるようになる。畜糞を利用しないために肥料成分の少ない籾がら堆肥は圃場に大量投入できることから，土のクッション性や団粒構造改善に有効である（第8図）。

なお現在も籾がらを集めて堆肥化しようと取り組む生産者が徐々に増えてきている。

③圃場での使用

畑づくりや定植時にもVS34やVSあかきんの直接施用をしており，根張りの促進や連作障害の対策としても一役買っている。

また当部会ではそれ以外にも「VS力」も取り入れて栽培を行なった。2017年8月，例年類をみない曇天・長雨で園芸作物では減収となる気候で推移した。日照時間も極端に短く，温度帯も例年より低く推移したことから花落ちや白果も多く発生，出荷量が前年を大きく下回る時期が続いたが，「VS力」を使用した生産者は白果や花落ちが少なく，他の生産者より安定した出荷量で推移した。

第8図　ピーマン生産者の籾がら堆肥づくり

VS力は「光合成促進剤」として使用でき，天候不順時や高温時などの果菜類が大量着果肥大時期の補助資材として有効活用できる。当管内でも，使用が徐々にではあるが増加しており，天候に左右されない栽培と合わせて，連作障害に悩まされない栽培方法を確立していきたいと考えている。

《問合わせ先》東京都港区新橋5丁目9番6号
松治ビル2階
ブイエス科工株式会社
TEL. 03-3434-5617
FAX. 03-3434-5495
E-mail. info@vs-kakou.co.jp
URL. http://www.vs-kakou.co.jp/

執筆　佐野教明（ブイエス科工株式会社）

ライズ――好気性菌と嫌気性菌を貝化石と有機質に発酵培養

(1) 成分と特徴

①資材の成分

ライズは酵母などの好気性菌と乳酸菌などの嫌気性菌を含む多種の有効微生物を，新生代第三期の貝化石と有機質に発酵培養したものである（第1図，第1表）。

また，ライズは上質の貝化石を主原料としているので，ケイ酸，カルシウム，苦土，マンガンをはじめ多くのミネラルを含んでいる（第2表）。

②資材の特徴と効果

ライズは好気性菌，嫌気性菌ともに高密度に培養増殖させているため，次のような場面で威力を発揮する。つまり，空気にふれる土壌表面への散布，土壌表層での混合，通気状態での有機質の発酵促進，空気が少ないかまったくない土壌深部への混合，密閉状態での有機質の発酵，水田の土壌中の生わら発酵，川，湖沼の富栄養汚泥の分解などである。

ライズは，このように有効微生物によって作物残渣や畜産糞尿などの有機質を発酵有機肥料とし，さらにミネラルも補給する。この相乗効果によって，土壌微生物相や土壌環境の改善と作物の健全な生育，食味などの品質の向上をねらった資材である。

また，ライズは貝化石由来のケイ酸を多く含んでいるため，発酵ケイ酸質資材でもある。このケイ酸は一般の鉱物質ケイ酸資材とは異なった「コロイド」状ケイ酸で植物の吸収性が良いため，植物の茎葉を丈夫にするなどのケイ酸効果が高い。ライズはとくに，ケイ酸を好むイネに耐倒伏性，籾の充実，食味向上などで大変効果がある（農林水産省の有機JAS規格別表1に適合し，（一社）有機JAS資材評価協議会「有機農産物JAS規格別表等への適合性評価済み資材リスト」に登録）。

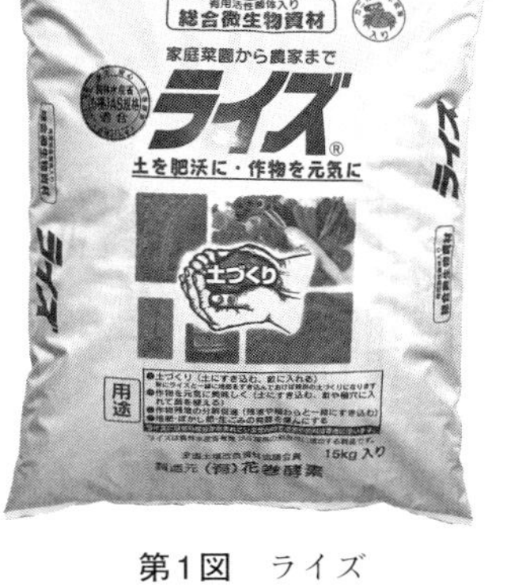

第1図　ライズ

(2) 使用方法

ライズの特性を生かした使用方法は用途別にいろいろあるので，第4表にまとめた。

第1表　ライズに含まれる微生物数（概数）

一般生菌数	4.0×10^9/g
生酸菌（乳酸菌）数	2.9×10^9/g
酵母数	5.0×10^6/g
糸状菌数	1.0×10^7/g
放線菌数	1.0×10^7/g

注　参考：一般畑の微生物数の例（石沢・豊田，1964）細菌数：2.2×10^7/g，放線菌数：4.8×10^6/g，糸状菌数：2.3×10^5/g

第2表　ライズの成分組成

窒素（N）	0.8%	その他の微量要素
リン（P）	1.4%	鉄（Fe）
カリウム（K）	1.2%	銅（Cu）
カルシウム（Ca）	5.5%	亜鉛（Zn）
ケイ酸（SiO_2）	26.0%	マンガン（Mn）
苦土（Mg）	1.3%	アルミニウム（Al）
pH	6.4	ナトリウム（Na）
		コバルト（Co）
		無水硫酸（SO_3）
		硫黄（S）
		塩素（Cl）
		ホウ素（B）　ほか

第3表　ライズ以外の製品一覧表

製品名	成　分	用　途
コンポライズ	ライズと同じ	一般家庭の生ゴミ発酵用コンポスト容器に使用（開放型，密閉型の両方に使用可）
ユキパー（ボカシ肥料）	米ぬか，魚かす，カニがら，粉炭ほかをライズと同じ元菌で発酵させた特殊肥料，有機質100% N4.5%，P3.7%，K1.6%	野菜，果樹，花卉，樹木用完全発酵のため施肥直後に作付け可，即効性なので追肥にも最適
水稲用ユキパー（ボカシ肥料）	魚かす，米ぬか，カニがら，粉炭ほかをライズと同じ元菌で発酵させた特殊肥料，有機質100% N6.0%，P4.0%，K0.9%	水稲専用の有機肥料，ユキパー（野菜用）の高窒素成分製品，基肥と追肥に使用，米の食味と品質向上，即効性なので水稲の有機栽培の追肥として最適
自然育苗養分（ボカシ肥料）	大豆油かす，米ぬか，稲わら，籾がらほかをライズと同じ元菌で発酵させた特殊肥料，有機質100% N2.7%，P1.2%，K1.2%	水稲有機育苗専用の有機肥料，別途用意した床土（無肥料）と混合して使用 約40日追肥不要，プール育苗可
自然育苗用土（ボカシ肥料入り）	自然土（赤土）に自然育苗養分を混合したもの N0.30%，P0.75%，K0.48%	水稲有機育苗専用の有機肥料入り培土 約40日追肥不要，プール育苗可

注　この表の製品は農林水産省の有機JAS規格別表1に適合
（一社）有機JAS資材評価協議会（http://www.yuhyokyo.com）「有機農産物JAS規格別表等への適合性評価済み資材リスト」に登録

（3）使用事例と効果

①リンゴ――田貝貞一（岩手県盛岡市）

ライズ使用歴は20年，経営内容はリンゴ栽培200aである。

田貝さんの圃場は地力があるため，施肥はひかえめにしている。4月末ライズ60kg，秋に化成肥料60kg，3～4年に1回堆肥を1t弱施肥する。ライズを使うと甘みが増す。以前何年間かリン酸質資材を使ってみたが味に変化はみられなかったので，ライズの効果だと思う。稲刈り後の田にも，生わらの腐熟促進のためライズを散布している。

②リンゴ――堀岡悟郎（岩手県花巻市）

ライズ使用歴は10年，経営内容はリンゴ栽培40aである。

1989年11月に農協の果樹担当が紋羽病と診断した9本のリンゴにライズの散布を開始した。春秋の2回0.6～1kgずつ散布，堆肥は1年おきに散布した。1990年の秋には，樹勢の弱りが止まって，玉伸びが良くなった。3年目の1992年秋に，1本は伐採したが，残りの8本は樹勢，品質ともふつうに戻った。1990年の秋からは選定した9本以外の木にも散布している。最近は人にあげても味が良いといわれる。農協管内の品評会で何回か入賞している。

③リンゴ――樽輪リンゴ生産組合（岩手県奥州市）

ライズ使用歴は10年である。

リンゴの施肥は農協の基準どおりで，春に化成肥料10kg，12月に有機肥料20～30kg，堆肥は1tにつきライズを15kg混ぜて1年おいたものを春に1,000kg散布している。樹勢の弱いものには直接ライズを散布している。1989年に凍害で弱った列（54本）にライズを散布したら，1～2本枯れただけで現在も元気である。苗を補植するとき植え穴にライズを500～600g使用している。以前は発根促進剤を使っていたが，ライズは発根促進作用があり，病気予防にもなるので使用している。

④イネ――三浦一弘（岩手県釜石市）

ライズ使用歴は18年，経営内容はイネ栽培10a，キウイフルーツ栽培5aである。

老朽化した田がライズを使うようになってから若返ってきた。土がねばねばしてきた。以前にみられた硫化水素の発生が今はない。現在，

第4表　ライズの用途別使用方法

用　途	使用場所	使用方法とポイント	使用量/10a
地力増進 連作障害対策	土壌	圃場に堆肥と一緒に散布後耕起。作付けは3週間以上おいてから 〈ポイント〉深掘しない，毎作使用	30 ～ 75kg
健苗育成	育苗土	育苗土に混合，すぐ使用可 〈ポイント〉消毒するときはその後混合	育苗土に対して2%
苗の定植時の根の活着促進	うね溝 植え穴	苗の植え穴またはうねの溝に散布 〈ポイント〉完熟堆肥や完熟ボカシ肥料（ユキパーなど）を併用する	30kg（30g/株） 果樹苗は0.5 ～ 1kg/本
追　肥 弱った根の回復 発根促進 微量要素の補給	土壌	シーズン中，1 ～ 2回および土壌水分過剰で根腐れが発生したとき 〈ポイント〉根が弱ったとき肥料は禁物，まずライズで回復を待つ	30kg 果樹の紋羽病には200kg
稲わら発酵促進 水田のわき防止	田	稲刈り直後の田に散布して耕起。秋耕が無理なときは，春の最初の耕起時に散布（第3図） 〈ポイント〉夕方や雨の前後に散布	30kg
緑肥の発酵促進	土壌	すき込み前に散布 〈ポイント〉作付けは1か月後	75kg
堆肥の発酵促進	堆肥	混合堆積後，熱が上がってきたら数日おいて切返し（第2図） 〈ポイント〉牛，鶏，豚などのきゅう肥が水分過剰のときは籾がらなどで調整。籾がら堆肥などの炭素率の高いもののときは，鶏糞や米ぬかなどの有機質で窒素分を補給	1t当たり15kg
畜舎の臭い消し 敷料発酵促進	畜舎	敷料交換のとき散布，家畜が食べても安全 〈ポイント〉臭い始めたら追加散布	$1m^2$に30g（1つかみ）
ボカシ肥の発酵材	ボカシ肥	好みの有機質に米ぬかを約15%加えてライズを混合，水分30%。切返しは温度が上がって白くカビが発生してから 〈ポイント〉ライズはミネラルも補給。寒い時期は湯たんぽなどで加温	有機質100kgに15kg以上
生ゴミの堆肥化促進	生ゴミ	生ゴミをコンポスト容器に入れるたびに散布。開放型，密閉型のどちらの容器にも使用可 〈ポイント〉コンポスト容器2つを交互に使用するのが最適	1回に30g（1つかみ）

第2図　ライズ元菌培養粉炭による堆肥づくり
籾がらに米ぬかと発酵鶏糞とライズ元菌培養粉炭を混ぜて堆積させ，1回切り返したところ，4日目の内部温度は67℃になった
左：堆積した籾がらのようす（4日目），右：籾がらの内部温度67℃（4日目）

第3図　ライズの生わら発酵促進効果
左：秋にライズ散布，右：対照区
コンバイン刈りの水田の生わらにライズを散布（9月）してそのまま翌春まで放置，翌春（4月）に試験区と対照区のわらを回収して別々にポリ袋に半密閉状態で約5か月保管。その後，「水中沈澱」試験を行なった。ライズ散布区のわらは発酵しているので沈澱が速い

無農薬栽培をやっているので，田にタニシ，イモリ，ドジョウ，カエル，ミミズが多い。

コメの品質は味が良く，胴割れ，くだけがない。3年前のコメでも味が変わらない。沿岸部のため塩害でイネの根がやられていた近くの人は，ライズ施用で改善している。キウイフルーツにも使っているが甘い果実がとれる。

⑤イネ――吉田清人（岩手県陸前高田市）

ライズ使用歴は10年，経営内容はイネ栽培155a，イネ（請負い）200a，リンゴ（わい化）50a，リンゴ（スタンダード）20aである。

1999年の場合，秋にすでにライズ2袋をすき込んだ田に，基肥として化成肥料7kg，田植え後にユキパー 4袋を散布した。育苗は花巻酵素製の有機育苗用土で行なった。坪刈りでは籾で3kg（10a換算で玄米600kg以上），分株が少なかったが，実入りは良かった。化成肥料のみの区の坪刈りは2.2 ～ 2.5kgであった。

リンゴにも使用しているが，弱った木の回復が良い。甘みがでる。改植の植え穴にも使用している。ユキパーも追肥に使用している。

⑥イネ――桜庭義也（岩手県九戸郡）

ライズ使用歴は5年，経営内容はイネ栽培140a，乳牛飼養である。

1995年からイネの有機肥料栽培にライズを使用している。面積は20aで，最初は堆肥とライズ75kgだけで栽培し，収量は600kgであった。防除なしでもいもち病にほとんどかからなかった。1996年からは有機肥料としてバイオノ有機も使用し，秋に堆肥3.6t，ライズ75kgをすき込み，春にバイオノ有機40kgをすき込んでいる。1998年秋からはライズを30kgとしている。以前の堆肥と，化学肥料だけの栽培にくらべて，イネの稈長が短くなり，穂が小さく，茎数が少なくなったが，収量が10％以上増えた。これは登熟が良くて，くず米，青米が少なくなったせいかと思われる。

⑦堆肥づくり――川村隆厚（岩手県北上市）

ライズ使用歴は10年，経営内容は鉢花，ハウス500坪である。

花の鉢土に混ぜる堆肥の発酵にライズを使用している。毎年豚糞と籾がら合計30tにライズ225kgを混ぜて堆積させた後，時間をおいて1回だけ切り返し，1年たってから鉢土に使用している。今までこのつくり方で10年間やってきて，1回も問題はなかった。

⑧ネギ――藤沢仁佐男（岩手県盛岡市）

ライズ使用歴は10年，経営内容はネギ栽培30a，キュウリ10a，ハウス3a，根菜類30a，水田150aである。

春に堆肥とライズ75kgをすき込む。ネギの定植後の根の活着が良いので，初期生育が速い。太く育ち，病気にも強い。有機肥料ユキパーも使用している。緑肥スダックスをすき込むときもライズを使用する。

1998年秋に稲わらを集めてライズ3袋をすき込んだ水田のイネが，1999年に倒伏した。肥料が同じでライズを入れないところは倒伏しなかったので，ライズの稲わらを分解して肥料化する力は大きいようだ。

⑨キュウリ――吉田義則（岩手県盛岡市）

ライズ使用歴は10年，経営内容はキュウリ栽培16a，リンゴ，ナシ100a，シイタケである。

秋に未熟堆肥とライズ10袋/10aをすき込んでいる。毎年おそくまで収穫しており，1999年は10月末霜が降りるまで収穫した。近くの産直店にキュウリをネットに入れて出したが，キュウリが甘いためか早く売りきれた。ボカシ肥ユキパーを追肥として使用する。

第5表 ライズのホウレンソウ立枯病に対する効果（ピシウム立枯病の発病推移） （岩手県農試環境部，1994）

試験区	播種9日		播種13日		播種18日	
	調査数	発病株率（%）	調査数	発病株率（%）	調査数	発病株率（%）
ライズ＋堆肥	51	9.8	53	15.1	59	16.9
堆　肥	55	7.3	58	20.7	62	27.4
無施用	47	23.4	54	31.5	54	42.6

注　ライズと堆肥の併用で，立枯病の発病が軽減された
　　堆肥は完熟バーク堆肥

リンゴの紋羽病にはライズを多めに散布すると効果がある。リンゴの腐らん病にも効果があるか枝に塗って試験してみたい。

⑩ホウレンソウ（雨よけ栽培）――吉田和芳（岩手県岩手郡）

ライズ使用歴は9年，経営内容はホウレンソウのハウス栽培30a（1ハウス2a），水田50aである。

化成肥料を以前に使ったところ3年くらいで連作障害が出たので，10年以上使用していない。ライズは夏場の病気対策のため，2作目に1ハウス当たり30kg使用している。施肥はJAボカシ6―3―3，花巻酵素製のボカシ肥ユキパーで行なっている。堆肥は自家製の籾がら堆肥で，秋か春に1ハウスに軽トラックで1～1.5台分投入する。1999年の干ばつでも収量が落ちなかった。秋には他社の微生物資材も使用して，土壌環境を壊さずに長持ちさせるように心がけている。

⑪ピーマン――阿部敬孝（岩手県花巻市）

ライズ使用歴は10年，経営内容はピーマン（ハウス）栽培20a，イネ430a，イネ（請負い）200aである。

10年前新しいハウスをつくったときに，土つくり資材としてライズを初めて使用した。以下は60坪の施肥量である。秋にライズを15kg，籾がらを1,300lすき込む。春の基肥は有機主体でオールマイティ20kg，マグホス畑用リン酸10kg，テンロ石灰80kgをすき込み，ベッドをつくる。その表面にユキパーを散布してマルチする。苗を活性ライズ水1,000倍液にドブ浸けして定植，追肥は有機液肥2号である。農薬はダニ，アブラムシのくん煙剤のみ使用する。ピーマンのあとに無肥料で連作障害対策をかねて雨よけ栽培ホウレンソウをつくる。今まで安全で良品質のものを出すよう心がけてきたので，17年間連作障害の青枯病などがほとんどない。

⑫リンドウ――菅原武男（岩手県花巻市）

ライズ使用歴は7年，経営内容はリンドウ（露地）栽培106a，リンドウ（ハウス）14a，イネ200aである。

初めてライズを使ったときに，リンドウ苗を新植する畑にかなり多めにすき込んだ。それ以降生育に全然問題がなく，その畑から1999年まで4年収穫したが，1999年の出来がいちばん良かった。ライズを使うと根の張りが良くなる。初期生育は使わないものに比べて順調である。ここ何年間はユキパーも使用している。1999年には花巻農協管内の切り花部門で最優秀賞に選ばれた。さらに岩手県からも表彰された。

またイネの育苗にも使用しているが，根張りが良く，活着が早い。出穂がほかより10日くらい早いので稲刈り時期も早くなる。

《問合わせ先》岩手県花巻市天下田48―4
有限会社花巻酵素
TEL. 0198-24-6521
執筆　佐藤一郎（有限会社花巻酵素）

参考文献

石沢修一・豊田広三．1964．農技研報．
岩手県農試環境部．1994．岩手県施肥合理化協議会．

Land-Max（ランドマックス）——放線菌＋トリコデルマ菌

(1) 開発の経緯

連作や土壌消毒による土壌病原菌などの優勢化に起因する連作障害対策として，複数の有用微生物群を含有する微生物資材を活用し，土壌の微生物相を多様化させて土壌病原菌などの活性を抑制する手法が活用されてきた。

しかし，これらの資材が含有する微生物の個々の菌株については同定されているものは少なく，ましてや含有する個々の菌の機能性などについてまで言及されている資材は少ない。

土壌病害を抑制する拮抗微生物の働きには，特異な抗生物質を生産し病害菌の活性を抑制するもの，生成する酵素により病原菌の細胞壁や細胞自身を溶解し活性を抑制するもの，養分獲得競争に勝ち病原菌を餓死させるもの，根の分泌物をえさに根に共生し根にバリアをつくり保護するものなどに区分できる。

当社では，これらの観点に基づき，土壌病原菌の細胞壁は，キチン質を主成分としたものと，セルロース質を主成分としたものに大別される点に着目し，キチン質を分解する酵素キチナーゼ，セルロース質を分解する酵素セルラーゼを効率よく生成する微生物である放線菌株とトリコデルマ菌株を同定し，その機能性を追求した。それは土つくりを助け，作物の生育を促進し，かつ土壌病害虫の活性をも抑制することが可能な微生物資材である（第1図，第1表）。

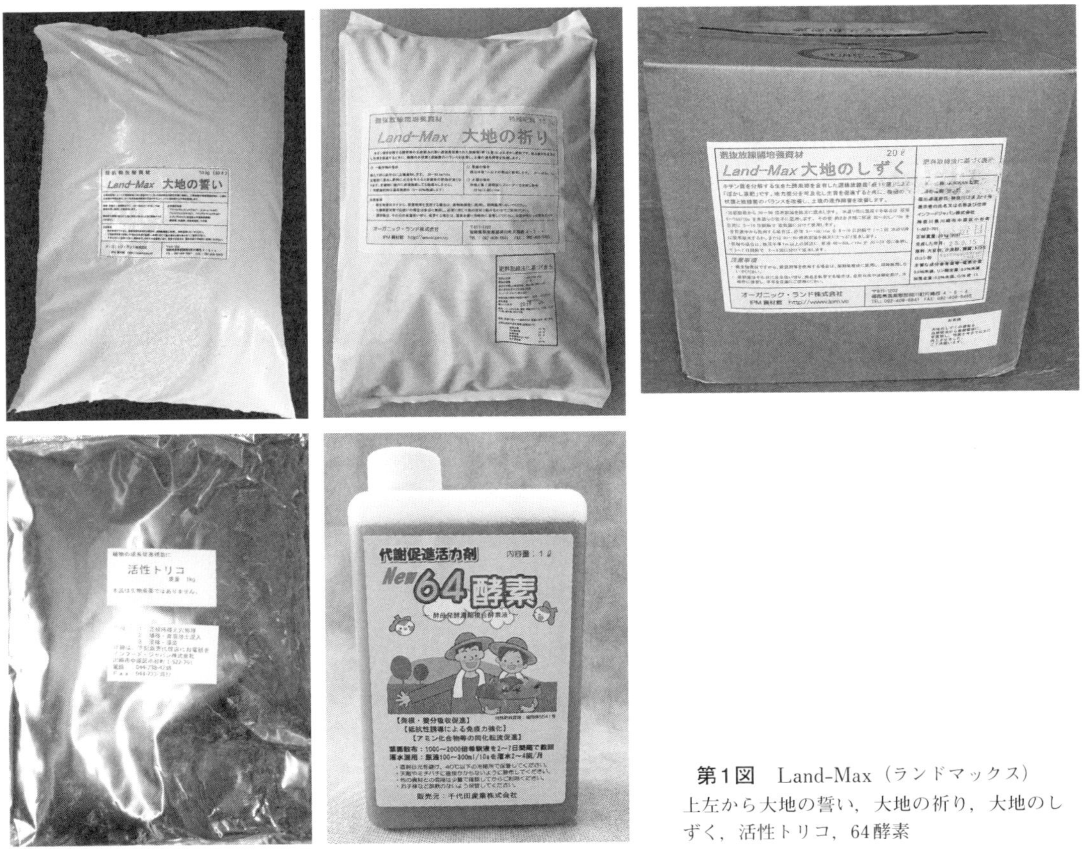

第1図 Land-Max（ランドマックス）
上左から大地の誓い，大地の祈り，大地のしずく，活性トリコ，64酵素

第1表　Land-Maxシリーズの商品一覧

商品名	内容物	用　途
大地の誓い（30l・10kg）	バーミキュライトに放線菌，トリコデルマ菌などを含浸させたもの	有用微生物の補給により微生物バランスを改善 とくに薬剤による土壌消毒や太陽熱・還元消毒などの殺菌処理後の土壌混和による各種病原菌の優勢繁殖の防止
大地の祈り（10kg）	有機原料を放線菌で発酵処理したペレットタイプのボカシ肥料	土壌中の地力物質の根への可溶化を促進し，ネコブセンチュウ害発生圃場の殺線虫剤（成虫対策）では対処できないセンチュウ卵の不活性化をはかるとともに，キチン質由来の病原菌の増殖を抑制
大地のしずく（10l/20l）	有機原料を放線菌で加水発酵処理したボカシ液肥	30～50倍希釈灌水で原液に含有するキチナーゼ（キチン分解酵素）でキチン質由来の病原菌や線虫卵の細胞壁を溶解し不活性化 200～300倍希釈灌水で地力物質を可溶化し発根・生育促進
活性トリコ（1kg）	微細木粉にトリコデルマ菌を吸着させたもの	育苗時または定植時に希釈散布（どぶ漬け）し，根との共生による根圏保護と発根促進 定植時または定植後の株元灌水によるセルロース由来の病原菌などの不活性化 葉面散布による浮遊病原菌の葉面侵食の保護
64酵素（500ml/1l/5l）	糖蜜を酵母菌で発酵処理した培養液	さらっとした濃縮複合酵素，有機物分解促進の消化酵素と日照不足時の炭酸同化作用を促進する代謝酵素を含む，含有するタンパク質分解酵素群は虫の表皮を傷つけ殺虫剤の浸透を促進することにより葉面のダメージを軽減

(2) 機能性放線菌株の特徴

日本土壌協会発行の「土壌診断と作物生育改善」に，土壌の生物バランスの望ましい評価指標として，細菌/糸状菌：500～5,000，放線菌/糸状菌：100～500，放線菌/フザリウム菌：5,000～50,000と記載されている。このことは，土壌病害の大多数は糸状菌が多く，なかでもフザリウム菌由来の病害が多いということ，さらに，糸状菌に対して細菌（枯草菌，納豆菌，バチルスなど）や放線菌が拮抗力を有し，フザリウム菌に対しては放線菌の拮抗性が高いことを意味する。

放線菌は各種抗生物質などを生成する能力が高いものの，菌株によって生成物に違いがある。当社が使用している放線菌株は，キチナーゼ生成力の強い菌株であることが特徴である。

土壌病害の原因菌である糸状菌の大多数は細胞壁がキチン質で組成されており，機能性放線菌株で生成されたキチナーゼにより細胞壁を部分的に溶解し，病原性を不活性化できる（第2図）。ネコブセンチュウの卵殻や昆虫の外殻もキチン質で組成されており，これらに対してもキチナーゼが有効である（第3図）。また，放線菌が生成したキチナーゼは，根に刺激を与え，病害に対する抵抗力を強化するスイッチとしても働く。

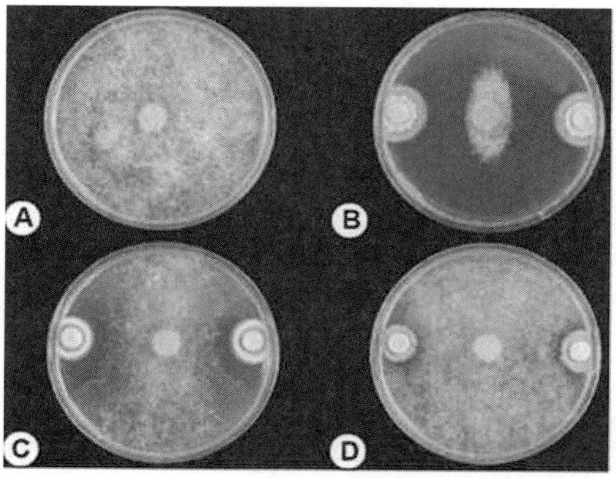

第2図　トマト疫病菌に対する放線菌株の拮抗力比較試験

A：対照区，B：機能性放線苗区，C・D：その他放線苗区
各種放線菌（シャーレ内の両サイド）のトマト疫病菌（中央）に対する抑止力を比較

(3) 機能性トリコデルマ菌の特徴

トリコデルマ菌は土青カビといわれている菌で，根の分泌物をえさに根と共生し，菌の分泌物が根の養分となり，発根生育を促進するとい

う相互依存関係により根にコロニーをつくる（第4，5図）。根に共生した菌は病原菌が根に近づくとトリコテセン，トリコデルミン，グリオトキシンなどの抗生物質やセルラーゼを生成し，病害菌の根への侵入を防止し，保護するとともに一部が菌に寄生し，不活性化する（第6，7図）。しかし，根の発達とともにトリコデルマ菌も発達できなければ，根の先端部分のコロニーができず剥き出しとなり，病害菌の侵入を許してしまうため，当社ではトリコデルマ菌のなかでも自己増殖力の強い菌株を同定して培養強化している。

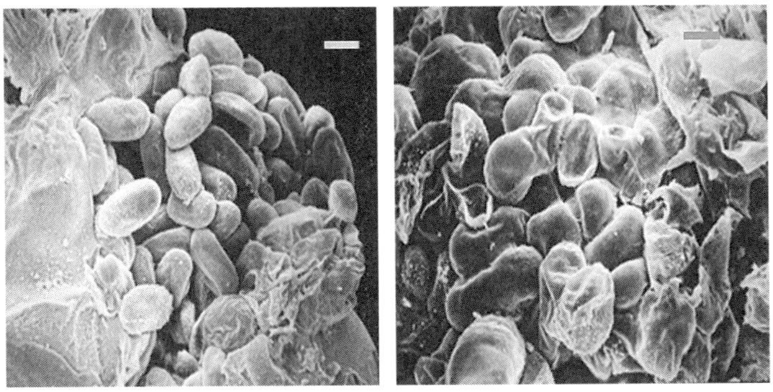

第3図　キチナーゼによるセンチュウ卵殻の溶解
左：球状の部分がネコブセンチュウ卵
右：大地のしずく処理4日後の状態。球状の表面が溶解し変形

よって，機能性放線菌株のキチナーゼで対応できない病害菌は，この機能性トリコデルマ菌株で対応が可能となる。

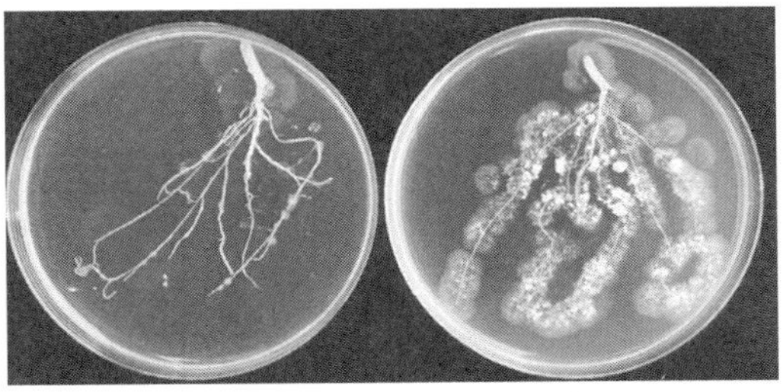

第4図　コロニー形成比較
左：対照区，右：トリコデルマ菌処理

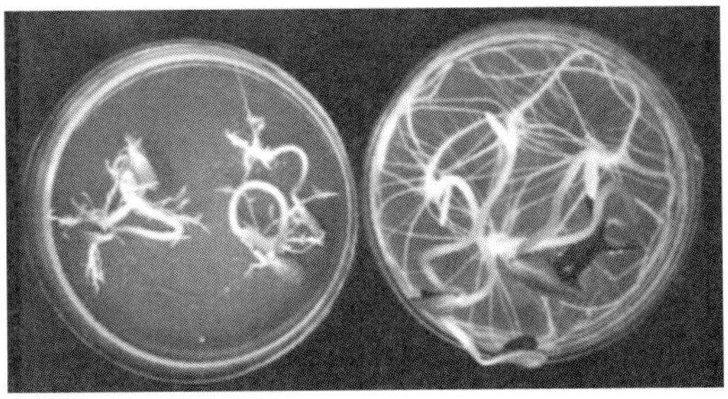

第5図　発根性の比較
左：対照区，右：トリコデルマ菌処理

(4) 大地の誓い

土壌の生物性のバランスが取れている圃場では，良い菌や悪い菌が共存し，農産物の収穫に多大な影響を及ぼすダメージを与えることはない。しかし，化学肥料の多投，腐植の減少，pH緩衝能の減少，作土層の減少，排水性の悪化，栽培作物の単一化などにより，栽培作物に集まりやすい生物群が集積し，バランス崩壊が始まり，病害が発生する。

この対策には従来土壌消毒剤が使用され，土壌消毒直後は消毒剤が効いた部分のみ，良い菌も悪い菌もおおむね10％以下まで殺菌されるが，完全には滅菌できない。残った菌群は約1か月後に菌数がほぼ元に戻るものの，バランス的には悪い菌群が増える（第8図）。病害菌の活性を抑制する拮抗菌群が激減し，病原菌が容易に優位性を確保してしまうため，数か月後には病原菌に有利な環境条件がそろって病害が発生し，年を追うごとに多発・重症化の悪循環を繰り返すことになる（第2表）。

よって，太陽熱処理・還元処理・蒸気処理などによる殺菌処理を行なったとしても，その後いかに早く，病害菌の活性を抑制する拮抗菌を土壌に補給するかが土つくりの観点からも重要となる。

その対応資材が「大地の誓い」である。大地の誓いはバーミキュライトに，機能性の放線菌とトリコデルマ菌をメインにその他有用微生物群（バチルス菌，麹菌，アスペルギルス菌，ペニシリウム菌など）を含浸させた土壌改良資材

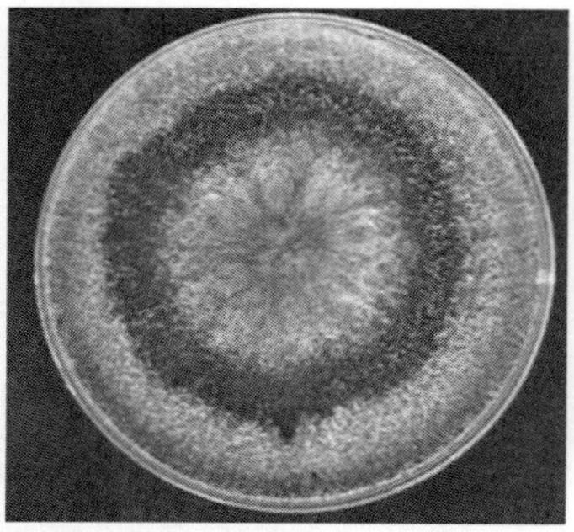

第6図　トリコデルマ菌によるトマト青枯病菌抑制

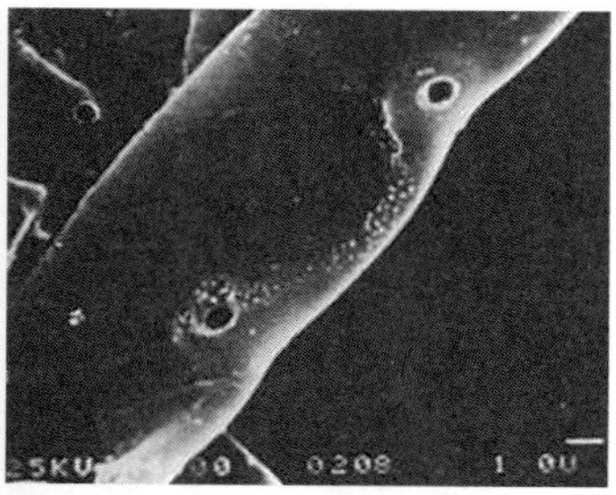

第7図　リゾクトニア菌へのトリコデルマ菌の寄生侵入の痕跡

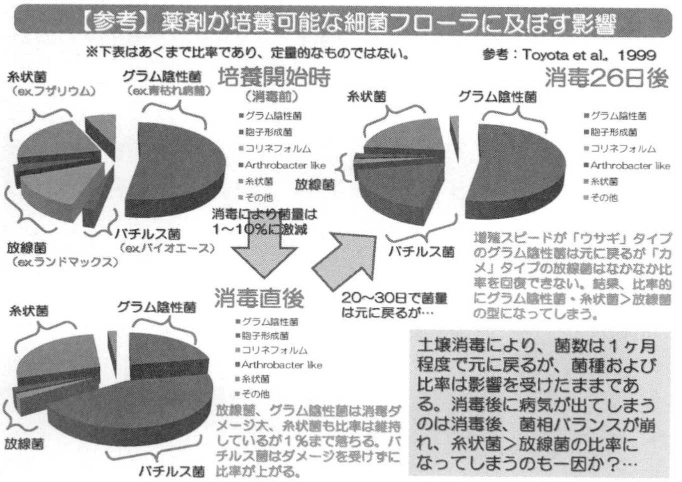

第8図　土壌消毒前後の菌数と微生物バランスの変化

出典：(株) サカタのタネ

である。細胞壁がキチン質由来の，また非キチン質由来の病原菌にも有効で，播種定植前に土壌病害の発生状況により20～100kg/10aをうね内施用または植え穴処理し，根圏の微生物相を改善して拮抗微生物群を早期に補給し，病原菌の増殖を抑制する。

(5) 活性トリコ

超微細木片にトリコデルマ菌株を吸着させた土壌改良資材である。生育初期段階では，根に共生させ，根圏コロニーをいち早く形成させて根を保護する。使用法は次のとおりである。

育苗倍土：200l当たり500～1kg混和し使用。

有機質肥料：200kg当たり100g混和して散布。

育苗時または定植時：500倍希釈液に10秒程度浸漬（100株の苗に対し15g目途）するか，トレー1穴に0.05g，1ポット0.5g，定植時1株1gを培土に直接施用。

定植後：500倍希釈液（果樹

第2表　おもな土壌病

病名（病原菌）	発症分類	菌　種	土中形態	細胞壁組成	放線菌
苗立枯病・根腐病・紋枯病（リゾクトニア菌）	柔組織病	糸状菌	菌核	キチン	有効
半身萎凋病（バーティシリウム菌）	導管病	糸状菌	微小菌核	キチン	有効
萎凋病・萎黄病・つる割病・立枯病（フザリウム菌）	導管病	糸状菌	厚膜胞子	キチン	有効
紫紋羽病（ヘリコバシディウム菌）	柔組織病	糸状菌	菌核	キチン	有効
菌核病（スクレロチニア菌）	柔組織病	糸状菌	菌核	キチン	有効
白絹病・黒腐菌核病（スクレロチウム菌）	柔組織病	糸状菌	菌核	キチン	有効
ウリ黒点根腐病（モノスポラスカス菌）	柔組織病	糸状菌	子のう胞子	知見なし	
疫病（根腐れ・立枯れ）（フィトフトラ菌）	柔組織病	偽菌類	卵胞子	セルロース	
根こぶ病（プラスモデフォーラ菌）	柔組織病	偽菌類	休眠胞子	キチン	有効
苗立枯病（ピシウム菌）	柔組織病	偽菌類	卵胞子	セルロース	
青枯病（ラルストニア菌）	導管病	細菌	—	ペプチドグリカン	
軟腐病（エルウィニア菌）	柔組織病	細菌	—	ペプチドグリカン	
トマトかいよう病（クラビバクター菌）	柔組織病	細菌	—	ペプチドグリカン	

の場合200倍希釈液）を灌水。

これらはトマトの青枯病にとくに有効である。育苗管理時の利用にあたってはとくに使用量に注意する。規定量より多い場合，トリコデルマ菌が毛細根（セルロース組成）を溶解してしまう場合がある。

生育途中では，非キチン質由来の病害の発生初期の進行抑制または発生1.5か月前の予防時に200～500倍希釈液を1～2回灌水して使用する。農薬ではないので殺菌効果もないため，あくまで予防として使う。

トリコデルマ菌は40℃以上の高温で長時間保管すると菌の活性が弱るため，夏場はクール便にて発送する。商品到着後や使用後は速やかに冷蔵庫などに保管する。冷蔵庫保管で約1年有効である。温度管理に注意する。

(6) 大地のしずく，大地の祈り

「大地のしずく」はトウモロコシ粉，小麦粉，大豆粉，糖蜜を放線菌のみで培養した液状ボカシ堆肥である。「大地の祈り」は，同原料にパームかす，カニがら，炭酸カルシウムを発酵処理したボカシ肥料である。

大地のしずくの30～50倍希釈では，含有するキチナーゼでキチン質由来の病原菌の細胞壁を傷つけ，不活性化させる。200～500倍希釈液ではキチナーゼ効果は薄れるので濃度に注意する。放線菌の補給により土壌中で放線菌の活動にあわせてキチナーゼ効果を発揮する。

濃いめは速効的，薄めは緩効的に働く。液状堆肥なので，アミノ酸などの養分が発根や生育を促進するとともに，放線菌の働きにより土壌中の低分子有機物などの地力物質を可溶化する。

病害予防には，作付け前に大地の誓いを施用するとともに，病害の発生時期の1.5～2か月前から30～50倍希釈液を5～7日間隔で2～3回株元に灌水する。病害の発生初期ですべての根に病原菌が入る前であれば根の周辺の病害菌を不活性化させるため通常どおりの収穫が可能となる。

大地の祈りは，大地のしずくの薄めの利用と同様の効果で，基肥施用時に一緒に60kg/10aを施用する。N：P：Kの分析例は2.0：1.0：0.9である。大地の祈りと大地のしずくの併用は，とくにネコブセンチュウ対策に有効である。

(7) 64酵素

糖蜜を酵母菌で発酵処理した特殊な代謝促進活性化肥料（液状堆肥）である。酵母菌はさまざまな酵素を生産することから「酵素の母」とよばれており，それらの酵素には，タンパク質，脂質，炭水化物などを分解（低分子化）する「消化酵素」と，植物や生物の代謝を促進する「代謝酵素」とに分かれる。これらの酵素や各種成

害菌の組成と活性特性

トリコデルマ菌	寄　生	pH	温　度	水　分	その他の環境条件
寄生	広い	低い	高温	多湿	10～15℃以上で発芽
有効	広い	高め	中位	湿潤	春秋の20℃台の低温期に活性，28℃以上では不活性，日照不足は発症を助長
寄生	狭い	中位	高い	中位	根が近づくと発芽，5～12℃で生育，20℃以上で発病
寄生	狭い	低い	中位	低い	
寄生	広い	低い	低い	中位	
寄生	広い	低い	中～高	多湿	土壌表層部に生息，地ぎわの茎から侵入
有効	狭い	高い	高温	多湿	40℃で菌糸伸長，酢酸3,000ppmで抑制
寄生	広い	低い	中～高	多湿	根の黄変および腐敗，遊走子感染
有効	狭い	低い	中位	多湿	遊走子伝染，pH7.4以上不活性
寄生	広い	高め	中～高	多湿	遊走子感染
有効	広い	高い	高い	多湿	18℃以上で活性化，23℃以上で発病
有効	広い	中位	高温	多湿	夏の高温期に発生
有効	狭い	高い	中～高	多湿	傷口感染が多い

分が単独または複合的に連続的に作用するため「64酵素」と名付けた。

64酵素は土壌微生物の有機物分解を助けるとともに土壌養分を可溶化し，発根，生育を促進し，根や葉面から吸収された成分は，植物体内の未消化窒素（硝酸態窒素，アミン化合物など）の転流を促進し，各種酵素が植物の代謝を含めた生命維持に寄与する。

また抵抗性誘導により病害虫に対する抵抗力を高め，含有するタンパク質分解酵素群は，虫の表皮を傷つけ殺虫剤の浸透を促進することにより葉面のダメージを軽減する。ホウレンソウのケナガコナダニやニラの根ダニ対策として，成虫対策の殺虫剤の補助資材として，また根元の卵対策には大地のしずくを併用し被害を軽減する。

使用方法は，葉面散布で1,000～2,000倍（集中処理時は2～3日間隔で2回，定期処理時は7～14日間隔），土壌灌注で1回当たり原液100～300ml/10aを灌水時に同時施用（7～14日間隔）する。

《問合わせ先》福岡県筑紫郡那珂川町片縄西
4—5—4
オーガニック・ランド株式会社
販売元：IPM資材館
URL. http://ipm.vc
TEL. 0120-831-741

執筆　一百野昌世（オーガニック・ランド株式会社）

最新農業技術　土壌施肥 vol.10

特集　作物・土壌の活性化資材

――アミノ酸，植物ホルモン，粘土鉱物，腐植物質，枯草菌，光合成細菌ほか

2018年３月10日　第１刷発行

編者　農山漁村文化協会

発行所　一般社団法人　農山漁村文化協会

郵便番号　107-8668　東京都港区赤坂７丁目６－１

電話　03(3585)1141(営業)　03(3585)1147(編集)

FAX　03(3585)3668　振替　00120-3-144478

ISBN978-4-540-17060-7

＜検印廃止＞

© 2018

Printed in Japan

印刷／藤原印刷

製本／根本製本

定価はカバーに表示

『農業技術大系』がご自宅のパソコンで見られる

インターネット経由で、必要な情報をすばやく検索・閲覧

農文協の会員制データベース　『ルーラル電子図書館』

http://lib.ruralnet.or.jp/

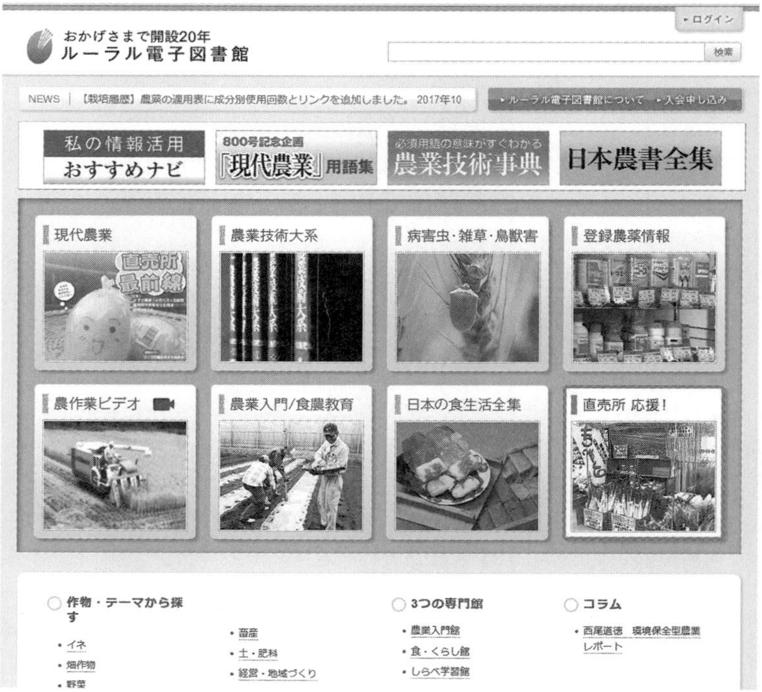

ルーラル電子図書館は、インターネット経由でご利用いただく有料・会員制のデータベースサービスです。

パソコンを使って、農文協の出版物などのデジタルデータをすばやく検索し、閲覧することができます。

●豊富な収録データ

—農と食の総合情報センター—

農文協の大事典シリーズ『農業技術大系』、『原色病害虫診断防除編』、『食品加工総覧』がすべて収録されています。さらに、『月刊　現代農業』『日本の食生活全集』などの「食と農」をテーマにした農文協の出版物も多数収録。その他、農作物の病気・害虫の写真データや農薬情報など様々なデータをまとめて検索・閲覧でき、実用性の高い“食と農の総合情報センター”として、実際の農業経営や研究・調査など幅広くご活用いただけます。

●充実の検索機能

—高速のフリーワード全文検索—

収録データの全文検索ができるので、必要な情報が簡単に探し出せます。その他、見出しや執筆者での検索、AND 検索 OR 検索、検索結果の並べ替え、オプション検索も可能です。検索結果にはページ縮小画像も表示されるので、目当ての記事もすぐに見つけられます。

●ご利用について

・記事検索と記事概要の閲覧は、どなたでも無料で利用できますが、データの本体を閲覧、利用するためには会員お申込みが必要です。会員お申込みいただくと、ユーザーＩＤ・パスワードが郵送され、記事の閲覧ができるようになります。

・料金　25,920 円／年

・利用期間　１年間

※複数人数での利用をご希望の場合は、別途「グループ会員」をご案内いたします。詳細は下記までご相談下さい。

●ルーラル電子図書館に関するお問い合わせは、農文協 新読書・文化活動グループまで

電話０３−３５８５−１１６２　ＦＡＸ　０３−３５８９−１３８７

専用メールアドレス　lib@mail.ruralnet.or.jp